KB238381

도시는
무엇으로
사는가

도시는
무엇으로
사는가

유현준 지음

도시는 무엇으로 사는가

발행일
2015년 3월 30일 초판 1쇄
2026년 3월 20일 10주년 기념 전면 개정판 1쇄

지은이 유현준
펴낸이 정상준
펴낸곳 (주)을유문화사

창립일 1945년 12월 1일
주소 서울시 마포구 서교동 469-48
전화 02-733-8153
팩스 02-732-9154
홈페이지 www.eulyoo.co.kr
ISBN 978-89-324-7604-9 03540

· 저작권법에 의해 보호를 받는 저작물이므로 무단 전재와 복제를 금합니다.
· 이 책의 전체 또는 일부를 재사용하려면 저작권자와 을유문화사의 동의를 받아야 합니다.
· 책값은 뒤표지에 있습니다.
· 잘못된 책은 구입하신 곳에서 바꾸어 드립니다.

추천사

"사람은 도시를 만들고 도시는 사람을 만든다"

최재천(이화여자대학교 에코과학부 석좌교수, 생명다양성재단 대표)

내가 건축에 남다른 관심이 있는 건 사실이지만, 그렇다고 해서 일부러 건축가들의 꽁무니를 따라다닌 것도 아닌데 언제부터인가 내 주변에는 유별나게 건축가가 많다. 건축학과나 건축가들의 모임에도 종종 부름을 받는다. 그 이유가 뭘까 곰곰이 생각해 보니 내가 우리 사회에 화두로 던진 통섭과 관련이 있는 것 같다. 건축이야말로 전형적으로 통섭적인 분야라는 생각이 든다. 저자는 학생들에게 우리나라 교육은 건축을 하기에 참 좋은 교육 환경이라고 이야기한단다. 워낙 잡다하게 배우는 과목이 많아서라고 설명한다. 건축은 단순히 예술이 아니라 과학이며 경제학, 정치학, 사회학이 종합된 학문이라고 덧붙인다. 통섭이 화두로 등장한 지 10년이 돼 가지만 아직도 자리를 잡지 못하는 까닭은 문과와 이

5

과로 분리된 교육을 받은 많은 인문학자와 자연과학자들이 여전히 넘나듦을 두려워하기 때문이다. 그러나 건축가와 디자이너는 다르다는 걸 발견했다. 그들은 도무지 겁이 없다. 이 책의 저자는 특히 더 그렇게 보인다. 건축이라는 주제를 가지고 어쩌면 이렇게 자유롭게 종횡무진 인문학과 자연과학의 다양한 영역을 휘젓고 다닐 수 있는지 그저 감탄할 따름이다.

이 책의 '추천의 글'을 써 달라는 청을 받았을 때 나는 일단 건축에 관한 책이라서 반가웠고, 평소 글을 몇 차례 즐겨 읽었던 저자의 책이라서 더욱 반가웠다. 건축을 대하는 그의 시선에는 거의 모든 학문의 결이 켜켜이 접혀 있지만 나는 거기에서 특별히 생물학의 결을 보았다. 그는 우리가 사는 도시가 유기체란다. 디자이너의 손을 떠나면 이내 진화하기 시작한단다. 도시에는 처음부터 기획된 도시도 있을 것이고 그냥 사람들이 모여들다 보니 자생한 도시도 있을 것이다. 생물학자가 종의 기원과 진화를 말하듯이 도시도 기원과 진화의 관점에서 논할 수 있다는 사실이 신선하다. 그는 또 좋은 건축물은 소주가 아니라 포도주와 같다고 말한다. 소주가 인간의 가치와 격리된 채 화학적으로 대량 생산되는 술이라면, 포도주는 포도의 종자는 물론, 토양과 기후 그리고 포도를 담그는 사람에 따라 맛이 달라지는 술이란다. 건축과 진화를 연계하는 저자의 분석 중에서 개미와 꿀벌의 비교가 특별히 내 마음을 사로잡았다. 둘 다 일꾼 계급의 딸들이 어머니인 여왕을 모시고 사는 사회성 곤충이지만 그들이 짓는 집은 근본적으로 다르다는 사실에 관해 한 번도 깊이 생각해 본 적이 없었다.

저자는 건축을 전공하지도 않은 문외한 독자로 하여금 주변의 건축물과 도시 계획에 대해 자꾸만 생각하게 만든다. 나는 강북에 산다. 미국에 살 때도 뉴욕이 아니라 보스턴에 살았다. 사실 맞대어 비교하면 훨씬 작고 보잘것없는 보스턴 코먼이 뉴욕 센트럴 파크보다 훨씬 안전하고 쓰임새가 많다는 지적에 눈이 번쩍 뜨인다. 나는 그동안 줄기차게 미군이 철수한 용산 기지를 공원화할 때 뉴욕 센트럴 파크처럼 만들어야 한다고 떠들어 왔다. 나무가 많아야 대도시의 허파 역할을 잘하리라는 생각에 그저 마냥 넓게 만들어야 한다는 생각만 했는데, 공원의 폭이 충분히 좁고 주변에 감시하고 내려다볼 건물이 있어야 한다니 이제 다시 생각을 정리해야 할 것 같다.

교보문고 앞에는 "사람은 책을 만들고 책은 사람을 만든다"라는 멋진 문구가 적혀 있다. 이 책을 읽으며 비슷한 문구가 떠올랐다. "사람은 도시를 만들고 도시는 사람을 만든다." 이 책 5장의 부제와 같은 맥락이다. 도시라는 유기체 안에 사람이라는 유기체들이 살아간다. 둘은 끊임없이 공진화한다. 저자가 거리의 속도를 얘기하며 광화문 광장을 얘기할 때 나는 그 당시 얼핏 들었던 소문을 떠올린다. 그곳을 한때 그 옛날 저잣거리처럼 만들 구상이 있었다는 소문 말이다. 물론 헛소문이었을 수도 있겠지만 정말 저잣거리를 재현했더라면 이 서울이라는 특징 없는 흉물 도시가 얼마나 매력적인 도시로 진화했을까 상상해 본다.

2015년 3월

일러두기

1. 인명이나 지명은 국립국어원의 외래어 표기법을 따랐고, 일부 굳어진 명칭은
   일반적으로 쓰고 있는 명칭을 사용했습니다.
2. 도서나 잡지명은 『』로, 미술 작품명과 시 제목은 「」로, 영화나 TV 프로그램명은
   〈 〉로 표기하였습니다.
3. 도판 설명 글과 책 뒷부분 주는 편집자가 쓰고, 저자가 감수하였습니다.

전면 개정판 여는 글

『도시는 무엇으로 사는가』라는 책이 나온 지 벌써 10년이 지났다. 건축과 도시에 관한 생각을 정리해서 책으로 냈을 뿐인데, 많은 분이 읽어 주셔서 무척 행복하다. 이 자리를 빌려서 깊은 감사의 마음을 전하고 싶다. 이 책을 기점으로 여러 곳에서 부족한 나를 찾아 주셔서 많은 경험을 할 수 있었다. 나는 살면서 한 번도 작가 소리를 듣거나 대중 강연이나 방송 일을 하게 될 거라 생각해 본 적이 없다. 그런데『도시는 무엇으로 사는가』덕분에 이 모든 것을 하면서 살게 되었다. 개인적으로 이 책이 세상에 나를 알린 가장 큰 계기가 되었고, 제2의 인생을 열어 주었다고 해도 과언이 아니다. 이 책은 세상과 나를 연결하는 작은 창문이 되어 주었다. 이 창문을 통해서 나도 더 넓은 세상을 볼 수 있게 되었고, 이 창문을 통해서 독자들은 나의 내면을 더 들여다볼 수 있었다고 생각한다. 그렇기에 나에게는 너무나 소중한 책이다.

10년이 지나면 강산이 바뀐다. 그렇다 보니 책의 내용도 업데이트가 필요한 부분이 생겼다. 예를 들어서 '신사동 가로수길'은 이 책이 나올 즈음엔 가장 '핫'한 거리였다. 하지만 지금의 가로수길은 높은 임대료로 인한 젠틀리피케이션 문제와 성수동의 팝업 스토어 문화가 생겨나면서 공실률 60퍼센트의 유령 거리가 되었다. 신사동 가로수길 사례를 들으면서 설명했던 원리는 지금도 유효하지만, 시간이 흘러 세상이 바뀌면서 새로운 사례와 부연 설명이 필요해졌다. 이 책의 개정판이 나오게 된 이유다. 그 밖에도 가상공간에 등장하게 된 놀라운 인공지능과 비트코인이라는 커다란 변화의 흐름이 생겼다. 이러한 가상공간 속 변화는 라이프 스타일의 변화를 만들고, 변화된 라이프 스타일은 도시를 바꾼다. 이처럼 새로운 기술은 도시를 이해하는 데 고려해야 할 중요한 요소다.

'전체는 부분의 총합보다 크다'라는 말이 있다. 이 말은 네트워크가 되었을 때 시너지 효과가 만들어짐을 말한다. 역사를 보면 건축에도 이와 같은 일이 있어 왔다. 피라미드를 짓는 일은 무척 힘든 일이다. 그래서 거대한 피라미드를 보면 경외심이 든다. 그러나 피라미드의 문제는 피라미드에서 멀어질수록 영향력이 줄어든다는 것이다. 하나의 건축물이 가지는 영향력은 마치 중력처럼 건축물에서 멀어질수록 약해진다. 이러한 문제점을 극복한 문명이 있다. 바로 로마 제국이다. 로마 제국을 대표하는 거대한 건축물은 '콜로세움'이다. 하지만 로마는 '콜로세움'을 수도 로마에만 두지 않았다. 같은 유형의 원형 경기장을 자기들이 개발하는 모든 도시에 하나씩 건축했다. 그리고 이 도시들을 모두 도로로 연결했다. 네트워크를 만든 것이다. 이제 유럽인은 가는 도시마다 원형 경기장을 보면서 로마에 대해 경외심을 가지게 되었다. 이로써 로마는 원형 경기장이라는 건축물 네트워크를 통해서 유럽 전체를 통제권 안에 두었다. 하나의 건축물을 만드는 데 그치지 않고 '네트워크'를 만들었다는 점이 로마의 문명이 이전의 그리스나 이집트 문명과 다른 점이다. 유럽은 이러한 네트워크의 장점을 교회 건축으로 계승했다. 유럽의 모든 도시에는 교회가 건축되었다. 대도시는 두오모라는 돔이 있는 대성당을 지었고, 작은 마을도 중심부에 교회가 건축되었다. 이러한 교회는 교황청의 관리하에 하나의 네트워크가 되었다. 심지어 교회에는 '고해 성사실'이 만들어졌다. 모든 사람은 자신의 가장 숨기고 싶은 죄를 고해 성사실에서 신부에게 말했다. 이로써 교회는 전 유럽의 가장 비밀스러운 정보를 수집할 수 있게 되었다. 이 역시 네트워크의 힘이다. 이러한 교회 건축 네트워크 덕분에 유럽은 하나 될 수 있었고, 교황이 십자군 전쟁을 하러 가자고 했을 때 전 유럽이 일사불란하게 움직일 수 있었다. 이러한 네트워크의 힘은 컴퓨터에서도 나타난다. 가정용 PC(개인용 컴퓨터)는 슈퍼컴퓨터와 일대일로 연산 능력을 비교하면 턱없이 부족하다. 하지만 개인용 컴퓨터 수천 대를 케이블로 병렬 연결하면, 연산 능력이 슈퍼컴퓨터에 필적할 만해진다. 이것이 네트워크의 힘이다.

현대 사회에서 가장 대표적인 네트워크는 무엇일까? 인터넷이다. 세계 곳곳에 깔린 인터넷망을 통해서 우리는 서로 소통하고 있다. 이 네트워크를 기초로 하여 기존에는 존재하지 않았던 각종 부가 가치를 만들어 내는 기업들이 생겨났다. 대표적인 기업이 구글과 메타(구 페이스북)다. 이들은 광케이블로 연결된 서버 위에서 새로운 가치를 창출해 내는 기업들이다. 서버가 원형 경기장이면, 광케이블은 도로다. 이 기업들의 가치는 수백억 달러에 달하고 이 순간에도 수십억 명의 사람들이 이 기업들이 제공하는 서비스를 이용한다. 하지만 이 대단한 다국적 기업들도 자신들 회사의 컴퓨터 서버를 연결하는 인터넷 광케이블이 없다면 존재할 수 없다. 거대 IT 기업들의 약점은 그들도 어쨌든 국가가 제공하는 인터넷 인프라망을 이용해야 한다는 점이다. 국가가 자국의 인터넷망을 사용하지 못하게 하면 이들 대단한 다국적 IT 기업도 힘을 쓸 수 없다. 구글, 유튜브, 페이스북, 트위터는 중국에서 이용할 수 없다. 중국의 인터넷망에서 쫓겨났기 때문이다. 이러한 약점이 존재하는 이유는 초거대 IT 기업도 국가가 소유한 인터넷망을 소유할 수는 없기 때문이다. 하지만 이러한 한계를 극복한 기업이 생겼다. 바로 테슬라다. 일론 머스크는 스페이스 X를 통해서 쏘아 올린 수만 대의 인공위성으로 국가의 도움 없이 스타링크라는 인터넷 네트워크를 자체 구축했다. 국가로부터 독립한 기업이 된 것이다. 테슬라는 이뿐 아니라 휴머노이드 로봇 옵티머스도 만들고, 자율 주행 자동차도 개발했다. 이제 사람이 필요 없는 기업이 되었다. 하지만 인터넷 네트워크와 로봇을 가져도 전기가 없으면 무용지물이다. 국가가 소유한 발전소 네트워크의 지배를 받는 문제가 있다. 그래서 일론 머스크는 태양광 발전과 충전 시스템도 개발했다. 국가로부터 에너지 독립을 이루려는 것이다. 이제 테슬라는 핵무기 빼고는 다 가졌다고 해도 과언이 아니다. 사실 핵미사일로도 분산된 네트워크를 전부 파괴할 수는 없다. 그러니 일론 머스크 제국의 유일한 약점은 일론 머스크 개인밖에 남지 않았다고 봐야 한다. 일론 머스크 사후에 기업의 의사 결정권을 인공지능이 갖게 된다면 어떤 미래가 펼쳐질까? 이제 한 개인이 만든 기업이 네트워크를 장악하는 시대까지 왔다. 그렇게 될수록 일반 개개인은 더욱 약해진다.

우리 시대에 또 하나의 특별한 네트워크가 있다. 바로 비트코인이다. 흔히들 비트코인은 '디지털 금'이라고 이야기한다. 2100만 개밖에 되지 않는 희소성 때문이다. 비트코인은 계속 찍어 내는 정부 화폐와 달리 제한된 발행으로 희소가치가 있다. 하지만 비트코인은 희소성 외에도 독특한 특징이 있다. 통제자가 따로 없는 탈중앙성 네트워크라는 점이다. 인터넷 공간에 블록체인 기술을 이용해서 존재하는 이 네트워크가 비트코인이 가진 중요한 가치다. 우리는 광케이블이 깔렸을 때 그 케이블망 위에 구글이나 페이스북 같은 기업이 만들어질 줄 상상도 하지 못했다. 마찬가지로 일반인인 나는 향후 비트코인 네트워크를 이용해서 어떠한 가치가 만들어질지 상상이 되지 않는다. 하지만 가까운 미래에 천재들이 비트코인 네트워크상에서 생각도 못 한 방식으로 가치를 창출하는 기업을 만들 것이라고 본다. 비트코인 네트워크는 국가의 소유도 아니다. 그렇다고 한 기업이 만든 것이 아니라서 국가가 소유주를 체포하거나 구속할 수도 없다. 통제 불가능한 네트워크지만 동시에 누구나 부분적으로 소유할 수 있다는 장점이 있다. 그래서 비트코인을 무엇이든 지을 수 있는 땅에 비유하기도 한다. 그런 의미에서 비트코인은 우리 세대의 강남 땅이라 할 수 있다. 나는 지금 비트코인 투자를 권하는 것이 아니다. 투자는 또 다른 영역이다. 다만 나는 비트코인은 미래의 천재가 이용할 네트워크라고 말하는 것이다. 나는 우리나라 젊은이들이 이 네트워크 위에서 날아다니는 다음 시대의 구글이나 페이스북 같은 기업을 만들어 주기를 소망하고 기대한다.

이처럼 세상은 빠른 속도로 격변하고 있다. 내가 속한 세대는 대한민국 역사에서 공간의 변화를 가장 많이 겪은 세대다. 1970년대에는 2층짜리 집으로 이사했고, 1980년대에는 아파트로 이사하면서 고층 고밀 자동차 중심의 도시를 경험했다. 1990년대 들어서는 인터넷 공간을 통해서 변화하는 세상의 공간을 보았다. 이제는 인터넷이라고 하는 우리 시대의 신대륙에 인공지능이라는 이민자가 들어오는 것을 목도하고 있다. 이제 곧 우리의 도시 공간에 인공지능이 운전하는 자율 주행차와 로봇이 넘쳐나는 세상을 보게 될 것이다. 하지만 이러한 기술이 만들어 내는 현란한 변화를 이해하려면 기초부터 이해할 필요가 있다. 지금의 변화는 건물의 꼭대기 층 공사 현장에서 일어나는 변화라 할 수 있다. 그런데 그 변화를 제대로 이해하려면 1층부터 차근차근 원리를 이해할 필요가 있다. 이 책은 살아있는 생명체 같은 도시를 이해하기 위한 책이다. 10년이 지났지만 여기서 이야기하는 원리는 그대로 살아있다. 그리고 그중 일부는 앞으로 우리가 더 많은 시간을 보내게 될 가상공간에서도 적용될 것들이다. 왜냐하면 그 모두가 인간과 공간의 상호작용에 대한 원리이기 때문이다. 그 공간이 실제 공간이든 가상공간이든 차이가 없다. 왜냐하면 공간의 의미는 인간이 결정하기 때문이다. 결국 도시에 대한 이해는 궁극적으로 인간에 대한 이해이기도 하다. 그렇기에 '도시는 무엇으로 사는가'라는 질문은 '인간은 무엇으로 사는가'라는 질문이기도 하다. 지난 5천 년간 진화를 통해서 도시가 살아남았듯이 『도시는 무엇으로 사는가』라는 책도 시대에 맞게 진화해서 살아남기를 소망한다. 이 책은 그렇게 진화해서 탄생하게 된 개정판이다. 나에게 소중한 이 책이 살아남을 수 있게 해 주신 독자분들께 다시 한번 감사드린다.

2025년 10월

여는 글

우리는 해외의 유명 도시로 여행을 가면 그곳을 대표하는 유명한 건축물 앞에 가서 사진을 찍는다. 파리에 가서는 에펠탑에서, 로마에 가면 콜로세움 앞에서 인증 사진을 찍어야 숙제한 듯 맘이 편해진다. 에펠탑 앞에 서야 비로소 파리에 온 듯한 느낌을 받는 것은 왜일까? 그것은 건축물이 그 나라와 장소의 정체성을 나타내기 때문이다. 그렇다면 건축물이 왜 그 나라 그 장소의 정체성을 만드는 것일까? 그것은 건축물만큼 많은 사람의 땀과 노력이 들어간 결정체는 없기 때문이다. 예를 들어서 고대 이집트에서는 피라미드를 짓는 것보다 더 많은 돈이 들어간 일은 없었다. 최근 연구 결과에 따르면 피라미드를 짓기 위해서 피라미드 위치 바로 옆에 공사 인부를 위한 도시를 건설하고, 당시 왕족이 받던 것과 동일한 당대 최신 의료 서비스를 제공하면서 지었다고 한다. 우리가 어려서 배웠던 것처럼 노예를 부리면서 마구잡이로 지어진 것이 아니라 사회를 생각하면서 체계적으로 건축되었다는 얘기다.

이처럼 피라미드는 당대 이집트의 건축 기술뿐 아니라 사회, 의료, 경제가 어우러진 결정체다. 피라미드처럼 모든 건축은 그 나라의 경제를 견인하고 문화를 이끄는 주체였다.

지금은 휴대 전화, 전투기, 우주 왕복선 같은 첨단 제품이 많기 때문에 건축물을 최첨단의 결정체라고 하기는 어렵다. 하지만 근대 이전까지만 하더라도 건축물은 그 나라의 기술력과 재력을 보여 주는 과시의 상징이었다. 많은 돈이 들어가는 일이기 때문에 더욱더 많은 사람의 의견이 모이고 반영되는 결정체이기도 하다. 그래서 건축물은 사람이다. 그리고 건축물은 그 나라와 그 시대의 단면을 보여 주는 그림인 것이다. 건축물의 이러한 특징은 랜드마크적인 건축물에만 한정된 것은 아니다. 그 지역의 지리적, 기후적인 특색이 반영된 일반적인 건축물들 역시 그 지역 사람들의 문화적 DNA를 보여 주는 결과물이다. 우리가 건축물을 이해하면 그 배경에 있는 문화를 이해할 수 있게 되고 정치, 경제, 사회, 기술, 예술, 문화인류학적인 배경을 이해할 수 있는 이유가 여기에 있다.

괴테는 "건축은 얼어붙은 음악(Architecture is frozen music)"이라는 말을 했다. 그의 말대로 건축에는 음악처럼 리듬, 멜로디, 화음, 가사가 있다. 고딕 성당 안을 걷다 보면 도열해 있는 열주列柱들이 음악의 박자처럼 느껴지고, 스테인드글라스 그림의 이야기는 노래 가사처럼 우리에게 말을 한다. 이러한 리듬과 화음 같은 음악적 요소들은 조각품이나 그림에서도 느낄 수가 있다. 하지만 건축물만이 가지고 있는 특이한 전달 매체가 있다. 그것은 비어 있는 보이드[1] 공간이다. 공간은 우주가 빅뱅으로 시작됐을 때부터 시간과 함께 있었던 존재의 가장 기본적인 요소다. 공간이 없다면 빛도 존재할 수 없다. 공간이 없다면 우리는 시간을 느끼지도 못할 것이다. 건축은 이러한 공간을 조절해서 사람과 이야기한다. 이러한 보이드 공간은 건축의 도움을 통해서 느끼게 된다. 우리 눈으로 캄캄한 우주 공간을 쳐다보면 그 광활한 공간이 전혀 느껴지지 않는다. 일상의 공간도 마찬가지다. 건축물이 만들어지기 전의 공간은 막연하다. 하지만 벽을 세우게 되면 막연해서 느껴지지 않던 공간이 보이기 시작한다. 그리고 처마가 만들어지면 비로소 처마 밑의 공간이 우리에게 편안한 안식을 준다.

우리는 돌, 나무, 흙 같은 자연 속의 재료를 가지고 건축물을 만든다. 그리고 그 건축물이 부산물로 만들어 내는 빈 공간 안에서 생활한다. 그 공간에서 생활하기 시작하면 윈스턴 처칠의 말처럼 그 공간은 또다시 우리를 만든다. 이처럼 건축물을 만든 사람은 시간의 한계를 극복하고 그 공간을 통해서 다른 시대의 사람과 이야기한다. 건축물은 소통의 매개체 역할을 한다. 건축물과 사람은 떼어 낼 수 없는 밀접한 관련이 있으며, 건축물은 삶의 일부가 된다.

이 책은 주관적인 관점에서 건축물과 도시를 읽어 내려가는 책이다. 나는 학생들에게 우리나라 교육은 건축하기에 참 좋은 교육 환경이라고 이야기한다. 그 이유는 어렸을 때 다양한 과목을 다 배우기 때문이다. 내가 학교에 다녔을 때는 21개 과목을 배웠던 것으로 기억한다. 앞서 말했듯이 건축물은 인간이 하는 모든 이성적, 감성적 행동들의 결집체다. 그래서 건축을 이해하기 위해서는 한 분야에 대한 깊은 이해도 좋지만, 그보다는 깊지 않더라도 넓게 다각도에서 보는 것이 더 좋다고 생각한다. 그런 면에서 고등학교 때 21개 과목을 배운 우리 국민은 건축을 잘 이해할 수 있는 교육적 배경을 가지고 있다. 이 책에서는 건축을 본능과 상식적인 선에서 설명하고 있다. 책의 어느 부분을 읽으면 고등학교 시절 국민윤리 시간이 생각나고, 어느 부분에서는 생물 시간, 어떤 부분에서는 한문 시간, 어떤 부분은 지리 시간이 생각날 것이다. 독자분들이 이 책을 읽고 난 후 건축물과 도시를 바라보는 자신만의 시각을 가졌으면 하는 바람으로 이 책을 썼다. 더 많은 사람이 건축을 이해하게 될 때 더 좋은 건축물을 요구하게 될 거고, 그렇게 됨으로써 우리를 감싸고 있는 공간과 도시가 더 좋아질 거고, 그래야 우리가 더 행복해진다고 생각하기 때문이다. 부디 편하게 읽으시길 바라며, 무엇보다 지루하지 않았으면 한다.

2014년 12월

차례

제14장 동과 서: 서로 다른 생각의 기원

제15장 건축이 자연을 대하는 방식

제1장
왜 어떤 거리는
걷고 싶은가

강남 거리는 왜 걷기 싫을까?

걷고 싶은 거리의 의미를 찾기 위해서 먼저 걷고 싶은 거리와 성공적인 거리(사람들이 많이 이용하는, 즉 자동차와 사람을 합친 유동 인구가 많고 부동산 가치가 높은 거리)는 다르다는 것을 언급할 필요가 있다. 예를 들어서 보편적으로 강남의 테헤란로는 성공적인 거리지만, 걷고 싶은 거리는 아니라고 평가된다. 반면, 명동 같은 거리는 성공적인 거리이기도 하면서 동시에 걷고 싶은 거리이기도 하다. 걷고 싶은 거리는 대부분 성공적인 거리지만, 성공적인 거리라고 해서 반드시 걷고 싶은 거리가 되는 것은 아니다. 걷고 싶은 거리가 되기 위해서는 먼저 휴먼 스케일[2]의 체험이 동반되어야 한다. 성공적이지만 걷고 싶지 않은 거리들은 대부분 휴먼 스케일 수준에서의 체험이 다양하게 제공되지 못한 데서 그 이유를 찾을 수 있다. 그러한 거리는 대부분 압도적인 규모로 상징성을 갖는 거리다. 강북을 대표하는 세종로도 압도적인 스케일로 서울을 대표하는 거리다. 하지만 우리가 걷고 싶을 때 찾는 거리는

경험의 밀도가 가장 높은 명동 거리(위)와 가장 낮은 테헤란로

아니다. 걷는다는 행위는 평균 시속 4킬로미터로 이루어지는 경험이다. 이 보행 속도는 시속 60킬로미터로 달리는 자동차를 타고 지나가면서 느끼는 경험과는 사뭇 다른 체험이다. 따라서 과연 보행 속도에 맞춰서 체험하는 변화의 정도는 어느 정도가 적당한 수준인가를 정량화해 볼 필요가 있다. 휴먼 스케일의 체험이란 여러 가지가 있을 수 있을 것이다. 가로수의 크기, 인도의 폭, 평행해서 가는 차도의 폭, 거리에 늘어선 점포의 종류 등 여러 가지 이유가 있겠지만, 여기서는 그 여러 가지 요소 중에서 보행자가 걸으면서 마주치는 거리 위의 출입구 빈도수와 걷고 싶은 거리의 상관관계를 통해서 걷고 싶은 거리의 물리적 조건에 대해서 말해 보고자 한다.

어느 건축가가 미국과 유럽의 도시 구조를 비교한 적이 있다. 그의 비교 방법은 간단했다. 동일한 단위 면적에 있는 두 도시 블록의 코너 개수를 비교하는 것이었다. 결과는 유럽 도시가 단위 면적당 블록의 코너 개수가 더 많았다. 실제 임의로 바르셀로나의 구도심과 시카고 도심의 4평방킬로미터당 블록의 코너 개수를 조사해 보았더니 블록 코너 수가 바르셀로나 구도심은 4평방킬로미터에 2,025개, 시카고의 경우에는 1,075개였다. 그 숫자가 약 두 배가량 차이가 나는 것을 알 수 있다. 물론 '도로가 직선으로 되어 있느냐, 곡선으로 되어 있느냐'의 차이점이나 '격자형 도로망이냐, 방사형 도로망이냐'와 같은 형태상의 차이점, 그리고 '블록의 크기가 반복적이냐 아니면 적당하게 변화하느냐' 등의 요소들도 무시할 수 없는 중요한 변수지만, 단위 면적당 블록 코너의 개수를 셈으로써 도시의 구조를 정량화해서 볼 수 있는 하나의 비교

연구 방법을 찾았다는 점에서 이 연구 방식은 훌륭하다고 생각한다. 유럽의 도시들은 대부분 자동차가 발명되기 오래전부터 생성된 것으로, 도시 내 도로망들이 사람 혹은 사람의 보행 속도보다 약간 더 빠른 마차가 지나가는 길을 따라서 자연 발생적으로 생겨난 것이 대부분이다. 다시 말해서 당시의 이동 수단은 느렸고, 그 느린 이동 수단 때문에 사람들의 시간 거리가 길어지게 되고 따라서 물리적인 도시의 도로망은 짧은 단위로 나누어질 수밖에 없었다. 결과적으로 도로의 결절점이 더 자주 만들어지게 되었다. 반면 미국의 경우에는 자동차를 위해서 만들어진 도시가 대부분이다. 자동차는 짧은 시간에 먼 거리를 이동할 수 있기 때문에 시간 거리가 짧아지고 따라서 자동차를 위한 교차로는 가끔 있어도 됐고, 결과적으로 도시의 블록이 크게 구획되었다. 이 데이터가 말해 주는 것은 보행자가 걸을 때 미국 도시에 비해서 유럽 도시가 더 자주 교차로와 마주치게 되고, 그만큼 보행자는 더 다양한 선택의 경험 혹은 진행 방향과 다른 방향으로 난 도로의 공간감을 체험하게 된다는 것이다. 교차로가 생겨날 때마다 사람들은 어디로 가야 할지 결정해야 한다. 이러한 선택의 경우의 수가 많이 생겨날수록 그 도시는 우연성과 이벤트로 넘쳐나게 된다.

명동엔 왜 걷는 사람이 많을까?

보행자들이 거리를 걷게 되면 거리를 따라서 상점들과 건물의 입구가 나타나게 된다. 상점의 입구를 지나게 될 때 보행자는 가게에 들어가거나 혹은 계속해서 길을 걷거나 둘 중 하나를 선택하게 된다. 이러한 의사 결정의 순간이 한 번 나올 경우 보행자는 가게에 들어갈 경우와 들어가지 않을 경우라는 두 가지 경우가 생겨나므로 이벤트 경우의 수는 두 번이 된다. 만약에 출입구가 두 개 나와서 결과적으로 선택의 경우가 두 번 나오게 되면, 둘 다 안 들어가고 지나치는 경우, 앞의 가게만 들어가는 경우, 뒤의 가게만 들어가는 경우, 두 가게 모두 들어가는 경우, 총 네 번의 이벤트 경우의 수가 발생한다. 따라서 상점의 수가 'n'이라면 보행자가 겪을 수 있는 이벤트 경우의 수는 '2^n'이 된다. 다양한 경우가 있다는 말은 보행자가 다른 날 다시 같은 거리를 걷더라도 다른 거리를 체험할 가능성이 많다는 점을 뜻함과 동시에 하루를 걷더라도 다양한 이벤트를 만날 경우의 수가 많아진다는 것을 의미한다. 따라서 단위 거리당 출입구의 수는 거리 체험과 밀접한 관련이 있음을 알 수 있다. 이처럼 단위 거리당 출입구 숫자가 많아서 선택의 경우의 수가 많은 경우를 '이벤트 밀도가 높다'라고 표현해 보자.

　단위 거리당 상점의 출입구 숫자가 많다는 것은 세 가지 의미가 있다. 첫째, 높은 이벤트 밀도의 거리는 보행자에게 권력을 이양한다. 이를 위해서 먼저 공간의 주도권에 대해서 생각해 보자. 거리를 걷는다는 것은 보행자 입장에서는 그의 세상(a world)을 구성한다는 것이다. 우리는 매일 눈을 뜨고, 일어나고, 먹고, 걷고, 이야기하고, 일하고, 쉬면서 자신의 삶을 만들어 나간다. 그리고 매 순간 결정하는 각각의 행위들은 하나의 이벤트가 되어서 그 사람의 삶 혹은 세상을 결정한다. '어느 길을 걸어갈 것이고, 친구를 만날 때 어떤 카페에 들어갈 것인가'와 같은 의사 결정이 모여

기억 속에서 그 사람의 '그날의 세상'이 구성되는 것이다. 그리고 우리는 삶을 살 때 자기 삶에 대해서 주도적 선택권이 있기를 바란다. 그러한 이유에서 사람들은 수동적으로 이끌려 가는 단순한 오락보다는 자신이 선택해서 만들어 가는 내러티브적인 오락을 선호한다. 또한 수동적으로 고정된 채널의 TV를 보기보다는 여러 개의 채널을 돌려 가면서 보는 것을 더 즐겨하며, 더 나아가서는 인터넷상에서 웹 서핑하면서 본인들이 보고 싶은 내용을 주도적으로 선택해 나가는 것을 더 좋아한다. 거리를 걷는 행위의 경우도 마찬가지다. 만약에 보행자가 선택권이 없는 길을 걷는다면 이는 마치 채널이 하나밖에 없는 TV처럼 수동적이고 선택의 자유가 없는 경험을 하게 되는 것과 같다. 반면, 출입구를 통한 선택권들이 일정 간격을 두고 반복적으로 주어진다면 그 거리는 보행자들에게 다양한 경험과 자기 주도적인 삶의 체험을 제공해 주는 거리라고 할 수 있다. 따라서 거리에 다양한 상점 입구의 수는 TV 채널 수나 인터넷의 하이퍼링크Hyperlink 수와 같다고 할 수 있다.

둘째, 높은 이벤트 밀도의 거리는 보행자에게 변화의 체험을 제공한다. 점포의 출입구가 자주 나타난다는 점은 조금만 걸어도 새로운 점포의 쇼윈도를 볼 수 있다는 것을 의미한다. 예를 들어서 5미터에 하나씩 점포의 출입구가 나온다는 것은 보행자의 속도를 시속 4킬로미터로 보았을 때 4.5초당 새로운 점포의 쇼윈도가 나타난다는 것이다. 이 쇼윈도를 통해서 제공되는 시각적 정보는 신상품 옷일 수도 있고 식당에 앉은 사람들이 될 수도 있다. 우리는 TV를 시청하면서 특별히 볼 채널이 없을 때 2~3초에 한 번씩 채널을 바꾼 경험을 누구나 가지고 있다. 이런 경우 특별히 흥미로운 프로그램이 없더라도 서로 다른 채널의 화면 속 영상들이 새로운 시퀀스로 편집되어서 새로운 의미를 전달하기도 하고, 단순하게는 다른 채널로 바뀐다는 변화의 리듬감 때문에도 끊임없이 TV 앞에 앉아 있게 된다. 이와 마찬가지로 4.5초당 점포가 변화된다는 것은 4.5초당 케이블 TV의 채널을 바꾸는 것과 같은 효과를 뜻한다.

셋째, 높은 이벤트 밀도의 거리는 매번 같은 거리를 가더라도 방문할 때마다 새로운 체험의 가능성을 높여 준다. 세종로의 미국 대사관 앞 거리에는 미국 대사관 정문이 하나밖에 없다. 따라서 보행자는 대사관에 들어가는 경우와 그냥 지나치는 두 가지의 경우만 가지게 된다. 게다가 미국 시민권자나 비자를 발급받아야 하는 사람이 아닌 이상 우리는 대부분 그냥 지나치게 된다. 이는 세종로의 미국 대사관 앞길은 항상 한 가지 경우의 수만 제공하는 거리라는 것이다. 반면 같은 길이의 홍대 앞 피카소 거리를 걸을 때는 매번 다른 기억을 가질 수가 있다. 오늘은 '마포나루'에서 식사하고 그 옆의 옷 가게에 들어갔지만, 내일은 '어머니가 차려준 밥상'에서 식사하고 그 옆의 노래방에 들어갈 수 있는 것이다. 홍대 앞 거리에는 다양한 선택의 경우가 있기 때문에 보행자는 같은 거리를 걷더라도 어제와 다른 오늘의 선택을 통해 다른 체험이 가능해진다. 이벤트 밀도는 그 거리가 보행자에게 얼마나 다양한 체험과 삶의 주도권을 제공할 수 있는가를 정량적으로 보여주는 척도가 될 수 있다.

정문이 하나밖에 없는 미국 대사관 앞(위)과 다양한 선택의 경우가 있는 홍대 앞 거리

거리	홍대 앞	신사동 가로수길	명동	강남대로	테헤란로
이벤트 밀도 (e/c)	34	36	36	14	8
순위	3	1	1	4	5

표1 각 선정 대상지 이벤트 밀도
이벤트 밀도: 100미터 구간에 있는 입구의 수. 횡단보도 없이 건너갈 수 있는 경우에는
건너편의 입구 수도 포함하였다.

경험의 밀도를 직접 계산해 보니 '명동 거리 = 신사동 가로수길 > 홍대 앞 피카소 거리 > 강남대로 > 테헤란로' 순이었다. 주요 지표를 살펴보면 최고 값을 갖는 명동 거리와 가로수길은 최저 값을 갖는 테헤란로의 4.5배 정도 높은 경험의 밀도를 가지고 있었다. 수치를 해석한다면 가로수길은 테헤란로보다 4.5배 더 걷고 싶은 거리라고 말할 수 있겠다. 명동 거리와 신사동 거리는 각각 강북과 강남의 대표적인 걷고 싶은 거리라는 점을 감안했을 때 정량적인 수치와 정성情性적인 느낌이 비교적 비례하는 것을 알 수 있다. 조사 결과에 따르면 보행자의 체험으로 봤을 때 명동 거리와 가로수길이 2.5초당 채널이 바뀐다면 테헤란로는 11초당 채널이 바뀌는 TV에 비유될 수 있다.

강남과 강북의 대표적인 거리의 분위기 차이는 그 거리가 형성됐던 방식에 의해서 만들어진다. 자연적으로 형성된 지역의 경우 주로 일반 주거 지역에 있으며, 주변의 문화 및 환경적 요인의 변화로 인해 자연 발생적으로 거리가 형성된다. 그리고 대부분의 거리가 소규모 민간 자본에 의해서 작은 필지에 지어진 작은 건물

들로 구성되어 있었다. 이러한 물리적 조건 때문에 단위 거리당 점포 수가 많아지고 보행자들은 가게에 들어갈지 말지를 결정할 수 있는 선택의 경우의 수가 높게 나왔다. 반면, 도시 계획에 의해서 큰 규모의 필지와 자동차 중심의 도로로 정비된 지역에서는 거리를 구성하는 단위 건물의 규모가 크다. 큰 필지에 한 개의 건물이 들어가고 거기에 한두 개의 입구만 만들어지기 때문에 단위 거리당 보행자가 선택할 수 있는 경우의 수가 줄어드는 것을 알 수 있다.

이렇듯 걷고 싶은 거리가 되는 조건은 도시 계획상의 필지 구획 규모에 가장 큰 영향을 받았음을 알 수 있다. 가장 재미난 경우는 단위 거리당 가장 많은 건물 수를 보유한 명동이다. 이러한 결과가 가능했던 이유는 명동 거리 필지의 가로세로 비율이 서울의 다른 지역에 비해서 상대적으로 가로변으로 접한 면이 좁고 세로로 긴 형태라는 점 때문이다. 일제 강점기 시절 일본 도시 계획가에 의해서 건설된 지역이기 때문에 일본 전통식 도심 거리와 유사한 형태를 띠고 있는 것이다. 좁고 긴 필지라는 조건 이외에도 인접한 건축물과 합벽의 형태로 건물과 건물 사이에 틈이 없이 단위 거리당 건물 개수가 가장 많은 것이 명동 거리의 특징이다. 이는 주택가로 구성된 홍대 앞과 비교했을 때 그 특징이 더 두드러져 보인다. 홍대 앞도 주거 지역으로서 작은 필지를 구성하고 있지만 단위 거리당 건물의 개수가 홍대 앞에는 여덟 개인 반면, 명동에는 열다섯 개의 건물이 들어서 있어 거의 두 배에 이른다. 또한 명동 거리는 1950년대에 재건축됐을 당시 우리나라 경제는 자본시장이 구축되지 않은 상태였기 때문에 지금처럼 금융권의 지원을 받은 대규모 PF[3]를 통해서 큰 프로젝트를 진행할 수 있는 상황이 아니었다. 대신 적은 민간 자본에 의해서 일제 강점기 시절 구획된 필지에 새로이 건물을 건축하는 상황으로 진행되었다. 따라서 기존의 좁은 건축 입면이 유지되었고, 결과적으로 단위 거리에 더 많은 건물이 들어서는 물리적 환경이 구축되었다. 하지만 명동의 단위 거리당 건물의 수가 홍대 앞이나 가로수길의 두 배의 개수를 보이고 있음에도 불구하고 명동의 120미터에 있는 입구의 수는 22개로 홍대 앞의 20개와 큰 차이가 없으며, 가로수길과는 같은 22개다. 그 이유는 건물의 입면은 좁지만, 결국 한 개의 점포가 입구와 쇼윈도를 갖기 위해서 최소한으로 점유해야 하는 최소 폭(약 5미터)은 거리에 상관없이 비슷했기 때문에 비슷한 점포 입구의 수를 가지고 있는 것으로 관찰된다.

명동 거리의 또 하나의 특징은 조사한 다섯 개의 거리 중 유일하게 보행자 전용 거리(폭 10미터)를 형성하고 있어서 건너편 상업가로와 가장 밀접한 연관성을 갖는 공간 구조를 가지고 있다는 것이다. 이처럼 걷고 싶은 거리는 결국에는 얼마나 자주 다양한 가게가 들어서 있느냐의 물리적 조건과 밀접한 관련이 있다. 도시를 아름답게 만들기 위해서는 대형 콤플렉스 건물(문화 상업 복합 시설)을 만들더라도 거리와 접한 면에는 작은 소규모 가게들이 많이 배치되도록 디자인해야 한다.

이벤트 밀도가 높은 거리는 우연성이 넘치는 도시를 만들어 낸다. 그리고 사람들이 걸으면서 더 많은 선택권을 갖는 거리가 더 걷고 싶은 거리가 된다. 더 많은 선택권을 가진다는 것은 자기 주도적인 삶을 영위한다는 것을 뜻하기도 한다. 자기 주도적인 삶도 우리가 원하는 것이고 우연성이 넘친다는 것은 우리가 도시에 사는 이유이기도 하다. 이러한 거리가 더 많을수록 우리의 삶은 더 풍요로워질 것이다. 지금까지 높은 이벤트 밀도는 우리의 삶 속에서 자기 주도적인 선택권을 많이 준다는 점을 살펴보았다. 그리고 그 같은 이벤트가 일어날 가능성이 높고, 자기 주도적 선택권을 주는 거리가 더 걷고 싶은 거리라는 것을 살펴보았다. 그렇다면 걷고 싶은 거리의 성격을 파악하는 데 이벤트 밀도 외에 다른 특징은 없을까? '공간의 속도'는 걷고 싶은 거리를 만들어 내는 정량화시킬 수 있는 거리의 두 번째 특징이다.

공간의 속도

우리의 공간은 태초부터 존재해 온 기본값으로, 3차원으로 비어 있다. 우리가 일상에서 생활하는 거리나 광장의 공간이나 우주의 비어 있는 공간은 똑같은 공간이다. 우리가 흐린 날 하늘을 바라보면 검은색으로 깊이감이 없어 보인다. 마찬가지로 우주왕복선에서 찍은 사진 속의 우주 공간도 무한한 공간이지만, 실제로는 잘 인식되지 않는다. 하지만 거기에 별과 달이 보이기 시작하면 공간감이 생겨나기 시작한다. 이로 미루어 보아 공간은 인식 불가능하지만, 그 공간에 물질이 생성되고 태양 빛이 그 물질을 때리고 특정한 파장의 빛만 반사되어 우리 눈에 들어오면서 공간이 인식되기 시작한다는 것을 알 수 있다. 인류가 건축하기 전에도 지구상에는 땅, 나무, 하늘의 구름 같은 물질에 의지해서 공간이 구획된다. 그 빈 땅 위에 건축물이 들어서게 되면서 건물과 건물 사이에 거리라는 새로운 공간이 구축되고 우리는 인식하게 된다. 그리고 이 거리는 주변에 들어선 건물의 높이와 거리의 폭에 의해서 각기 다른 형태의 보이드 공간을 갖게 된다. 우리는 정지된 물리량인 도로와 건물을 만들고, 그로 인해서 만들어지는 부산물인 비어 있는 보이드 공간을 사용한다. 그리고 그 빈 공간에 사람과 자동차 같은 움직이는 객체가 들어가게 되면서 공간은 비로소 쓰임새를 가지며 완성된다. 이처럼 도로와 건물 같은 물리적인 조건 외에 거리에서 움직이는 개체도 거리의 성격을 규정하는 한 요인이 된다. 움직이는 개체들이 거리라는 공간에 에너지를 부여하기 때문에 움직이는 개체의 속도가 중요하다. 왜냐하면 물체의 속도는 그 물체의 운동에너지($E = \frac{1}{2} \times mv^2$)를 결정하는 요소이기 때문이다.

건물들이 각자의 필지에 들어가게 되면 일련의 건축 입면들이 건축 한계선에 맞춰지게 되고, 이 건축 입면들이 '거리'라는 외부 공간을 구획한다. 이 외부 공간은 사람이나 자동차 같은 움직이는 개체가 들어가기 전에는 비어 있고, 아무런 이벤트가 일어나지 않는 중립 공간이다. 이 같은 거리의 모습은 사진작가 김아타의 작품을 보면 느낄 수 있다. 그의 작품 중 「타임스 스퀘어」라는 작품은 우리가 아는 타임스 스퀘어에 사람과 자동차가 없는 모습을 찍은 사진이다. 셔터 속도를 아주 길게 해서 거리에서 움직이는 모든 것을 사라지게 한 그의 작품은 움직임의 개체가 없이는 공간에서 아무런 속도감을 느낄 수 없다는 것을 보여 준다. 김아타 작가가 촬영한 타임스 스퀘어와 보통 우리가 보는 타임스 스퀘어를 비교해 보자. 두 사진 속에서 타임스 스퀘어에 있는 빌보드 광고판들은 동일하게 공간을 채색하고 있다. 그런데 김아타의 작품 속

거리의 움직임이 느껴지는 타임스 스퀘어의 모습(좌)과 김아타의 작품 「타임스 스퀘어」

공간은 시간이 정지된 느낌이지만, 일상의 타임스 스퀘어는 에너지로 가득 차 있다. 그리고 그 에너지는 움직이는 물체가 주는 운동에너지다. 이런 느낌은 전날 밤 광란의 밤을 보냈던 홍대 앞 거리와 다음 날 아침 술에 취하고 떠들썩했던 사람들이 모두 떠나간 텅 빈 거리에서의 느낌 차이와 비슷하다. 우리 건축사사무소 사무실은 홍대 앞 놀이터와 삼거리 포차 사이에 위치해 있었다. 홍대의 중심이나 마찬가지인 곳에서 야근하고 인파를 헤치고 퇴근한 후에 다음 날 아침 텅 빈 거리를 통해 출근하면 '과연 이 둘이 같은 거리인가?'라는 생각이 들 정도로 판이하다. 물론 낮과 밤이라는 빛의 차이도 있겠지만, 가장 큰 차이는 사람과 자동차의 부재다.

이처럼 공간은 움직이는 개체가 공간에 쏟아붓는 운동에너지에 의해서 크게 변한다. 이와 비슷한 현상은 뉴욕의 록펠러 센터의 성큰 가든(지하나 지하로 통하는 공간에 꾸민 정원)에서도 일어난다. 록펠러 센터 성큰 가든은 여름에는 정적인 레스토랑으로 운영되고, 겨울에는 움직임이 많은 스케이트장으로 운영된다. 같은 물리적인 공간이지만 그 공간이 의자에 앉아 있는 레스토랑 손님으로 채워졌을 때와 스케이트 타는 사람으로 채워졌을 때는 다르다. 공간은 어떠한 행위자로 채워지느냐에 따라서 그 공간의 느낌과 성격이 달라진다. 그리고 이 변화의 요소는 모두 움직이는 것들이다. 우리는 고등학교 물리 시간에 운동에너지를 계산하는 공식을 배워서 알고 있다. 운동에너지는 질량에 속도의 제곱을 곱한 값의 절반이다($E = \frac{1}{2} \times mv^2$). 이 물리학 법칙을 보면 속도는 제곱만큼 에너지에 영향을 미친다. 같은 질량의 물체가 움직이더라도 그 속도가 시속 1킬로미터에서 시속 4킬로미터로 4배가 되면 운동에너지는 16배가 된다. 속도가 시속 8킬로미터가 되면 운동에

록펠러 센터 성큰 가든의 여름(위)과 겨울.
여름에는 레스토랑으로, 겨울에는 스케이트장으로 운영되고 있다.

너지는 64배가 된다. 따라서 같은 거리에 같은 수의 자동차와 사람이 있다고 하더라도 그들이 다른 속도로 움직인다면 그 거리의 에너지는 속도의 제곱 값을 모두 모은 만큼 차이가 나는 것이다. 그리고 그 에너지는 고스란히 거리라는 공간에 영향을 미치게 된다. 우리는 그 차이를 느껴 왔지만, 그 차이를 정량화하는 지수가 없었다. 여기서 우리가 느껴 온 그 차이를 한번 계산해 보자.

카페 앞 테라스는 어떻게 거리를 좋게 만드는가?

우선 공간의 속도를 대략적으로 측정하기 위해서 간단한 공식을 만들어 보았다. 원리는 간단하다. 거리를 구성하는 면적에 그 위에 있는 사람이나 자동차의 평균 속도를 곱해서 더한 후에 전체 면적으로 나눈 것이다. 그렇게 하면 공간 속에 움직이는 개체의 대략적인 속도를 계산할 수 있다. 예를 들어서 사람이 걷는 속도는 시속 4킬로미터 정도고, 자동차는 기본 속도가 시속 60킬로미터다. 경우에 따라서 사람은 카페 앞 테라스[4]에 의자를 놓고 앉아 있기도 한다. 사람이 의자에 앉아 있을 때는 시속 4킬로미터보다 더 느린 시속 1킬로미터 정도의 속도로 움직인다고 생각해야 한다. 마찬가지로 신호등 앞에 서 있는 자동차 역시 때로는 정지하기도 한다. 하지만 이것은 너무 잠깐의 상태여서 전체 차도라는 거리에서 신호등에 정지한 상태는 고려하기에는 너무 미비한 변화 요소라고 판단하여 공간의 속도 값을 결정하는 요소에서 삭제했다. 위의 경우를 고려하여 '거리의 속도'는 다음과 같은 공식에 의해서 그 수치가 정해진다.

$$공간의\ 속도 = \frac{(차도\ 면적×차의\ 평균\ 속도)+(인도\ 면적×보행\ 평균\ 속도)+(테라스\ 면적×1km/h)+(주차장\ 면적×1km/h)}{전체\ 면적}$$

위의 공식을 이용해서 서울의 대표적인 거리 다섯 개를 선정해 거리의 속도를 비교 분석함으로써 공간의 속도를 정량적으로 파악해 보았다. '표1'(37쪽)과 같이 거리 공간의 속도가 낮은 순서대로 배열한다면 홍대 > 신사동 가로수길 > 명동 > 강남대로 > 테헤란로 순으로 되어 있다. 사람이 걷는 속도와 비슷한 거리는 홍대와 가로수길로 나타났으며, 가장 빠른 속도를 갖고 있는 테헤란로(시속 52.03킬로미터)는 가장 느린 속도를 가지는 홍대(시속 4.68킬로미터)와 공간의 속도에서 무려 11배 차이가 나는 것을 알 수 있다.

'표1'과 같이 공간의 속도를 비교해 순서대로 살펴보면 이전의 거리의 이벤트 밀도와 비슷한 순서인 것을 알 수 있다. 이벤트 밀도의 순서대로 배열하면, 명동 = 신사동 가로수길 > 홍대 앞 피카소 거리 > 강남대로 > 테헤란로 순이다.

거리	홍대 앞 거리	신사동 가로수길	명동	강남대로	테헤란로
이벤트 밀도 (e/c)	34	36	36	14	8
거리 밀도 순위	3	1	1	4	5
거리의 속도(Ss)	4.86	5.41	6.5	47.96	52.03
거리 속도 순위	1	2	3	4	5

표 1-1 각 선정 대상지 거리의 이벤트 밀도 및 공간의 속도 비교

하지만 공간의 속도와 이벤트 밀도의 순서가 완전히 일치하지는 않는 것을 알 수 있다. 이 둘을 합쳐서 매긴 순위는 신사동 가로수길 > 홍대 앞 피카소 거리 = 명동 > 강남대로 > 테헤란로로, 우리가 데이트 코스로 선호하는 순서와 거의 일치한다. 이로써 이벤트 밀도와 거리 공간의 속도는 거리가 보행자에게 얼마나 호감을 주는지를 알려 주는 지표라는 것을 알 수 있다. 신사동 가로수길이나 홍대 거리의 속도 수치가 낮은 것은 일단 자동차 차선이 적고, 좁은 길이기 때문에 자동차가 속도를 내지 못하기 때문이기도 하다. 그리고 홍대 앞은 거리 주변 곳곳에 식당이나 카페에서 법규적으로는 주차장으로 지정된 건물 앞 공간에 불법으로 테라스를 설치해 운영하고 있었는데, 이러한 공간이 실질적으로 공간의 속도를 낮추는 데 일익을 담당했다.

공간의 속도를 낮추는 카페의 테라스

우리가 파리의 샹젤리제 거리를 바라보면 왕복 10차선의 도로로 자칫 황망한 거리가 될 수 있는 조건이다. 하지만 일단 도로 양편에 있는 인도 폭이 넓어서 전체 공간의 속도를 줄여 준다. 그리고 중간중간에 인도를 점유한 노천카페들이 공간의 속도를 낮춰 주기 때문에 사람들이 걷기에 무리 없는 거리가 되는 것이다. 우리나라의 세종로도 과거 왕복 16차선에서 지금은 10차선으로 샹젤리제 거리와 같은 조건을 갖게 되었다. 하지만 아직도 세종로는 샹젤리제 거리처럼 걷기에 적합한 거리로 느껴지지는 않는다. 개선문 같은 광화문도 있는데 왜 그런 걸까? 가장 큰 이유는 주변에 가게가 너무 없다는 점을 들 수 있다. 가게가 없으니 사람이 걸어 다닐 이유도 없는 것이다. 두 번째로 10차선의 속도를 늦춰 줄 수 있는 테라스 공간이 너무 없다. 대신에 미국 대사관이나 역사박물관, 세종문화회관, 정부종합청사 같은 대형 건축물만 있다. 주변에 바라볼 것이 없으니 가운데를 보게 되고, 남들에게 노출되고 싶은 사람들이 그 공간을 점유하게 된다. 그런 구성이기 때문에 시민에게 개방하기 위해 광화문 광장을 만들었지만, 항상 정치적 시위 공간이 되는 것이다. 이러한 중앙 집중식 공간은 거리로서는 바람직하지 않다. 우리가 세종로를 걷고 싶은 거리로 만들려면 건축물 앞에 한 줄로 가게를 설치하고, 인도 위에는 버스 정류장 외에도 노천카페를 설치해 전체적인 공간의 속도를 낮춰 줘야 한다. 그래야 우리나라를 대표하는 거리가 될 수 있다. 본 개정판이 쓰인 2025년 현재에는 4차선이 줄어든 6차선 도로가 되었다. 차선 수가 줄면서 공간의 속도가 더 느려져 예전보다는 더 보행 친화적으로 바뀌었다. 나무도 심겨서 나무 아래 공간이라는 쉴 수 있는 좋은 공간이 추가됐다. 하지만 주변에 가게가 부족하다는 점은

상제리제 거리의 차도와 인도(위), 1970년대 세종로와 2000년~2020년 인도(아래)

아직도 해결되어야 할 문제다.

우리는 상식적으로 테헤란로와 신사동 가로수길은 다른 느낌의 공간이라고 느껴 왔지만, 정량적으로 얼마만큼 다른지 비교할 수는 없었다. '표1'의 공간의 속도(거리의 속도) 측정값을 보면 테헤란로는 신사동 가로수길과 비교해서 열 배나 더 빠른 속도의 공간을 가지고 있다고 말할 수 있다. 이 책에서 제시하는 방식을 통해서 우리는 이제 거리 공간의 속도감을 정량적으로 비교할 수 있게 되었다. 이 방식은 추후에 도시 설계를 할 때 공간의 성격을 규정하는 치수로도 사용할 수 있을 것이다. 예를 들어서 새로 도시 설계를 할 때 '토지 이용 계획'의 가이드라인을 특정한 Ss[5] 값 정도로 디자인하시오.'라고 명시할 수 있다.

앞선 조사 결과를 보면 거리의 속도가 사람의 걷는 속도인 시속 4킬로미터와 비슷한 값을 가질수록 사람들이 더 걷고 싶어 하는 거리라는 것을 알 수 있다. 하지만 만약에 시속 4킬로미터보다 느린 값이 나오면 어떻게 될까? 아마도 빠른 속도의 공간만큼이나 걷고 싶지 않을 것이다. 우리가 서부영화를 보면 텅 빈 거리가 나오는데, 걷는 사람이나 마차와 말도 없고, 주변의 흔들의자에 앉아 계신 할아버지가 몇 분 있을 뿐인 풍경을 볼 수 있다. 이런 거리는 4Ss보다 더 낮은 값을 갖는 공간이다. 이런 거리는 걷고 싶지 않은 거리일 것이다. 그런 거리를 걷는다는 것은 자신이 너무 노출된다는 의미다. 자신이 노출된다는 것은 자신에게 시선이 집중된다는 것을 말하고, 그런 환경은 경험자가 부담을 느끼게 된다. 마치 패션쇼에서 모델이 런웨이를 걷는 것 같은 체험일 것이다. 따라서 사람은 적당히 그 공간에 묻혀서 걸을 수 있는, 적절한 공간의 속도를 가진 공간을 원한다.

걷고 싶은 거리를 구성하는 요소는 여러 가지가 있다. 얼마나 많은 이벤트가 일어나는 거리인가, 어떠한 물건들을 구경할 수 있는 거리인가, 어떠한 자연환경이 있는 거리인가, 어떠한 사람들을 만날 수 있는 거리인가 등이 그 요소들이다. 마지막 요소인 '사람'은 나머지 요소들이 구성되는 것에 따라서 자연스럽게 결정된다. 보통, 사람은 또 다른 사람을 끌어들이는 매력적인 요소지만 나머지 요소들이 갖추어지지 않는 경우에는 사람이 들지 않기 때문에 사람은 거리를 완성하는 요소지만 만들기 시작하는 요소는 아니다. 그렇다면 '어떠한 거리의 상황이 사람들이 걷고 싶은 환경이 되느냐'는 질문에 관한 이 책의 답은 다음과 같다. 걷는 환경과 너무 차이 나지 않아야 한다. 사람은 시속 4킬로미터로 걷는다. 너무 느려도 사람들은 걷고 싶어 하지 않을 것이다. 그리고 상점의 입구가 자주 나오는 거리가 걷고 싶은 거리를 만든다.

이상적인 걷고 싶은 거리

제2장
현대 도시들은 왜 아름답지 않은가

휴먼 스케일, 카오스적인 도시, 간판

우편엽서에 어울릴 만큼 건축적으로 아름다운 몇몇 도시를 떠올린다면 대부분의 사람은 흰색 회벽으로 만들어진 그리스의 산토리니섬이나 벽돌로 아름답게 지어진 이탈리아 토스카나 지방의 모습을 떠올릴 것이다. 누구도 서울의 논현동이나 서초동의 근린 생활 건물들이 들어선 거리가 담긴 우편엽서를 떠올리지는 않을 것 같다. 왜 제2차 세계 대전 이전에 세워진 오래된 도시들은 멋있고 그 이후에 만들어진 도시들은 그렇지 못한 것일까? 여러 가지 이유가 있겠지만, 여기서는 건축 구조 기술과 재료의 관점에서 이야기해 보도록 하겠다.

과거 도시에는 그 지역 그 시대에서 사용할 수 있는 구조적 기술이 하나밖에 없었다. 건축하기 위해서 구할 수 있는 재료도 지금처럼 교통과 유통망이 발달한 때가 아니었기에 지극히 제한적인, 가까운 주변에서 구할 수 있는 것이어야 했다. 주변에 나무가 많은 경우에는 나무로, 돌산이 가까우면 돌로, 이도 저도 없으면 흙으로 빚어 구운 벽돌로 도시 내 대부분의 건물을 지었다. 구조 기술적인 면에서 본다면 성당이나 궁궐 같은 특별한 건축물만 가끔 큰 스케일로 구축했을 뿐 나머지는 대부분 인간의 노동력으로만 지어야 했기에 휴먼 스케일의 건축물들이 대부분이었다. 우리가 잘 아는 한옥을 보더라도 소달구지를 통해서 옮길 만한 나무 무게와 몇 사람이 힘을 합쳐서 들어 올릴 수 있는 크기의 대들보가 그 건물의 단위 크기를 규정했다. 따라서 자연스럽게 휴먼 스케일의 건물들과 대형 스케일의 랜드마크 건물들이 강약의 조화를 이루었다. 이탈리아의 피렌체 같은 도시나 베네치아 같은 도시를 가면 두오모라고 불리는 가장 큰 성당이 있고, 그 주변으로 돔이 있는 건축물보다 더 작은 스케일의 건물들이 도시 대부분을 채우고 있는 것을 볼 수 있다. 이 같은 구축 기술적, 건축 재료적 제약들이 도시 DNA의 통일성과 조화를 만들어 냈다고 할 수 있다.

하지만 현대에 들어선 이후 크레인과 철골 구조의 도움으로 대부분의 프로젝트가 쉽게 휴먼 스케일을 넘어선 대형화로 진행 가능해졌다. 지나치게 커져 버린 건축물들 사이에서 인간은 소외되기 시작했고, 빠른 자동차가 이동하는 거리에서 사람들은 옆으로 비켜나게 되고 상대적으로 더 왜소해지기 시작했다. 건물이 커질수록 대부분의 일들은 건물 내부에서 해결된다. 최근에는 원스톱 쇼핑이라고 해서 한 건물 안에서 쇼핑도 하고 밥도 먹고 영화도 보고 수영도 할 수 있는 대형 건물들이 들어섰다. 건물이 커질수록 사람들은 더 이상 거리로 나와서 다니지 않았고, 사람들 사이에 소통이 없어지는 도시 공간 구조가 만들어지게 된 것이다. 건축 재료적인 측면에서 본다면 현대 도시는 전 세계에서 수입돼 오는 재료들이 난무한다. 따라서 통일성과 콘텍스트[6]가 부재한 카오스적인 도시가 만들어지게 되는 것이다. 브라질, 중국, 시리아 등에서 수입된 다양한 석재, 목재, 유리, 철재, 타일, 페인트 등이 지나치게 풍부하게 넘쳐 난다. 타일로 마감된 건물 옆에는 커튼월[7] 건물이, 그 옆에는 벽돌 건물에 네모난 창이, 그 옆에는 밝은 화강석 돌로 마감된 건물이, 그 옆에는 노출 콘크리트 건물이, 그 옆에는 짙은 회색 제주도 현무암 건물이 들어서 있다. 이것이 현재 우리나라 도시의 모습이다. 어떤 분들은 우리나라 도시의 간판만 정리하면 좋은 거리가 만들어질 거라고 생각한다. 하지만 간판이 정리된 뒤에 보이는 건축물들의 모습은 이런 혼돈의 모습이다. 그래서 간판 정리만으로는 그다지 많이 나아질 것 같지 않다. 물론 간판들은 정리되어야 한다. 간판이 정리되면 건물이 보일 것이고, 그러고 나면 비로소 건물이 정리될 필요성을 느낄 것이다. 그리고 한참의 세월이 흘러서 건물이 정리될 때 그제야 비로소 우리나라도 건축물을 보기 위해서 해외에서 관광객들이 몰려드는 도시를 갖게 될 것이다. 서울은 여름철이 그나마 좀 볼 만하다. 가로수와 잡초가 건물과 간판을 많이 가려 주기 때문이다. 사실 건축적으로 아름다운 도시가 되려면 겨울에 아름다워야 한다. 가로수 한 그루 없는 유럽의 도시들이 가로수가 많은 우리나라 도시보다 더 아름답다면 우리 도시에 문제가 있다고 봐야 한다.

옛 도시: 통일된 재료와 지형에 맞춰진 다양한 형태

과거에는 건축 재료가 한정된 상태에서 건물의 형태는 오히려 지형에 맞게 복잡하게 만들어졌다. 반면 최근에 지어지는 도시에서는 지형을 건물 짓기 쉽게 불도저로 밀어 버려서 평평하게 만든 후 단순한 상자 형태의 건물을 짓는다. 각각 건물의 형태는 경제적인 원리로 비슷하게 나오는[8] 반면 재료는 오히려 복잡하게 사용한다. 다양성을 형태가 아니라 재료로 손쉽게 얻으려 한다는 점이 문제다. 도시가 통일성 없어 보이고 우리의 미적 감각에서 허용할 수 있는 다양성의 한계를 넘어선 혼돈의 수준으로 가 버린 것이다. 도시를 형태와 재료 두 가지 요소를 가지고 나누어 본다면 네 종류가 나올 수 있다. 형태는 복잡하고 재료는 단순한 경우(그리스 산토리니섬), 형태도 다양하고 재료도 다양한 경우(서울의 청담동 명품 플레그샵 거리), 형태도 단순하고 재료도 단순한 경우(한국의 아파트 단지), 형태는 단순하고 재료는 복잡한 경우(서울의 논현동 뒷골목)다.

몇 가지 사례를 살펴보면 형태는 다양하고 재료가 통일되었을 때 도시 공간이 다이내믹하고 좋아진다는 것을 알 수 있다. 보스턴의 뉴베리 거리는 붉은색 벽돌로 지어진 유서 깊은 오래된 건물이 있는 거리로 유명하다. 보스턴시는 이 뉴베리 거리에 신축되거나 리모델링되는 건축물의 재료를 모두 붉은 벽돌을 사용하게 규제함으로써 재료의 통일감을 보존하여 아름다운 거리를 유지하고 있다. 물론 재료만 통일되었다고 다 아름다운 도시가 되는 것은 아니다. 만약 그렇다면 모두 콘크리트로 지어진 우리나라 아

1 그리스 산토리니섬, 2 청담동 명품 플래그숍 거리, 3 한국의 아파트, 4 논현동 뒷골목

파트 단지가 아름다워 보여야 할 것이다. 다만 지역성이 드러나는 재료의 통일성은 일단 좋은 도시로 가는 전략 중에 하나라는 것을 유럽의 여러 도시를 보면 느낄 수 있다.

골목은 없고, 복도만 있다

현대의 도시들이 살고 싶은 느낌이 들지 않는 이유를 하나 더 찾아본다면 한마디로 '골목 대신 복도'의 건축물이 들어섰기 때문이다. 근대 이후 건축물에, 특히 개발도상국에 지어지는 대부분의 현대 건축물 및 도시를 만드는 가치관에 가장 큰 영향력을 행사한 사람은 르코르뷔지에Le Corbusier라는 건축가다. 이분이 주창한 도시의 비전vision 중에 '빛나는 도시'라는 것이 있다. 이 계획안은

르코르뷔지에의 파리 계획안

파리 도심을 고층 아파트 단지로 리모델링한 신도시 계획안이었다. 주된 내용을 살펴보면 고밀도의 고층 대형 건물을 지어서 건물과 건물 사이를 크게 떨어뜨려 놓고, 그 사이에 공원을 만들어서 도심 속에서도 자연을 느끼면서 살게 하자는 이야기다. 그의 그림을 보면 발코니에 앉아서 차를 마시면서 넓게 펼쳐진 공원을 바라보는 그림이 있다. 언뜻 보면 아주 아름다운 경치다. 우리나라의 아파트 단지 계획안은 이를 흉내 내서 만든 것이다. 우리나라의 최근 아파트 광고 전단지를 보면 중앙에 조경 처리된 공원이 있고, 주변으로 고층 건물이 들어선 아파트 단지 계획을 가지고 있다. 온통 광고의 초점은 자신들의 아파트 단지가 얼마나 공원 조경이 잘 되어 있는가를 자랑하는 데 있다. 하지만 여기에는 약간의 사기성이 존재한다. 이 디자인이 공원을 제공한다고 광고할 때 실제로 우리는 도시 속의 가장 큰 중요 요소인 길이나 골목을 잃었다. 우리의 옛 도시 속에서 다른 집에 갈 때는 골목을 따라서 집을 찾아간다. 하지만 아파트에서는 복도나 엘리베이터를 통해서 길을 찾는다. 아파트 단지에는 골목은 없고 복도만 있는 것이다. 그렇다면 골목과 복도는 어떤 차이가 있는가? 그 근본적인 차이는 하늘이 있느냐 없느냐의 차이다. 우리의 대형 아파트 단지는 우리에게서 머리 위의 하늘을 빼앗아 갔다.

머리 위 하늘을 빼앗긴 도시

우리가 사는 아파트에서는 하늘이 보이는 골목길은 없다. 햇빛 대신 형광등이 달린 천장이 있는 복도와 엘리베이터만 있을 뿐이다.

이러한 사태는 세대 간의 자연스러운 교류를 막았다. 과거 대문 앞 골목길에서 이루어지는 일을 생각해 보자. 아이들은 골목에 모여서 축구와 야구를 했다. 그 동네에는 아파트 단지의 놀이터 같은 것이 필요 없었다. 지금 생각해 보면 어떻게 그렇게 작은 골목에서 온갖 스포츠를 다 했는지 의아하다. 이것만 봐도 어린이의 스케일은 확실히 어른과는 다르다는 것을 알 수 있다. 아이들이 골목길에서 놀 때, 아이들을 돌보기 위해 자연스레 어머니들은 모여서 이야기를 나누었다. 골목길이라는 외부 공간은 우리에게 길 이외에 여러 가지 용도로 사용되는 하늘을 향해 열린 공간이었다. 건축가 코르뷔지에는 자신이 설계한 도안은 고층 건물과 고층 건물 사이를 녹지로 만들어서 고층 건물의 발코니에서 바라보면 넓은 자연을 볼 수 있게 계획하는 등 각각의 세대에서 바라보는 자연이 많음을 강조했다.

하지만 이는 그저 바라보는 자연일 뿐이었다. 옛 도시에는 마당에 나무가 있었고, 방문을 열고 나가면 어디서나 하늘을 바라볼 수 있었다. 옛 도시에서 자연은 바라보는 것을 넘어 더 적극적으로 소통할 수 있는 것이었다. 자연과 항상 소통하면서 세대 간의 교류를 촉진했던 골목길 없이 복도와 엘리베이터로 연결된 세대는 과거에 비해 더 분리되고 소외될 뿐이었다. 르코르뷔지에의 디자인에서 자연은 일상에서 체험되기보다는 보기만 하는 대상으로 전락하면서 계획안은 실패했다. 자연을 바라보는 대상으로만 이해했을 때 건축 디자인은 실패한다.

빨래가 사라진 도시

마지막으로 소통이 없는 도시를 만드는 주범인 '발코니 확장법'에 관하여 얘기해 보자. 위의 모든 삭막함에도 불구하고 우리는 멋진 도시 경관을 만들 수 있었다. 홍콩이나 베네치아에 가 보면 나를 미소 짓게 하는 것이 있다. 그것은 바로 건물의 입면에 널려 있는 빨래다. 빨래는 사람이 사는 곳이라면 당연하게 있어야만 하는 것이다. 예전에 주병진 씨가 경영하던 보디가드라는 속옷 브랜드의 광고 문구 중 하나를 대략 기억해 본다면, "얘야, 속옷 빨래 널린 것을 보니 뼈대 있는 집안이구나"라는 대사가 있었다. 이 광고 문구는 빨래에 여러 가지 의미가 있다는 것을 은연중에 보여 주고 있다. 하나의 훌륭한 도시가 만들어지기 위해서는 건축물도 중요하고 자연환경도 중요하다. 하지만 결국 도시를 훌륭하게 완성하는 것은 그 안에서 사는 사람들의 삶이다. 다양하고 다채로운 삶을 담아낼 수 있어야 성공적인 도시가 될 수 있다. 그리고 그 삶은 도시 환경으로 되돌아와야 한다. 이런 면에서 홍콩의 도시 속에 널린 빨래를 쳐다보자. 그 건축물은 빈민촌에 가까운 풍경이지만, 빨래가 도시에 색을 입히고 생동감 넘치게 해 준다. 반면 우리나라의 아파트 단지들은 모두가 오피스 건물처럼 유리창으로 도배되어 있다. 그 안에 사람이 사는 것처럼 보이지 않는다. 내가 1980년대에 강남의 아파트를 봤을 때는 발코니가 그 집 안의 삶의 모습을 보여 주었다. 집집마다 발코니 난간에 이불을 걸기도 하고, 발코니에 놓인 건조대에서 빨래를 볼 수 있었다. 하지만 1980년대 후반 들어서 한두 채씩 발코니에 알루미늄 샤시를 설치하면서 발코니가 사라졌고, 언제부터인가 발코니를 확장해서

위: 베니스 거리의 빨래들
아래: 홍콩에서 볼 수 있는 건물 벽의 빨래들

집을 넓힐 수 있게 법적으로 허용하면서 우리의 도시에서 발코니는 없어지고 모두 창문만 남아 있게 된 것이다. 우리의 아파트가 삭막하긴 하지만, 그나마 발코니가 사적인 외부 공간으로서 약간의 개인 마당 같은 역할을 했다. 그런 발코니마저 창틀을 통해서 내부 공간화되고, 발코니 확장으로 방을 만들어 버리면서 우리의 도시 풍경은 사람들의 삶이 보이지 않는 삭막한 벽으로 둘러싸인 공간이 된 것이다. 몇 년 전 다행스럽게 이런 문제점을 알고 서울시에서 도시에 새롭게 들어서는 건물의 입면에 일정 비율을 발코니로 남겨 놓게 하는 디자인 가이드라인을 만들려고 했다. 하지만 안타깝게도 실효성이 없어서 사라져 버리고 말았다. 대부분의 건축가는 이런 법이 있기를 바랄 것이다. 경제성과 상업성만을 생각한다면 당연히 용적률을 극대화할 수 있는 현재의 방식이 정답이다. 하지만 그렇게 해서 만들어진 도시의 풍경은 너무나도 삭막한 공간이 된다. 우리의 도시가 살 만한 거리로 채워지기 위해서는 건축물에 사람 냄새가 나게 해야 한다. 그리고 그렇게 하기 위해서는 유리창 대신에 발코니가 있는 건축물을 만들어야 한다. 그보다 더 좋은 방식은 우리나라 도시의 특징인 경사지와 구릉지를 이용해서 하늘을 향해 열려 있는 테라스를 만드는 것일 것이다. 최근 들어서 몇몇 아파트 브랜드들이 테라스식 집합 주거를 광고하는 것을 보았다. 참으로 바람직한 일이다. 마당과 골목을 빼앗긴 우리 자녀들에게 테라스라도 선물해 주고 싶다.

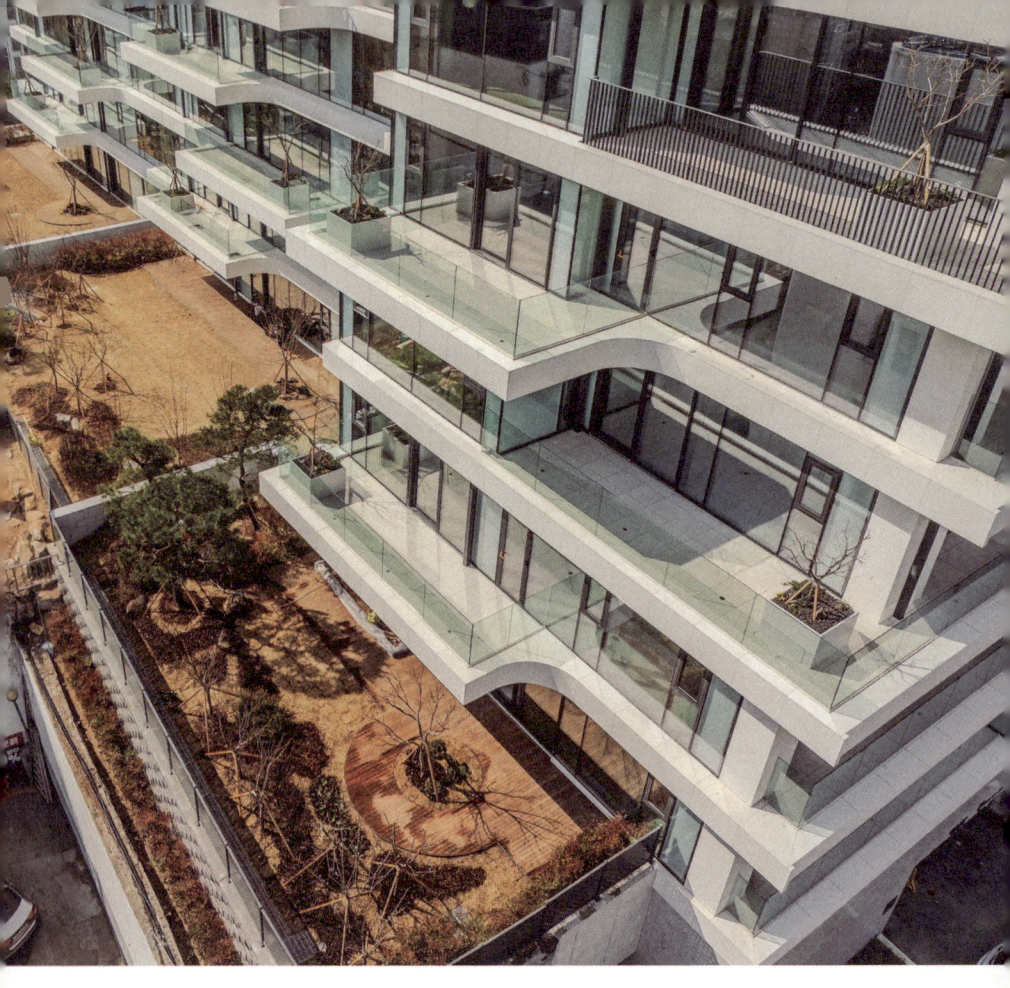

유현준앤파트너스건축사사무소가 설계한 '아페르 한강'.
나무가 심긴 화단을 발코니 아래에 (다 묻고 싶었지만)
시공 문제로 반만 묻어 넣어 발코니를 마당처럼 만들었다.

스카이라인

앞서서 형태가 단순하고 재료가 지나치게 다양하며 휴먼 스케일을 벗어난 현대 도시의 단점을 알아보았다. 여기서는 동서고금을 막론하고 모든 도시가 갖고 있는 고유의 DNA인 스카이라인에 대해서 알아보도록 하자. 각각의 도시는 나름의 스카이라인을 가지고 있다. 한 도시의 스카이라인은 그 나라의 기술, 경제, 사회가 만들어 낸 선이다. 그 선은 하늘과 인간이 줄다리기한 결과물이다. 도시가 만들어지기 전에는 스카이라인 대신 지평선이 있었다. 그때 우리는 땅과 하늘이 만나는 자연의 선을 보며 살았다. 과거 인간은 자연과 자연이 만든 지평선을 보면서 아침을 맞이했으나, 현대 시대에는 아침에 눈을 떠서 주변을 둘러보면 인간이 만든 건축물들과 자연인 하늘이 만나는 것을 본다. 도시에서는 높은 건물과 낮은 건물이 어우러져서 복잡한 선을 만들고 있다. 신은 지평선을 만들고, 인간은 스카이라인을 만든 것이다.

지금 내 눈에는 가까이 5층짜리 근린 생활 건물과 멀리는 합정역 사거리의 고층 주상복합이 함께 만든 스카이라인이 보인다. 로마 같은 고대에 만들어진 도시의 스카이라인을 보면 돔 건축의 아름다운 반원형 곡선이 복잡한 주거 건물들이 만들어 내는 선들 속에서 우뚝 솟아 하늘과 만나는 것을 볼 수 있다. 당시의 유럽 사람들은 종교 활동 등 각종 대형 집회를 위해서 커다란 내부 공간을 만들길 원했다. 당시의 기술력으로 대형 공간을 만들 수 있는 방식은 돔 구조였다. 돔은 아치 구조를 180도 회전시켜서 나오는 구조체다. 이를 만들기 위해서 옛사람들은 나무로 틀을 짜서 돔의

피렌체의 산타마리아 델 피오레 대성당의 돔(위)과 바티칸의 성 베드로 대성당의 돔

내부를 만들고, 그 외부에 돌, 벽돌, 콘크리트 같은 재료를 이용해서 돔을 만든 후 내부에 있는 나무 구조체를 해체했다. 엄청나게 많은 목재가 들어가는 기술이었다. 중세 시대를 지나고 유럽에서는 나무가 부족해졌다. 당시 이탈리아에서는 도시국가 간의 경쟁이 심했는데, 시에나와 경쟁하던 피렌체는 시에나보다 더 큰 돔을 만들고 싶었다. 하지만 목재가 귀해져서 가능하면 목재를 사용하지 않고 돔을 만들 새로운 기술을 원했다. 바로 이때 천재 건축가 브루넬레스키Filippo Brunelleschi가 목재를 적게 사용하고 돔을 만들 수 있는 새로운 구조構造법을 개발하여 지금 우리가 보는 피렌체의 산타마리아 델 피오레 대성당 돔을 완성했다. 그리고 그는 이때 사용했던 건설 장비에 대해 일정 기간 독점 사용권을 부여받았다. 이것은 현대적 의미의 특허 제도로 이어지는 가장 이른 사례 가운데 하나로 평가된다. 이 밖에도 르네상스 시대 사람들의 노력으로 만들어진 성 베드로 대성당의 돔은 지금도 로마의 스카이라인을 규정하고 있다.

그렇다면 근현대의 대표적인 도시인 뉴욕의 스카이라인은 어떻게 만들어진 것일까? 뉴욕의 스카이라인은 한마디로 엘리베이터가 만든 스카이라인이다. 뉴욕은 섬이기 때문에 땅이 한정적일 수밖에 없다. 그런 조건에서 고층에 쉽게 올라갈 수 있게 해 주는 엘리베이터라는 기술과 고층 건물을 빠르게 지을 수 있는 새로운 철골 구조라는 기술이 합쳐져서 이전에는 없었던, 하늘로 삐죽삐죽 솟아오른 뉴욕만의 독특한 고층 건물 스카이라인을 만들어 낸 것이다. 로마나 피렌체처럼 돔이 만들어 낸 우아한 곡선미가 없어지고 대신 여러 개의 막대기로 규정되는 뉴욕의 스카이라인은 지

뉴욕의 스카이라인(위)과 서울의 스카이라인

금까지도 대부분의 현대 도시가 가진 스카이라인의 전형이 되었다. 로마, 피렌체, 뉴욕의 경우를 보아서 알 수 있듯이 한 도시의 스카이라인은 그 당시의 건축 기술력, 문화적 가치, 경제적 배경 등 여러 가지 요소가 합쳐져서 만들어 내는 아름다운 예술이다.

그러면 서울의 스카이라인은 어떠한가? 5백 년 전 서울의 스카이라인은 도성 주변으로 둘러싸고 있는 북한산, 관악산, 남산 같은 산에 의해서 아름다운 스카이라인을 가지고 있었다. 우리는 주변의 산들 덕분에 지금도 도심 곳곳에서 산과 하늘이 만나는 자연의 스카이라인을 볼 수 있다. 하지만 지금은 무분별하게 건축되는 고층 건물에 의해서 이러한 산 능선의 선들이 계속 잘려 나가고 있다. 종이에서 연필을 떼지 않고 한 번에 한 도시의 스카이라인을 특징지어서 그릴 수 있다면, 그 도시는 성공적인 스카이라인을 가지고 있는 것이다. 로마나 뉴욕은 새로운 기술력으로 이전에는 없었던 새로운 스카이라인을 만들었다. 과연 우리는 어떤 서울만의 독특한 스카이라인을 만들어 낼 수 있을까? 이것이 우리 시대의 건축적 숙제 중 하나다.

감정 시장

〈비긴 어게인〉이라는 영화가 2014년에 340만을 넘기면서 대단한 흥행 성공을 거두었다. 이 영화는 인생의 바닥을 헤매고 있는 잘나가던 음악 프로듀서와 실연의 아픔을 겪고 있던 싱어송라이터 여성 가수의 성장 드라마다. 이 둘은 녹음실 없이 뉴욕의 곳곳을 돌아다니며 야외에서 녹음해 음반을 만들어 낸다. 건축가는 항상 건축주와 시공자 사이에서 조율해야 하고, 여러 사람과 함께 협업해야 한다. 그래서 자기의 생각이 제대로 반영 안 되는 경우가 허다하다. 그렇기 때문에 대중음악처럼 콘셉트잡는 것부터 편곡과 연주까지 혼자서 완성할 수 있는 예술을 하는 사람들이 부럽다. 화가도 혼자서 작품을 완성하지만, 그 작품은 미술관이나 화랑에 가서 봐야 감동받을 수 있다는 제약이 있다. 반면 대중음악은 사람들이 어느 곳에서든 편하게 선택하고 들을 수 있다는 장점을 가지고 있다. 이는 어느 예술 분야에서도 찾기 힘든 장점인 듯하다.

나는 예술을 '인간의 감정을 일으키는 무엇'이라고 정의한다. 마음속이 잔잔한 호수처럼 조용하다가도 어떤 노래를 듣거나 소설을 읽으면 마음속에 새로운 감정이 솟아난다. 그러면서 우리는 살아 있다는 것과 자신이 여타 동물과는 다른 인간이라는 것을 깨닫게 되는 것 같다. 배불리 먹고 잘 잤다고 인간다워지는 것은 아니다. 대신 가슴속에 무엇이 됐든 감정이 솟아날 때 비로소 인간이라는 것을 느낀다. 이러한 관점에서 본다면 자본주의 사회에서의 예술은 감정을 일으켜 주는 대가로 돈을 받는 거라 생각된다. 돈을 지불하고 디지털 음원을 구매하는 이유는 그 노래를 들을 때마다 내가 원하는 감정을 만들 수 있기 때문이다. 그래서 우리 사회에 음악 시장이 존재하는 것이다. 20세기 초반에 근대 건축의 거장 르코르뷔지에는 주택을 "사람이 살 수 있게 하는 기계"라고 정의 내렸다. 건축의 기능적인 면을 강조한 것이다. 하지만 기능은 건축이라는 자전거의 두 바퀴 중 하나에 불과하다. 자전거가 굴러가려면 두 개의 바퀴가 필요하듯 건축은 기능 이외에도

감정을 불러일으키는 건축물, 프랭크 게리의 '디즈니 콘서트 홀'

감정을 불러일으키는 바퀴가 필요하다. 현대 도시의 건축에서 부족한 부분이 이 부분이다. 기능적으로 작동하는 도시를 만들기 위해서 빠른 자동차를 위한 길과 넓은 집들을 추구했지만 정작 감정을 불러일으키고 감성을 깨우는 공간을 놓쳐 온 것이다. 계절에 어울리는 한 곡의 노래가 우리 삶의 의미를 깨우쳐 주는 것같이 감성을 울리는 건축이 필요하다. 그리고 그런 건축은 대중음악이 팔리는 이유와 마찬가지로 자본주의 시장에서 잘 팔리는 건축물이 될 것이다. 또한 그런 건축물이 많아질 때 현대 도시는 더 아름다워질 것이다.

제3장
펜트하우스가
비싼 이유

감시받는 사회

2013년 상반기 국내에서 거래된 아파트 중 가장 비싼 아파트는 서울 성동구 성수동의 갤러리아포레로 조사됐다. 건물 면적이 271제곱미터(82평)에 이르는 아파트 실거래 금액이 54억 9913만 원으로, 평당(3.3제곱미터) 6700만 원에 달했다. 갤러리아포레는 성수동 서울숲 바로 앞에 있는 45층짜리 아파트다. 아마도 이 아파트에서 가장 비싼 층은 최상층의 펜트하우스일 것이다. 펜트하우스가 비싼 이유는 주변 경관을 조망할 수 있다는 이유 때문만은 아니다. 펜트하우스는 부자들이 권력을 갖는다는 자본주의 사회의 권력 구조를 가장 확실히 보여 주는 공간 형태다. 건축 공간은 눈에 보이지 않는 권력의 구조를 그 내부에 숨기고 있다.

'공간은 권력을 만들어 낸다'라는 명제를 파놉티콘Panopticon처럼 잘 설명해 주는 것은 없을 것이다. '파놉티콘'이라는 단어를 분석해 보면, 전체를 뜻하는 'pan'과 바라본다는 뜻의 'opticon'이 합

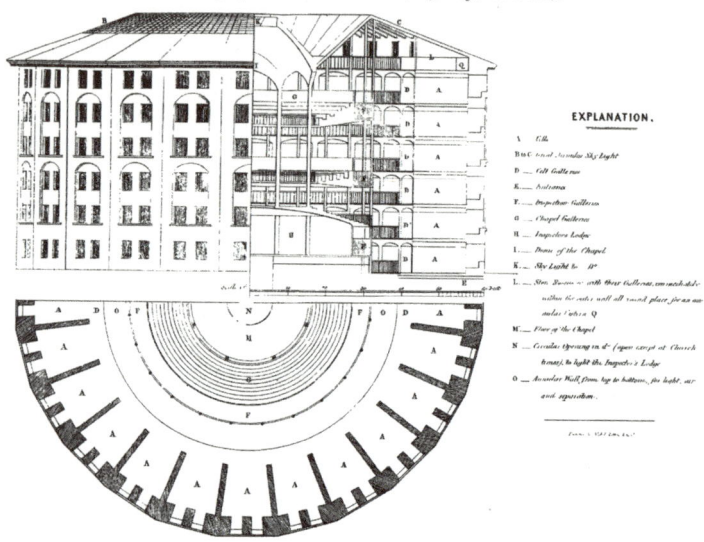

제레미 벤담이 설계한 파놉티콘 설계도

쳐져서 만들어진 합성어로, 번역하면 '모두 본다'라는 뜻이 된다. 파놉티콘은 감옥이다. 특이한 점은 이 감옥의 디자이너는 건축가가 아닌 영국의 철학자이자 법학자인 제러미 벤담Jeremy Bentham이라는 것이다. 그는 1791년 죄수들을 효과적으로 감시할 목적으로 파놉티콘을 설계했다. 설계된 당시에는 그리 주목받지 못하다가 1975년 프랑스의 철학자 미셸 푸코Michel Foucault가 그의 저서 『감시와 처벌Discipline and Punish』에서 이 교도소에 수용된 죄수가 계속해서 감시당한다는 점에서 현대인의 삶과 비슷하기 때문에 파놉티콘의 디자인과 우리가 사는 사회 구조는 유사하다고 이야기하면서 유명해진 계획안이다.

공간과 권력

파놉티콘의 디자인을 살펴보면 정말 섬뜩하다. 한번 살펴보자. 파놉티콘 평면의 구성은 단순하다. 원형 평면의 중심에 감시탑을 설치해 놓고 약간 거리를 두고 주변으로 빙 둘러서 죄수들의 방이 배치되어 있다. 이때 감시탑의 내부는 어둡게 되어 있고 죄수들의 방은 밝아서 간수들은 죄수를 볼 수 있지만, 죄수는 간수를 바라볼 수 없다. 정말 무서운 것은 이제 부터다. 처음에는 간수가 죄수를 감시하면서 죄수가 잘못했을 때 잘 보이는 곳에서 몇 번의 처벌을 가한다. 그렇게 수차례의 처벌이 있게 되면 죄수들은 실제로 간수가 자리에 없을 때조차도 어두운 탑 속에 숨어 있는 간수가 있는지 없는지 모르기 때문에, 언제 처벌받을지 모르는 공포감에 의해서 스스로 감시하게 된다. 그리고 일정 시간이 지나면 감시탑에 간수가 없어도 죄수들은 스스로 조심하게 된다. 이쯤 되면 죄수를 감시하는 것은 간수가 아니라 파놉티콘의 공간이라고 할 수 있을 것이다. 이와 비슷한 원리로 디자인된 도시가 우리가 좋아하는 '파리'다. 프랑스에서는 1789년 프랑스혁명이 있었다. 이 사건을 통해서 절대 권력을 휘두르던 왕이 단두대의 이슬로 사라지는 것을 온 국민이 목도했다. 이러한 경험은 정치 지도자들에게 큰 영향을 미쳤을 것이다. 이제 권력자들은 시민들이 봉기하면 언제든지 자신의 권력이 전복될 수 있다는 걱정을 하게 되었다. 그래서 이후 19세기에 파리를 재개발할 때 시민을 통제하기 쉬운 공간 구조로 재구성하게 된다. 원리는 간단하다. 파리를 방사형의 도로망으로 만들어서 모든 길이 주요 간선도로로 연결되고, 그 도로는 다시 개선문 광장을 향해서 방사형으로 모이게 되어 있다.

만약에 시민들이 봉기해서 거리로 쏟아져 나오면 간선도로로 모이게 마련이다. 그렇게 되면 정부는 개선문 위에 대포 몇 개만 설치해 놓아도 간단하게 모든 사람을 제압할 수 있게 되는 것이다. 이 같은 도시 디자인 덕분에 아주 적은 수의 군대로 큰 무리의 사람을 조정하는 것이 가능해졌다. 방사형 도시 구조는 방사상의 중심점에 서 있느냐, 반대로 주변부에 서 있느냐에 따라서 권력을 차등적으로 갖게 된다.

이와는 다르게 격자형 도로망은 모든 코너가 동일한 권력의 위계를 갖는다. 모든 코너가 바라보는 관계가 동일하기 때문이다. 어떤 면에서 격자형 도시 구조는 방사형 도시 구조에 비해서 평등한 민주적인 공간 구조라고 할 수 있다. 하지만 사람들은 격자형은 지루하다고 생각하고 방사형 도시 구조가 재미있다고 생각한다. 아마도 그 이유는 체험하는 사람이 어느 한곳에만 정지해 있는 것이 아니라 도시의 이곳저곳을 이동하면서 형태가 다양한 공간을 체험하는 것이 좋아서일 것이다. 그 외에도 권력의 구조상으로도 자신의 지위가 높아졌다 낮아졌다 하면서 심리적으로도 다양한 체험을 하기 때문에 방사형을 더 선호한다고 생각된다. 반면에 격자형으로 되어 있는 도시 속에서는 어느 코너를 가든지 공간의 권력 위계상 비슷한 체험을 하게 된다. 이러한 부분이 격자형으로 되어 있는 도시가 단조롭게 느껴지는 이유 중 하나다. 뉴욕 같은 경우에는 이 같은 격자형의 단조로움을 피하기 위해서 대각선으로 가로질러 가는 브로드웨이가 디자인되어 있다. 그리고 대부분의 공공 공간은 격자형과 대각선이 만나서 삼각형 같은 독특한 공간 구조가 형성되는 결절점 부분에 위치해 있다. 우리가 잘 아는 뉴욕의 타임스 스퀘어가 대표적인 예다.

위: 중심에 감시탑이 있는 파놉티콘 유형의 원형 감옥동
아래: 개선문에서 사방으로 퍼지는 방사형 구조의 파리 도로망

펜트하우스가 비싼 이유

파놉티콘과 파리의 도시 구조에서 볼 수 있듯이 어떠한 공간 디자인은 서 있는 사람의 위치에 따라서 권력을 주기도 하고 빼앗기도 한다. 우리는 일상에서도 이와 비슷한 상황을 체험할 수 있는데, 예를 들자면 아파트 단지에서 건너편 동을 바라보는 경우가 그중 하나가 될 수 있을 것이다. 밤이 되면 아파트 동 간이 가까운 단지라면 자연스럽게 건너편 동에 있는 집의 거실이나 침실 내부가 눈에 들어온다. 이때 한 층이라도 높은 층의 사람은 그보다 낮은 층의 사람을 바라보기가 쉽고, 반대로 낮은 층의 사람들은 자신의 집보다 높은 층의 집들은 잘 볼 수 없다. 높은 층에 사는 사람은 마치 간수가 감시탑에 숨어서 바라볼 수 있는 것과 같은 권력을 가지고 있다고 할 수 있는 것이다. 주변 경관을 비롯해 모든 것을 내려다볼 수 있고, 본인은 남들에게 보이지 않는 펜트하우스가 가장 비싼 이유가 여기에 있다. 그리고 부자들은 많은 돈을 지불하고 맨 꼭대기에 산다. 돈으로 공간의 권력을 사는 것이다. 펜트하우스는 부자들이 권력을 갖는다는 자본주의 사회의 권력 구조를 확실히 보여 주는 주거 형태라고 할 수 있다. 볼 수 있는 사람은 권력을 갖게 되고, 보지 못하고 보이기만 하는 사람은 상대적으로 지배받는다고 할 수 있다. 우리는 이렇듯 남이 자신을 보지 못하면서 동시에 나는 다른 사람들을 볼 수 있는 상황을 즐기기도 한다. 다른 말로 관음증 혹은 보이어리즘voyeurism이라고 하는데, 관음증이라고 하면 보통 변태 성욕 중 하나를 지칭하는 것으로 알지만 실상 우리의 일상생활에는 이 같은 관음증이 넘쳐 난다. 가장 대표적인 예는 우리가 자주 가는 영화관이다. 영화관은 어두운 곳에서 화면을 통해서 다른 사람의 생활과 이야기를 훔쳐 보는 것이다. 일종의 관음증이다. 연극 극장 같은 경우에는 더욱 확실하다. 배우들은 관객이 있는 줄 알면서도 없는 '척'하면서 연기를 한다. 배우가 관객에게 돈을 받고 일정 시간 동안 권력을 이양하는 것이라고 볼 수 있다. 인기 예능 프로그램 〈나 혼자 산다〉도 대표적인 관음증 예능이다. 수많은 카메라로 연예인의 모습을 훔쳐보는 것이 이 프로그램의 전부다. 이러한 행위들은 인터넷에서 극치에 달한다. 웹 서핑을 하고, 다른 사람의 SNS 계정에 들어가 보고, 익명으로 댓글을 다는 행위는 보이어리즘이 팽배한 현대 사회의 단면을 보여 준다. 게다가 때로는 악플로 개인이나 사회에 대해서 반달리즘vandalism[9]을 하기도 한다.

역사 이래 어느 때보다 보이어리즘이 넘쳐 나는 이 사회는, 그만큼 역사상 유례없이 보통 사람들이 이전에는 없었던 권력을 만들고 공유하는 풍요로운 사회라고 해야 할까? 아니면 푸코의 말대로 감시받는 사회라고 해야 할까? 아니면 둘 다 맞는 말일까?

클럽에 왜 문지기가 있을까?

조금 전에 펜트하우스가 제일 높은 곳에 있어서 최고의 권력을 주는 공간이라고 했다. 이 글에 대해 예리한 독자는 다음과 같은 의문점을 가질 수 있다. '꼭대기 층이 제일 비싼데 그렇다면 왜 옥탑방은 안 비싼가?' 보통 드라마에서 신데렐라 여주인공이 사는 곳의 단골로 나오는 장소가 옥탑방이다. 드라마를 찍었을 때 배경으로 보이는 야경이 로맨틱해서 촬영장으로 채택한 이유도 있을 것이다. 하지만 가난한 여주인공이 옥탑방에 산다는 설정을 보더라도 한국 사회에서 옥탑방은 권력의 최하층을 상징하는 공간으로 설명된다. 다른 집을 다 내려다보는 옥탑방의 가격이 싼 경우에서 알 수 있듯이 공간의 권력이라는 것은 그렇게 시각적인 관계성만으로 설명할 수 있는 단순한 문제는 아님을 알 수 있다. 옥탑방의 가격이 펜트하우스와 다른 이유를 찾는다면 보안상의 문제와 연관시켜 볼 수 있을 것이다. 펜트하우스는 로비부터 시작해서 방까지 가는 데 수차례의 보안 게이트가 있다. 우스갯소리로 우리나라에서 비싼 주거 중 하나인 도곡동 타워팰리스에 사는 사람들은 짜장면을 배달 주문하면 여러 번 수위 검문받다가 짜장면이 다 불어서 못 먹는다는 이야기가 있지 않은가? 이처럼 여러 단계의 보안상 차폐는 그 보안 벽 너머의 공간을 더 중요하게 만들어 준다.

건축 역사를 살펴보면 북경의 자금성이 대표적인 예다. 자금성은 중국의 황제가 사는 궁전이다. 그 구조는 여러 겹의 벽체가 겹겹이 둘러싸인 공간 구조를 띠고 있고 황제는 가장 가운데 높은 곳에 앉아 있다. 그리고 평면은 좌우 대칭형으로 되어 있다. 우리나라 경복궁의 좌우비대칭과는 다른 개념이다. 약간의 상상력을 발휘해서 자신이 조선 시대 때 중국 황제를 만나러 가는 사신이라고 생각해 보자. 사신이 맨 처음 자금성의 커다란 문을 통과할 때 좌우로 창을 든 문지기들이 있을 것이다. 이를 통과해서 들어가면 좌우대칭으로 되어 있는 커다란 마당이 나온다. 그리고 다리를 통해 개천 같은 곳을 건너간다. 기독교에서도 사람이 죽어서 천국에 가는 것을 '요단강을 건넌다'라는 표현을 쓴다. 불국사에도 절 앞에 흐르던 시냇물을 건너가던 계단인 백운교, 청운교

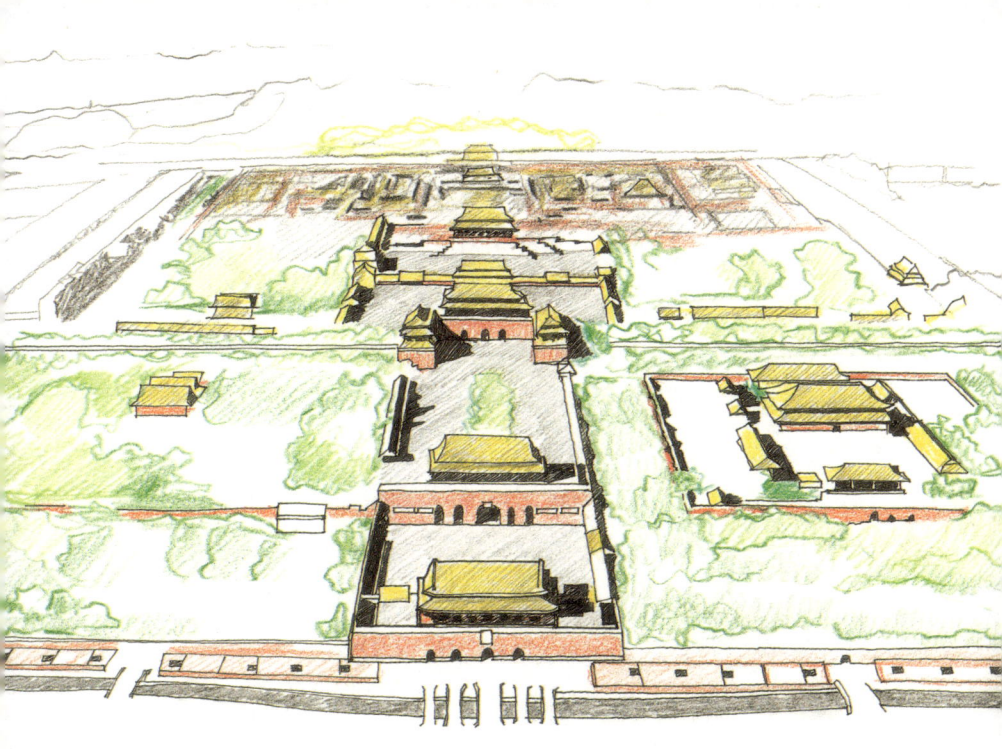

자금성의 공간 구조

가 있다. 성당에 들어갈 때는 성수를 뿌리고 들어간다. 이처럼 수공간水空間은 확연히 다른 공간으로 건너갈 때 쓰는 건축적 장치다. 자금성을 방문한 사신은 자금성 안의 다리를 건너면서 자신이 성스러운 곳으로 들어간다고 느꼈을 것이다. 건너고 나면 또 다른 문이 기다린다. 삼엄한 경비를 지나서 들어가면 또 다른 공간이 나오고 다시 또 다른 문이 나온다. 이러한 담장을 여러 차례 통과해 안에 들어가서 만난 커다란 광장에 신하들이 도열해 있고, 그 가운데 가장 높은 곳에 황제가 앉아 있다. 아마도 커다란 용 문양 조각이 있는 계단의 맨 꼭대기에 앉아 있을 것이다. 여러 번 문을 통과하면서 더 중요한 공간으로 들어간다는 착각을 하게 만드는 것이 자금성 공간 구조의 노림수다. 그리고 그 안에 황제를 방문한 사신 자신은 가지 못하는 정중앙에 앉아 있는 황제가 정말 대단한 권력가라고 느낄 수밖에 없는 것이다. 게다가 사신은 황제를 직접 쳐다보지 못하도록 고개를 숙이라고 한다. 오직 황제만이 사신을 내려다볼 수 있다. 누군가를 볼 수 있는 자유를 갖는 것은 그만큼 권력을 가진다는 것이다. 사신은 이미 외교적 협상도 하기 전에 기가 눌려 버렸을 것이다. 자금성의 여러 겹의 담장처럼 보안상 단계가 많을수록 안쪽 공간은 더 많은 권력을 가진 공간이 된다. 현대 사회에서도 회장님 방 앞에는 비서실이 있다. 방문객은 비서실을 통해서만 회장실에 들어갈 수 있다. 회장님을 더 중요한 사람으로 만들어 주는 공간 구조다. 이 밖에도 사람들은 회장에게 직통 전화할 수 없고, 전화하면 비서가 받아서 회장실로 연결해 준다. 이처럼 반드시 비서 전화를 통해서만 연결되는 전화 시스템 등이 이와 동일한 맥락의 장치다.

이와 비슷한 경험은 여러 곳에서 할 수 있다. 그중에서도 대표적인 곳이 클럽이다. 우리는 클럽에 갔을 때 문지기가 줄을 걸어 놓고 못 들어가게 막는 것을 볼 수 있다. 사실 대단한 곳도 아닌 음악 틀어 놓은 지하실에 들어가는 데 막는 사람이 있는 이유는 뭘까? 그 선을 넘어가는 사람과 못 넘어가는 사람 사이의 커다란 권력 구조상의 차이를 느끼게 해 주기 위해서다. 클럽의 경우 그 선은 단순히 입장료만 낸다고 해서 넘어갈 수 있는 것이 아니다. 대부분은 젊음과 외모로 판가름 난다. 우리가 유명 클럽에 들어가는 이유는 여러 가지가 있겠지만, 그 공간에 들어갔을 때 통과한 사람은 자신이 차별화된 권력을 가졌다는 것을 확인받는다. 클럽 주인은 그런 달콤한 경험을 파는 것이다. 이런 관점에서 보면 옥탑방은 옆집 옥상에서 뛰어넘어 들어올 수 있을 정도로 보안이 전혀 안 되는 취약한 공간이다. 그 공간에 들어가는 게 쉽다는 것은 그만큼 중요한 공간이 아니라는 뜻이며, 동시에 권력을 가진 공간도 아니라는 것이다. 그렇기에 아무나 넘어 들어갈 수 있는 옥탑방은 펜트하우스와 달리 가격이 높지 않다. 그리고 결정적으로 펜트하우스와 옥탑방의 차이는 펜트하우스는 엘리베이터를 타고 편하게 올라가고, 옥탑방은 저 아래 동네부터 시작해 옥상까지 걸어서 올라간다는 차이가 있다. 노동을 통해서 높이 올라가느냐, 아니면 화석 에너지를 이용해서 높이 올라가느냐의 차이는 공간이 가진 권력의 차이를 만든다. 이런 이유에서 차를 타고 가는 평창동, 성북동, 한남동은 부자 동네지만, 달동네는 저렴한 것이다. 이처럼 공간의 디자인은 권력의 창출 및 재분배와 밀접한 연관이 있다. 따라서 건축가들이 도시 구조를 디자인하고 건물을 디자인하는 것은 향후 수백 년간의 권력 구조를 구성하는 중요한 작업이다.

감시는 나쁘기만 할까?: 광장과 운동장

우리는 앞서 도시 공간과 건축 공간에서 감시할 수 있는 공간이 권력을 가진다는 것을 살펴보았다. 그리고 우리가 사는 사회 속 곳곳에 감시받는 공간이 산재해 있고 우리가 감시를 받는다는 것을 알았다. 일반적으로 고층 건물 사이의 거리를 걷는 행위 자체는 빌딩 2층 이상의 사람들에게 감시받는 행위다. 게다가 최근 들어서는 곳곳에 CCTV 카메라가 설치되어 있다. 몇 년 전 부터는 그것도 부족해서 자동차마다 달린 수없이 많은 블랙박스 카메라가 우리를 감시하고 있다. 우리는 어디를 가나 감시당하고 우리의 자유와 권력을 빼앗기고 있다고 해도 과언이 아닌 사회에 살고 있다. 참 우울한 이야기다. 그렇다면 감시는 이처럼 부정적인 기능만 하는 것일까? 아니다. 감시는 때로는 안전한 공간을 만드는데 꼭 필요한 장치이기도 하다. 이번에는 그런 감시의 긍정적인 역할을 한번 살펴보자. 공간 디자인을 잘하면 흉측한 CCTV 설치 없이도 안전한 도시를 만들 수 있다.

미국 보스턴에는 보스턴 코먼이라는 도심 공원이 있다. 이 공원은 우리가 잘 아는 뉴욕의 센트럴 파크를 디자인한 프레더릭 로옴스테드Frederick Law Olmsted가 디자인한 공원이다. 두 개의 공원은 같은 사람이 디자인했지만 특이한 차이점이 있다. 우리는 센트럴 파크 하면, 잔디밭에서 일광욕을 즐기고 원반을 던지면 개가 뛰어올라서 물어 오는 일상이 있는 공원이라는 환상을 가지고 있다. 하지만 실상은 밤에는 무서워서 사용하지 못하는 반쪽짜리 공원이다. 반면, 보스턴 코먼은 해가 진 저녁에도 종종 산책하는 사람

보스턴 코먼(위)과 센트럴 파크

이 보이는 밤에도 안전한 공원이다. 무엇이 이 두 공원의 차이를 만드는 것일까? 그 이유 중 가장 큰 것은 센트럴 파크는 공원의 폭이 너무 커서 사람의 시선이 닿지 못하는 사각지대가 있다는 점이다. 일반적으로 건물들 높이의 두 배까지 내려다보는 감시가 가능하다고 가정해 보자. 센트럴 파크 주변에 있는 건물에서 내려다보이는 지역을 제외하고 나면 대략 공원의 85퍼센트가량이 밤에는 감시의 눈이 전혀 없는 우범지대가 될 수 있다. 반면 보스턴 코먼은 상대적으로 크기가 작고 주변에 고층 주거 시설에서 내려다보게 되어 있어서 감시자의 눈이 항상 보고 있는 환경이다. 그래서 보스턴 코먼이 센트럴 파크보다 밤에 안전한 것이다. 이렇듯 감시자의 눈이 있다는 점은 공공 공간에서 사생활을 침해받는다는 단점도 있지만, 장소를 안전하게 만드는 장점도 있다. 어떤 공간을 안전하게 만들려면 CCTV 카메라를 설치한다. 나는 요즘 방송 출여과 유튜브 채널 덕에 어디를 가면 한두 명씩 알아보는 사람이 생기다 보니 사람이 점점 착해지는 것 같다. 이렇듯 누군가 보고 있다고 생각하면 조심하게 된다. 서울의 한강시민공원이 밤에도 안전한 이유는 강변에 있는 아파트 불빛과 올림픽대로, 강변북로, 한강 다리 위의 자동차 불빛이 있어서 항상 누군가가 보고 있다고 느끼기 때문이다. 이 원리를 통해서 보면 안타까운 공간이 있다. 바로 학교 운동장이다.

위성 사진으로 우리의 도시를 보면 학교 운동장이 유럽의 광장보다 분포가 더 잘 되어 있는 것을 볼 수 있다. 우리나라 학생들은 학교에 걸어서 등교하니, 집에서 걸어갈 만한 거리에 초중고 학교 운동장이 세 개는 있을 것이다. 2000년대 초반에 이 공간을 사용하기 위해서 '담장 허물기 운동'을 했었다. 그러다가 유괴 사건이 발생해 담장을 세우고 학교 보안관을 두고 있다. '감시받는 공간은 안전해진다'는 원리를 이용해서 안전한 학교를 만드는 효과적인 방식은 운동장 주변으로 단층 상가를 배치하는 것이다. 보통 초등학교 주변에는 문방구, 서점, 분식점, 편의점 같은 소매점이 있다. 이러한 시설을 처음부터 교정 주변으로 계획한다면 문방구 사장님과 카페의 손님들이 운동장을 항상 바라보게 되고, 학교의 안전은 훨씬 보장된다. 방과 후에는 시민들이 가게로 모여 운동장을 공동체의 중심 광장으로 사용하게 될 것이다. 하지만 안타깝게도 새로 지어지는 학교 대부분은 아파트 단지와 함께 설립되는데, 일반적인 토지이용계획을 하는 기술자들은 그저 통상적으로 학교를 사거리 코너에 배치한다. 그렇게 하는 이유는 자동차의 접근성을 고려한 부분도 없지 않지만, 무엇보다도 자동차 소음이 많은 곳에 운동장 소음이 있는 학교를 두어서 주거 단지를 조용한 내부에 만들려는 생각이 큰 듯하다. 또한 학교를 남측 도로변에 배치해야 학교 북측에 지어질 아파트가 채광 사선에서 자유로워서 높은 아파트를 지을 수 있기 때문이다. 의도가 정말 잘못된 단지 계획이다. 학교는 블록의 안쪽에 주거와 저층 상업 시설로 둘러싸여서 안전하게 보호받는 것이 바람직하다.

비행기를 타고 서울을 내려다보면 가장 눈에 띄는 것은 복잡한 도심 속에 일정 간격으로 박혀 있는 빈 공간인 학교 운동장이다. 그도 그럴 것이 학교의 배치는 인구 분포에 맞추어서 일정 간격을 띄우고 배치되기 마련이다. 이는 마치 유럽에 있는 도심 속 광장과 그 물리적 구성이 비슷하다. 하지만 우리나라의 학교 운동장은 그저 새벽에 조기 축구나 할 뿐 공동체와 밀접하게 연관되어 있지 못하다. 학교 운동장은 고밀도 도심 속에 여유를 주는 좋은 자원인데도 말이다. 유럽의 광장 주변에는 예외 없이 카페와 레스토랑이 들어서 있다. 우리나라 학교 운동장 주변으로 그런 상점들이 들어선다면 운동장을 광장처럼 사용하면서 학교 중심의 공동체 형성과 학교의 보안 문제라는 두 마리 토끼를 잡을 수 있을 것이다. 이는 도시 계획 초기 단계에 토지이용계획을 잡을 때부터 고려해야 한다. 지금 같은 방식의 도시 설계나 단지 계획에서는 만들어지기 어렵다. 근린생활 시설과 학교는 악어와 악어새처럼 상생할 수 있는 관계다. 아이들이 뛰노는 학교 운동장을 바라보면서 우아하게 차를 마실 수 있는 도시, 행복한 도시 경관이라고 생각되지 않는가?

호텔과 모텔 사이

바라보는 것과 보이는 것 사이에는 이와 같은 권력과 보안의 문제가 복잡하게 얽혀 있다. 건축적 장치에서 창문은 보는 것과 보이는 것을 결정짓는 장치다. 하지만 단순히 창문이 모두 같은 기능을 하는 것은 아니다. 모텔과 호텔은 둘 다 창문이 필요하지만, 창문의 크기에 따라서 미묘하게 건축적 의미가 나누어진다.

얼마 전 해운대에 들어선 특급 호텔의 객실 내부가 인근 초고층 주상복합 아파트에서 들여다보여 주민들의 항의가 빗발치고 있다는 기사가 있었다. 아파트 주민들에 따르면 35층 이상 거실에서 건너편 특급 호텔의 일부 객실 및 화장실 내부가 훤히 보인다고 한다. 두 건물이 너무 가깝게 지어진 데다 외벽 전체가 유리로 되어 있어 사생활 침해가 되는 것이다. 재미난 것은 보이는 호텔 투숙객보다 바라보는 건너편 주상복합 입주자가 더 싫어한다는 사실이다. 우리나라의 숙박 시설은 크게 호텔과 모텔로 나누어진다. 둘 다 사람들이 잠시 머물다 가는 공간이다. 하지만 이 두 건축물에는 약간의 차이가 있다. 일단 호텔에는 각종 레스토랑과 카페 같은 부대시설이 많지만, 모텔에는 그러한 부대시설이 없다. 이는 호텔은 서로 얼굴을 대면해도 되는 공간이지만, 모텔에 입장하는 손님들은 자신의 모습이 다른 사람들에게 노출되는 것을 꺼린다는 생각이 설계에 반영된 것이다. 모텔과 호텔은 이 같은 부대시설 유무의 차이도 있지만, 둘 사이의 가장 큰 차이점을 꼽는다면 창문 크기다. 모텔은 바깥세상과 건물 내부를 완전히 차단한 공간이라고 볼 수 있다. 환기의 목적 이외에는 창문이 필요 없다. 이 공간은 항상 밤이기를 원하는 공간이다. 외부 공간을 거의 다 차단하는 곳이 모텔이라면, 반대로 호텔에서는 바깥 경치를 보기 원한다. 그리고 보이기를 원한다. 건축에서 창문은 건축물의 안과 밖을 연결해 주는 소통의 요소이자 '바라본다'는 권력을 조절하는 장치이기도 하다. 극단적인 경우가 파크 하얏트 호텔의 경우다. 이 호텔은 전면이 유리창으로 되어 있다. 그리고 유리창도 내부가 들여다보이는 투명 유리로 되어 있다. 이 말은 내가 바깥 경치를 보는 목적도 있지만 동시에 내가 여기에 묵는 것을 다른 사람들이 보아도 무방하다는 말이다. "이 비싼 호텔에 묵는 것이 자랑스럽다."라고 말하는 것 같다. 비슷한 이유에서인지 대부분의 비싼 주상복합들은 입면 전체가 창문으로 되어 있는 커튼월로 만들

페리 스트리트 아파트Perry Street Towers(왼쪽 두 건물)와 찰스 스트리트 아파트

어진 경우가 많다. 대표적인 사례가 리처드 마이어Richard Meier가 디
자인한 뉴욕의 찰스 스트리트 아파트Charles Street Apartments다. 리처드
마이어는 호화 주택과 박물관 설계로 유명한 현대 건축의 대가다.
한 개발업자가 이 건축가에게 의뢰해서 설계한 한 동짜리 아파트
가 찰스 스트리트 아파트다. 이 건물의 입면도 역시 전체 유리로
되어 있다. 이 아파트에는 할리우드 배우나 대기업 회장 같은 유
명 인사들이 살고 있는데, 입면이 모두 유리로 되어 있어서 집에
서 거리를 내려다본다기보다는 반대로 거리에서 집을 구경하는
경우가 더 많은 아파트가 되었다. 이처럼 호텔이나 고가의 아파트
는 유리창이 큰 반면, 모텔의 경우는 그렇지 못하다. 항상 비밀스
럽고 보여 주기 싫다는 것이다.

이와 비슷한 공간이 또 있다. 클럽과 도박장이다. 이 장소들은
외부로부터의 시선을 차단하고 싶어 하는 대표적인 공간이다. 이

러한 공간 이외에도 창문을 없애는 공간도 있다. 체육관, 공연장, 교회, 백화점 같은 건축물들은 내부에서 일어나는 일에 집중시키기 위해서 외부 세계를 차단하고 있다. 이러한 내향적인 공간 역시 창문을 절제한다. 최근에는 중국 관광객의 숫자가 늘면서 모텔의 창문만 크게 바꾸어서 호텔로 리모델링하는 경우를 종종 볼 수 있다. 이렇듯 같은 빌딩이지만 창문의 크기에 따라서 모텔이 되기도 하고 호텔이 되기도 한다. 창문은 건축물의 기능과 사회적 심리적인 요구에 따라서 외부와 내부의 관계를 조절하여 공간의 성격을 규정하는 중요한 건축 요소다.

면적 vs 체적

얼마 전에 인터넷을 보다가 천장이 6미터쯤 돼 보이는 공간에 책상 하나가 놓여 있고, 그 옆에 오디오와 오토바이가 놓여 있는 사무소의 사진을 보았다. 그리고 천장에는 천창이 뚫려서 빛이 들어오는 사무실이었다. 누가 보아도 회장의 포스가 느껴지는 공간이었다. 그러면서 문득 '여기 냉난방비는 얼마나 들까?'라는 생각이 들었다. 요즘같이 에너지가 귀한 시절일수록 체적이 넓은 공간을 점유하고 있다는 것은 그만한 크기의 3차원 공간의 환경을 여름에는 시원하게 겨울에는 따뜻하게 유지할 수 있는 비용을 지급할 능력이 있음을 보여 주는 것 같다. 우리는 보통 사무실이나 집의 크기를 이야기할 때 '몇 평'이냐고 묻는다. 제곱미터를 공식으로 사용하도록 하고 있지만 아직도 평으로 환산해야 이해가 잘 된다. '평'이든 '제곱미터'든 이들은 모두 평면의 면적을 측정하는 단위다. 하지만 천장의 높이까지 계산된 체적을 알려 주는 치수는 아니다. 한번 상상해 보자. 예를 들어서 로마 바티칸의 성 베드로 대성당 1층의 면적이 5천 평이라고 하자. 그리고 같은 5천 평 정도 면적에 천장 높이가 3미터인 사무실이 있다고 하자. 이 둘이 같은 공간이라고 생각되는가? 당연히 아니다. 성 베드로 대성당의 천장 높이는 높은 곳은 130미터다. 정확한 측정은 어렵지만 체적으로 계산하면 같은 바닥 면적을 가진 사무실의 20배는 더 되는 체적을 가질 것이다. 그 어마어마한 석재와 예술품의 가치를 차치하고 단순히 체적만으로 계산해도 이 두 공간은 다르다. 성 베드로 대성당에 들어서면 공간의 체적에서 주는 그 공간 소유주의 권력을 느끼게 해 준다. 자신이 소유한 공간은 자기의 영향력이 미치는 영역이다. 더 큰 체적의 공간을 소유한다는 것은 자기의 영향력이 더 크다는 것을 의미한다. 그리고 자본주의적인 해석을 한다면 더 큰 공간을 소비한다고 말할 수도 있다.

우리는 흔히 얼마나 넓은 면적을 차지하는 사람인가로 그 사람의 권력을 측정한다. 회사 내에서 회장이 혼자서도 가장 넓은 면적을 차지하는 이유가 그것이고, 같은 아파트 단지에서도 큰 평형대에 사는 사람들이 더 권력을 가진 사람처럼 느껴지는 이유다. 하지만 엄밀하게 말하자면 면적이 아니라 체적으로 그 차이를 구분해야 한다. 한 집이 천장 높이 2.5미터에 30평대 아파트에 살고, 다른 사람이 천장 높이 4미터에 20평대 주택에 산다고 생각해 보자. 면적으로만 따지면 30평 아파트가 더 큰 집이지만, 체적으로 따지면 20평에 4미터 천장 높이 주택이 더 큰 집이다. 나는 주택을 디자인할 때 건축주에게 항상 경사진 천장과 복층 공간을 넣

성 베드로 대성당 내부

으라고 권한다. 이런 공간은 단순 면적 방식으로는 계산이 되지 않는 공간이다. 그래서 면적만으로 계산하는 '평당 공사비'는 항상 높아진다. 그럼에도 불구하고 이를 권하는 것은 분명히 더 좋은 공간이라고 느낄 수 있기 때문이다. 최근에 만난 건축주는 이를 알고, 진행하는 오피스텔을 실내 평면 면적보다는 체적과 외부 공간으로 차별화 주려고 하는 분이었다. 이미 시장 경제에서 공간의 질적인 면이 반영되기 시작했다는 면에서 좋은 분위기라고 생각한다. 자본주의 사회에서 더 정확하게 우리가 소비하는 공간을 평가하려면 우리가 사는 집들도 이제 체적으로 계산해서 팔아야 한다.

제4장
도시는 무엇으로 사는가:
뉴욕 이야기

로프트, 예술가, 부동산

건축은 사회, 경제, 역사, 기술의 산물이며, 도시는 살아 움직인다. 이 명제를 뉴욕의 로프트loft처럼 잘 보여 주는 건축 형태도 없다. 로프트의 사전적인 정의를 찾아보면 '예전의 공장 등을 개조한 아파트'라고 되어 있다. 이 사전적 정의는 단순하게 결과만 설명하는데, 그 과정을 살펴보면 재미난 이야기가 나온다. 초기 산업 시대에 뉴욕은 미국 최대의 항구 도시였다. 그래서 물건을 만들어 파는 산업 도시로서의 기능도 많이 요구되어 고밀도의 공장이 생겨났다. 그것이 지금의 소호 지역 등에 많이 지어진 높은 천장을 가진 건물들이다. 건물 안에는 방적기계 같은 큰 기계가 설치되어야 했기 때문에 기둥 간격도 넓고 천장도 높았다. 그리고 물건을 옮기기 위해서 대형 화물 엘리베이터가 있었다. 높은 천장고 덕분에 창문도 크게 만들어졌다. 그래서 햇볕과 통풍이 잘되는 공간이다. 하지만 예전에는 닭털 뽑는 공장이나 섬유공장들이었다. 시간이 지나 2차 산업이 쇠퇴하면서 이러한 공장들이 차차 문

101

을 닫고 비어 있는 건물로 남게 되었다. 그리고 버려진 공장 건물들은 빈 상태로 방치되어 치안 문제가 발생했다. 뉴욕시는 방법을 고안했는데, 헐값에 예술가들에게 임대해 비어 있는 건물에 사람들이 살게 하는 것이었다. 가난해서 임대료를 내기 힘든 미술가들이 이 빈 공장 건물에 대거 들어오기 시작했다. 큰 창문과 높은 천장 높이는 커다란 캔버스에서 작업해야 하는 화가들과 조각가들에게는 안성맞춤이었다. 커다란 화물 엘리베이터는 완성된 대형 그림이나 조각품을 옮기기에도 적합한 최적의 임대 공간이었다. 예술가들은 이 공간에서 숙식하면서 창작 활동을 했다. 예술가들이 모이자 당연히 그들의 작품을 파는 화상들이 주변 건물 1층에 갤러리를 내게 되었다. 그리고 그들의 전시회를 보고 작품을 사기 위해서 돈 많은 은행가 사람들이 오기 시작했다. 오스카 와일드가 말했듯이 '은행가 사람이 모이면 예술 이야기를 하고, 예술가들이 모이면 돈 이야기를 한다'라는 이야기가 있지 않았던가. 돈 많은 자본가들이 보니 예술가들이 로프트에서 사는 모습이 아주 멋있어 보였다. 그렇게 하나둘 부자들이 이사를 오게 되고 높은 천장의 트인 공간에서 사는 것이 뉴욕 여피Yuppie들의 '쿨'한 삶의 형태가 되기 시작했다. 그들이 로프트에서 사는 모습은 미키 루크의 멋있었던 젊은 시절 출연작인 〈나인하프위크9 1/2 weeks〉라는 미성년자 관람 불가 영화를 보면 잘 나와 있다. 안타까운 것은 돈 많은 사람들이 모여 살기 시작하면서 점차 이들을 위한 명품 가게들이 들어서고, 당연히 임대료가 오르고, 명품 가게들을 구경하기 위해 관광객들이 모여들면서 정작 비싼 임대료 때문에 예술가들은 다시 다른 동네로 쫓겨나게 되었다는 사실이다. 1990년대 후반부터는 예술가들이 과거 푸줏간들이 많이 있던 첼시 지역으로 이동해

공장을 개조한 로프트. 천장이 높고 공간이 확 트여 있다.

서 이 지역의 부동산이 점차 올라가는 추세를 보였다. 여기서 약간 곁길로 빠져서 다른 이야기를 좀 해 보자면, 뉴욕시에서 부동산으로 돈을 벌고 싶으면 건축 설계 사무소가 밀집된 지역의 건물을 사면 된다. 예술가와 마찬가지로 건축 설계 사무소들은 단위 면적당 벌어들이는 돈이 적기 때문에 임대료가 싼 지역으로 모인다. 소호 지역이 그러했다. 변호사 사무실은 열 평 정도 사무실에서 A4 용지만 출력되는 레이저프린터 한 대와 사무장 한 명, 전화받는 비서만 두고서도 충분한 매출을 올린다. 하지만 같은 매출을 건축 설계 사무소에서 올리려면, 직원 열 명은 있어야 하고, 한 사람당 도면 놓는 대형 책상과 컴퓨터를 놓는 책상, 대형 플로터[10]까지 두고서야 가능하다. 이처럼 건축 설계 사무소는 많은 면적을 요구한다. 그렇기 때문에 건축 사무실은 임대료가 저렴한 곳으로 모여든다. 건축 사무실들이 들어서고 나서 20년가량 있으면서 주변의 상업 시설들이 활성화된다. 멋을 아는 건축가들이 가는 식당이나 카페의 인테리어는 일반적인 곳과는 다르게 만들어진다. 자연스레 차별화된 멋스러운 상업 지구가 만들어지는 것이다. 이때쯤 되면 일반적인 뉴욕의 10~20년 장기 임대 계약이 끝나고 이 자리에 IT 회사들이 들어오게 되는 것이 뉴욕 부동산의 패턴이다. 이때가 되면, 계절이 바뀌면 이동하는 철새처럼 건축 사무실이나 예술가들은 다른 지역을 찾아 이동한다. 그리고 그 지역은 한 20년 후에 뉴욕에서 가장 '핫'한 지역이 되는 것이다. 이와 비슷한 예가 서울의 홍대 앞이다. 물론 홍대 앞 부동산이 오른 결정적인 이유 중 하나는 당인리 발전소가 석탄에서 천연가스로 연료를 바꾸면서 석탄재가 떨어지지 않는 청정 지역으로 변모했다는 점도 간과해서는 안 될 점이다. 하지만 누가 뭐래도 홍대 앞은 예술가들이 홍대 앞 문화를 만들었고, 사람이 모이고, 그것이 지역 사회의 정체성이 되어 부동산 가격을 올렸다는 점은 누구도 무시할 수 없는 점이다. 어쨌거나 결과적으로 지금의 홍대 앞 땅값은 약 30년 전에 비하면 수십 배가 올랐다. 부동산으로 돈을 벌고 싶다면 이제 홍대 앞에서 쫓겨난 예술가들과 신사동 가로수길에서 쫓겨나는 건축가들이 가는 지역이 어디인지 알아봐야 할 시점이다.

깨진 유리창의 법칙

우리는 흔히 뉴욕의 할렘가는 흑인들만 사는 범죄율이 높은 곳으로 알고 있다. 전에 아는 여동생이 지하철에서 잠깐 졸다가 실수로 할렘에서 내렸는데, 자기 빼고는 주변에 모두 흑인들만 있어서 기절할 뻔했다고 한다. 그런데 놀라서 주변에 있는 가게로 들어갔더니 그 가게 주인이 동양인 여자를 보고 더 놀랐다는 이야기를 들었다. 그 정도로 사회와 격리된 곳이고, 치안 유지가 안 되는 아주 고립된 지역이다. 하지만 예전에 할렘은 이렇게 살벌한 슬럼가는 아니었다. 20세기 초반만 하더라도 돈 많은 유대인들이 사는 좋은 동네였다면 믿어지는가? 그러다 주변에 흑인들이 이주해 오기 시작하고 당시 강 건너 뉴저지에 마당이 있는 교외 지역(Suburban)에서 사는 것이 대세가 되면서 이 지역 유대인들의 엑소더스가 가속화되었다.

심리학에는 스탠포드대학의 심리학자 필립 짐바르도Philip George Zimbardo 교수가 주창한 '깨진 유리창'의 법칙이라는 것이 있다. 이 실험에서는 우범 지역인 '뉴욕 브롱크스'와 부유하고 안전한 지역인 '캘리포니아 팔로알토'에 똑같은 모델의 자동차를 번호판을 제거하고 보닛을 열어 둔 채로 방치했다. 그러자 브롱크스는 하루만에 배터리, 타이어, 라디오 부품이 빠르게 도난당했고 이틀 후에는 폐차 수준이 되었다. 반면 팔로알토에서는 일주일 동안 아무 일도 없었다. 하지만 팔로알토의 차 유리창을 깨뜨리자 좋은 동네의 지나가던 행인들조차 하나둘씩 차량을 파손하기 시작했다.

이 실험에서처럼 유리창이 깨지는 것과 같은 약간의 비호감적인 컨디션이 연출되면 부정적인 변화는 가속도가 붙어서 더욱 급속하게 나빠지게 된다. 이것이 깨진 유리창의 법칙이다. 할렘에서 유대인이 이탈한 것이 이런 경우라고 할 수 있다. 좋은 동네였어도 조금씩 빈집이 생기면서 깨진 유리창을 그대로 방치하는 집이 생겨나면 그것이 그 동네를 급속하게 나쁜 동네로 만드는 것이다. 그래서 지금 할렘에 가 보면 아름다운 브라운 스톤의 건물임에도 불구하고 한 블록 전체가 모두 버려져서 창문에 유리 대신 합판이 붙여져 있는 흉물스러운 건물이 되어 버린 것을 많이 볼 수 있다. 그렇다면 부유했던 유대인들은 할렘을 떠나 어디로, 왜 간 것일까? 그 배경을 살펴보면 작은 발명품 하나가 도시에 어떠한 영향을 미칠 수 있는가를 엿볼 수 있다.

냉장고와 건축

인류의 역사를 살펴보면 새로운 발명품은 인간의 새로운 라이프 스타일을 만들어 냈고, 새로운 라이프 스타일은 새로운 건축과 도시를 만들어 왔음을 알 수 있다. 기차의 발명은 기차역을 만들었고, 비행기의 발명은 공항을 만들었고, 자동차의 발명은 주유소와 고속도로와 주차장을 만들었다. 그리고 이러한 새로운 건축물들은 도시의 모습을 바꾸었다. 그렇다면 지금 우리가 사는 도시의 모습을 바꾼 혁신적인 발명품은 무엇일까? 자동차, 전화, TV 등여러 가지가 있겠지만 그중에서도 빼놓을 수 없는 것이 냉장고다.

인류의 역사를 보면 수천 년 동안 농촌에서 도시로 인구가 끊임없이 이동해 왔다. 고밀화된 도시가 경제적, 기능적으로 효과적이었기 때문이다. 그런데 이러한 인구 이동에 반대의 바람이 불게된 첫 번째 움직임이 20세기에 있었다. 이전까지 고밀도 도심에살던 사람들이 도시 근교의 주택 단지로 이동한 것이다. 예전에어떤 흑백 기록 영상을 본 적이 있다. 그 영상 속에서 소년이 책가방을 메고 자전거를 타고 학교에서 돌아와 집 뒷마당에 자전거를내던지고 부엌으로 연결된 뒷문으로 뛰어 들어간다. 아이는 더운듯 냉장고를 열고 우유를 꺼내어 벌컥벌컥 들이켠다. 이때 방금미용실에 다녀온 듯 세팅된 금발 머리에 앞치마를 한 엄마가 웃으면서 오븐에서 꺼낸 쿠키를 내민다. 이 영상은 다름 아닌 미국최대의 가전 업체인 제너럴 일렉트릭사의 냉장고와 오븐 광고였다. 이 광고 영상은 은연중에 행복한 가정은 아이가 뛰놀 수 있는마당이 있는 집에 살면서 집 안에는 냉장고와 가스 오븐을 구비하고 음식을 해 먹는 것이라고 시청자를 세뇌한다. 우리나라에서도 아파트 광고에서 여배우가 실제와는 달리 천장이 5미터는 돼보이는 세트장 속의 거실에서 기지개를 켜는 모습이 나오지 않는가? 광고는 시청자에게 제품을 판매하기 위해서 과장된 이상적인라이프 스타일을 보여 주고, 광고를 통해서 그 시대의 이상적 삶의 모습을 정의 내린다. 실제 광고 속 아파트에 살아도 광고 모델 같은 부인이 거실에서 이브닝 가운을 입고 기지개를 켜는 경우는 극히 드물 것이고, 아파트의 천장 높이는 5미터가 아니고 2.4미터밖에 안 된다. 마찬가지로 미국의 실제 생활은 그렇지 못했을지라도 적어도 광고를 통해서 많은 1950~1960년대 미국의 중산층이 이상적 라이프 스타일로 교외에 있는 전원주택을 꿈꾸고 이사했다. 그리고 교외에서 사는 여유로운 삶은 냉장고가 있었기 때문에 가능한 것이었다.

냉장고가 발명되기 이전에 사람들은 오랫동안 음식을 보관할 수 없었기에 식재료를 조금씩 사서 먹을 수밖에 없었다. 생산지에서 도시까지 오는 데도 시간이 오래 걸렸기에 식료품점에서 집으로 가져가서 음식이 상하기 전에 먹으려면 서둘러야 했을 것이다. 그렇기 때문에 시장 주변에 모여서 살아야 했다. 하지만 냉장고의 발명 이후 사람들은 일주일에 한 번씩만 장을 보면 되게 되었다. 음식 부패를 막는 냉장고 덕분에 더 이상 식료품 가게 주변에 모여 살 필요가 없어진 것이다. 대신 자동차를 타고 고속도로를 한 시간 달려서 일주일 치 음식을 트렁크에 가득 담아 와 냉장고에 넣어 두었다. 도시는 기존의 고밀도 도시에서 달걀 프라이처럼 땅에 널리 퍼진 주거지와 고속도로 교차로 주변의 쇼핑몰로 대체되었다. 고속도로, 자동차와 더불어 냉장고는 당시 미국 사람들의 삶을·교외 주택에서의 삶으로 개편시켰다. 그래서 유대인은 할렘을 떠나 뉴저지와 롱아일랜드로 떠났고, 그 자리를 자동차가 없는 도시 빈민이 차지하게 됐다. 그 후로 수십 년간 할렘은 세계적으로 유명한 슬럼으로 뉴욕시장의 골칫거리였다. 할렘의 치안이 나

쓰니 뉴욕시의 범죄율을 높이게 되었고, 그 때문에 부동산 가격이 내려가게 되고, 연쇄적으로 세금이 적게 걷히게 되고, 시의 예산을 줄이기 위해 경찰 인원을 줄여야 하고 다시 범죄율이 높아지는 악순환이 이루어진다. 그래서 뉴욕시는 이를 개선하기 위해서 몇 가지 비책을 구상했다.

도시 개발업자의 비밀 무기

뉴욕시는 할렘의 버려진 건물들을 한 채당 1달러에 100년을 임대해 주는 조건으로 개발업자들에게 장기 임대를 했다. 물론 시로서는 슬럼가가 개발되면 세금이 들어오고 치안이 좋아지기 때문에 거저 주어도 남는 장사가 된다. 거의 공짜에 임대하게 된 회사는 먼저 하나의 거리 전체를 한 번에 개발하게 된다. 거리가 전체적으로 개발되지 않고 한두 채만 개발될 경우에는 사람들이 '깨진 유리창의 법칙' 때문에 이사 오지 않는다. 미국에서는 집값 떨어진다고 바깥에 빨래도 못 널게 하는 법이 있을 정도인데 자기 집 옆에 합판이 못질해서 붙어 있는 창문이 있는 집들이 있으면 누가 이사를 오겠는가? 그래서 한 블록을 한꺼번에 리모델링하는 방식으로 개발한다. 여기에 또 하나의 재미난 건축 이야기가 숨어 있다. 뉴욕의 거리 사진을 보면 건물의 입면에 철제 계단들이 걸려 있는 것을 볼 수 있다. 나름대로 뉴욕의 상징이고 낮에 철제 계단의 복잡한 그림자가 벽돌 건물 입면에 드리워지면 아름답게 보이기도 한다. 하지만 실상은 치안에도 문제가 있고, 아파트 안에서 보면 경관을 가리는 장애물이기도 하다. 나는 보스턴에서 살던 아파트에서 이 비상계단을 통해 들어온 도둑에게 집 안을 털린 경험이 있다. 이런 계단은 원래 초기에는 없었으나, 소방법에 불이 났을 때는 반드시 두 개의 탈출구가 있어야 한다는 법이 생기면서부터 부득이하게 건물주가 설치해야만 하는 추가 설치물이었다.

개발업자들은 거리 전체의 건물을 한꺼번에 개발하면서 옆의 건물과 복도를 연결했다. 그렇게 되면 기존 옆의 건물 계단을 두 번째 피난 계단으로 사용할 수 있기 때문에 건물 얼굴에 붙어 있는 철제 비상계단은 뜯어낼 수 있게 된다. 이렇게 함으로써 아름다운 브라운스톤 건물의 원래 모습을 회복할 수 있게 되었다. 그리고 이렇게 개선된 집들은 흑인 출신 변호사들이나 의사 같은 전문 직종 사람들에게 특혜 분양을 해 준다. 그러면서 자연스럽게 할렘을 개선해 나가게 되는 것이다. 이 방법 외에도 개발업자들이 환경 개선을 위해서 잘 쓰는 두 가지 비밀 무기가 있다. 하나는 스타벅스 커피숍이고, 다른 하나는 반즈 앤드 노블Barnes & Noble 책방이다. 이 둘이 합쳐져서 반즈 앤드 노블 책방에 스타벅스가 들어간 경우도 많다. 우리나라로 치면 교보문고 안에 폴 바셋이나 스타벅스가 들어가 있는 것이라고 보면 된다. 이 둘이 들어가면 주변 동네가 좋아지고 개선되는 사례가 많았다. 그래서 할렘을 개발할 때도 역시 이 두 가게를 조심스럽게 북쪽으로 배치하면서 빈민가를 없애 나갔다. 물론 이러한 개발 방식에 문제도 많다. 대표적인 것은 뉴욕시의 치안과 환경이 좋아지기는 했지만, 현재 뉴욕의 부동산 가격이 너무 올라서 살고 있던 저소득층 사람들이 점점 먼 곳으로 쫓겨나고 뉴욕은 부자들만 사는 도시가 되어 간다

반즈 앤드 노블. 매장 안에 스타벅스가 있다.

는 것이다. 이는 우리가 연구하고 고민해 봐야 할 문제다. 우리나라의 경우 원주민들이 그 지역에 계속 살 수 있도록 여러 가지 방안을 고안해 놓고는 있지만, 이러한 방식은 개발업자가 수익을 극대화할 수 없어서 정부와 항상 협상을 원하는 부분이기도 하다. 실질적으로 이런 원주민의 권한마저 다른 사람들에게 헐값에 넘기고 가는 원주민들이 많기 때문에 근본적인 해결책을 새롭게 만들 필요가 있다고 생각된다. 도시는 살아 있는 생명체와 같다. 살아 있는 생명체는 태어나서, 성장하고, 전성기를 지낸 후, 쇠퇴하고, 마지막으로 죽는다. 도시의 여러 부분도 태어나서, 성장하고, 나중에는 죽는다. 죽음이 생명의 일부이듯이 도시가 오래되면 일부분이 슬럼화되어서 죽음을 맞이하게 되는 것은 피하기 어렵다. 하지만 이렇게 해서 죽은 부분에 다시 새로운 생명이 돋아나도록 유도하는 것이 도시를 재생시키는 건축가의 역할이다. 소호와 할렘은 이러한 도시 재생의 사례를 보여 준다. 그리고 그 과정에서

빛과 그림자가 공존하는 것을 볼 수 있다.

2025년 현재 안타깝게도 반즈 앤드 노블 같은 서점들은 아마존 닷컴과의 경쟁에서 밀려 많은 점포가 문을 닫았다. 현재 이루어지는 상거래의 절반은 온라인으로 처리되고 있다. 온라인 상업 매출이 커질수록 도심 속에서 사람이 만나는 장소인 상업 시설들이 사라지고 있다. 이러한 변화가 도시의 구성과 사회 구조를 크게 변화시키고 있다. 십 년 후에는 식당, 편의점, 다이소 빼고는 상업 시설 대부분이 없어질지도 모른다. 지금처럼 가게 구경을 하면서 거리를 걷고 공동체가 만들어지는 현상이 점점 줄어들 수 있다. 이처럼 개인의 파편화와 양극화가 심해지고 있는 것이 현대 사회의 모습이다.

도시 재생, 생명의 사이클

보통 변화하는 환경에 건축이 적응하기 위해서는 두 가지 방식이 있다. 하나는 환골탈태의 방식으로 기존의 건축물들을 모두 철거하고 새롭게 시작하는 재개발 방식으로, 우리나라에서 즐겨 하는 방식이다. 다른 하나는 기존의 건축물을 되도록 유지하면서 재생하는 방식이다. 후자의 경우를 도시 재생이라고 표현하기도 한다. 재생이라는 말에서 보이듯이 도시 재생은 기존의 건물을 다시 사용하는 것이다. 하드웨어를 유지한 상태에서 건축이 생존하기 위해서는 소프트웨어가 업데이트되어야 한다. 예를 들어서 우리나라 북촌의 경우를 살펴보자. 북촌은 서울의 경복궁과 창덕궁 사이의 주거 지역을 말한다. 이 지역은 약간 경사가 져 있는 지형이라서 배수가 좋았다. 하수도 시설이 제대로 되어 있지 않았던 조선 시대에는 양반들의 집이 많이 위치한 좋은 주거지였다. 이 지역은 일제강점기 때 경성에 주택이 많이 필요해지기 시작해서 기존의 사대부 집식의 저밀도 주거 대신에 더 고밀화되고 중정형中庭形[11]으로 모듈화된 도심형 한옥이 지어지게 되었다. 다시 말해서 현재의 북촌은 일제강점기 시절의 집 장사가 지은 주택 단지다. 이후에 1980년대를 거치면서 용적률이 상향 조정되었고, 이때를 맞추어서 주거민들은 한옥을 철거하고 4층짜리 다세대 주택을 짓기 시작했다. 2000년 들어서 정부는 부랴부랴 이 지역을 한옥 보존지구로 지정해 한옥을 철거하지 못하게 했다. 이후 주민들은 한옥을 이용하여 게스트하우스를 만들어서 고부가 가치를 창출하거나 전통 공예품 공방을 유치하기도 했다. 지금은 유명한 관광지로 해외 관광객들의 발길이 끊이지 않는 핫플레이스가 되었다. 이 과정을 살펴보면 법규 같은 외부적인 요인으로 하드웨어인 한옥을 교체할 수 없게 되자, 소프트웨어라고 할 수 있는 용도를 변경하여 건축물이 생존하는 모습을 볼 수 있다. 이처럼 도시가 하드웨어를 유지하기 위해서 소프트웨어를 변경하는 방식으로 건축이 생존한 대표적인 사례가 뉴욕에 있다.

죽은 시설의 부활: 하이라인 공원

뉴욕 맨해튼의 서남쪽에 가면 하이라인The High Line이라는 독특한 공원이 있다. 공원은 보통 땅 위에 있는데, 하이라인 공원은 독특하게 고가 도로 같은 공중에 있다. 하이라인은 지금은 시민들에게 사랑받는 공원이 되었지만, 한때는 철거될 뻔했던 버려진 고가 철도 길이었다. 뉴욕시는 도시 형성 초기에 남쪽부터 발달하기 시작했다. 그곳에 공장이 있었고, 항만에서 들여오는 재료와 공장에서 만들어진 완제품이 철도를 통해서 운송됐다. 하이라인은 당시에 고가 도로 형태로 건축돼서 빌딩들과 항만을 연결해 주는 중요한 기반이었다. 그래서 이 철도는 건물의 2층 옆으로 지나가기도 하고 때로는 빌딩 안을 관통하기도 한다. 하지만 세월이 지나서 소호의 공장이 버려졌듯이 이 철도 역시 버려져서 잡초가 무성한 채로 수십 년간 방치돼 있었다. 대부분의 고가 도로는 지상층에 그림자를 드리우고, 이로 인해 거리를 어둡게 하여 사람들이 걸어 다니고 싶지 않게 만든다. 거리에 사람이 없으면 상점이 없어지게 되고, 상점이 없으면 도시는 죽는다.

이런 현상 때문에 서울시도 지난 몇 년간 서울시에 있는 고가 도로 대부분을 철거하는 일을 진행해 오고 있다. 청계천을 비롯하여 동부이촌동, 약수동 등 대부분이 성공적인 사례라고 생각된다. 뉴욕시 역시 이처럼 방치된 하이라인을 없애자는 결정을 내렸었다. 하지만 이때 두 명의 시민이 하이라인을 보존하자는 운동을 시작해서 몇 번의 공모전을 거쳐 지금의 공원이 만들어졌다. 하이라인이 왜 특별한 공원인지 살펴보자.

도시가 고밀화, 고층화되면 지면은 점점 건물에 묻히게 된다. 건물 옥상과 지면이 멀어질수록 건물의 길어진 그림자 때문에 지상은 더 어두워지는데, 건물에 바짝 붙어서 위치한 인도는 가운데를 차지한 차도에 비해서 상대적으로 더 어두워지게 마련이다. 2층 높이에 있는 하이라인 철도 부지는 1층 인도에 비해서 상대

뉴욕의 하이라인

적으로 높은 인공 대지다. 2층에 올라간 만큼 시야에서 자동차도 안 보이고 하늘은 더 가깝게 보이게 되며, 도로 가운데에 위치해서 건물의 그림자로부터 조금은 더 자유로운 땅이다. 1층에 지나가는 자동차들의 소음도 인도에서 듣는 것보다 더 작게 들린다. 이러한 조건들이 하이라인을 특별하게 만드는 요소들이다. 물론 모든 고가 도로가 다 이처럼 공원화되는 것에는 반대다. 왜냐하면 고가 도로는 기본적으로 지상층을 죽이는 괴물이기 때문이다. 하지만 두 시민의 노력으로 전 세계에 하나밖에 없는 산업 시설을 이용한 고가 공원이 생긴 것은 의미 있는 일이라고 생각된다. 얼마 전 서울시가 서울역 고가 도로 공원화 계획을 발표했다. 하이라인의 경우 고가 철도와 주변 건물이 붙어 있어서 공원화 이후 주변 건물 재생의 시너지 효과가 상당히 컸다. 하지만 서울역 고가 도로는 이 같은 시너지는 기대하기 어렵다. 대신 서울역으로 나누어졌던 지역 간을 연결하는 보행자 전용 다리가 주기능이 된다. 그 이상을 만드는 것은 숙제가 될 것이다. 서울로 7017이 완성된 지 한참 지났음에도 뉴욕의 하이라인만큼 성공적인 프로젝트는 되지 못했다. 가장 큰 이유는 '화분' 때문이다. 하이라인 파크는 철길이 다니던 길이어서 바닥 면과 기차 레일 가장 높은 부분까지의 사이 공간에 흙을 담고 초화류를 심을 수 있었다. 게다가 하이라인은 철골 구조여서 보[12]와 보 사이에 나무를 심을 수 있는 흙을 많이 확보할 수 있었다. 따라서 나무가 심긴 흙은 사람들의 발바닥과 같은 높이거나 낮았고, 나무가 심겨도 마치 땅에서 자라나는 느낌이 들었다. 하지만 서울로 7017은 철근콘크리트 구조에 자동차용 아스팔트가 깔린 다리였기에 나무를 심기 위해서 거대한 화분을 설치했다. 보행자 입장에서 셀 수 없이 많은 화분은 걸을 때 불편한 장애물이 된다. 그뿐 아니라 보행자의 시야에 보이는 것은 나무보다 콘크리트 화분이 더 큰 부분을 차지하게 되었다. 지금이라도 화분 높이까지 데크deck를 설치해서 보행자의 발바닥보다 밑에 흙이 있도록 보완한다면 지금보다 훨씬 가 보고 싶은 공간이 될 것이다.

지루한 격자형 도시 뉴욕은 어떻게 성공했는가?

뉴욕의 경우에는 다들 알다시피 단순한 격자형 구조를 띠고 있는 도시다. 어찌 보면 실패할 수 있는 가장 단순하고 지루한 도시 공간 구조로 되어 있다. 그러한 뉴욕이 지금처럼 성공적인 도시를 만들 수 있었던 데는 여러 가지 이유가 있겠지만, 여기서는 격자형의 가로세로 비율에 대해서 말해 보고자 한다. 일단 뉴욕은 엄밀히 말하면 단순한 격자형은 아니다. 격자형이되 가로는 길고 세로는 짧은 형태의 격자형이다. 가로로 형성된 길은 스트리트고 세로로 난 길은 에비뉴avenue로 명명되어 있다. 만약에 이 블록의 형태가 정사각형으로 되어 있었다면 상당히 심심한 도시가 되었을 것이다. 어느 방향으로 걸어가든지 모두 똑같은 경험을 하게 되기 때문이다. 하지만 뉴욕은 에비뉴를 따라서 걸을 때와 스트리트를 따라서 걸을 때의 느낌이 크게 다르다. 뉴욕의 보편적인 블록 크기를 보면 가로는 250미터, 세로는 60미터다. 시속 4킬로미터의 속도로 걸을 때 한 개의 블록을 스트리트를 따라서 걷는 데 약 3분 45초가 소요되지만, 에비뉴를 따라서 걸을 때는 약 1분의 시간이 걸린다. 소요되는 시간이 약 네 배 길다는 것은 네 배 더 지

뉴욕의 에비뉴를 따라 걷는 사람들. 그 뒤로 스트리트 풍경이 보인다.

루하다고 풀이될 수 있다. 따라서 사람들은 주로 에비뉴를 따라서 걷는다. 게다가 에비뉴는 남북 방향으로 나 있어서 동서 방향으로 난 스트리트보다 햇볕도 더 잘 든다. 햇볕이 잘 들고 걸을 때 1분 마다 새로운 거리를 마주친다는 것은 좋은 느낌일 것이다. 이 같은 체험은 다른 도시들과 비교했을 때 상당히 역동적인 체험이다. 이러한 물리적 조건 때문에 뉴욕은 패션가로 유명한 피프스 에비 뉴Fifth Avenue나 대사관이 많이 위치한 파크 에비뉴Park Avenue 같은 유명한 에비뉴를 갖게 된 것이다. 이뿐 아니라 맨해튼은 남북 방 향으로 길어서 기본적인 통행량이 남북 방향의 에비뉴가 더 많다. 통행량과 다채로운 경험 두 가지 모두 에비뉴가 스트리트보다 더 많은 보행을 유도하는 거리다.

반대로 보행자에게 인기 있는 스트리트는 없다. 대신 좀 더 사 적인 거리는 가능하다. 동서 방향으로 나 있는 뉴욕의 스트리트는 대부분 좁고 동서 방향으로 들어선 건물이 드리우는 그림자 때문에 어두운 느낌으로 서비스 통로 같은 느낌을 준다. 몇몇 장소성을 가지는 거리로 성공한 예를 찾을 수 있는데 그중에 하나가 코리아타운이라고 알려진 32번가다. 붐비는 피프스 에비뉴에서 90도로 꺾어진 32번가 거리는 도심 속의 사각지대이자 외부 세계와는 격리된 장소성을 가질 수 있었다. 그런 이유에서 소수민족인 우리나라 사람들이 모여서 하나의 마을 같은 거리를 만들 수 있었다. 우리나라도 강남이나 신도시를 만들 때, 지금의 정사각형 방식의 도로망이 아니라 뉴욕 같은 직사각형의 도로망을 만들었다면, 지금보다는 훨씬 더 많은 사람이 걷는 도시가 되었을 것이다.

남대문은 고려청자와 무엇이 다른가?

이처럼 뉴욕은 발전하기도 하고, 쇠락의 길을 걷기도 하고, 버려진 시설을 부활시키기도 했다. 시대가 변하면서 어느 도시에나 문제는 발생하기 마련이다. 하지만 뉴욕시는 이 문제점들을 지혜롭게 창의적인 방식으로 해결하면서 이전에는 없는 새로운 도시를 만들어 가고 있다. 때로는 제도를 바꾸고, 때로는 발상의 전환을 하고, 할렘을 변화시킬 때처럼 때로는 자본주의의 법칙을 치사하게 이용하기도 한다. 이러한 유연한 대처가 가능한 것은 건축이나 도시를 단순히 유산으로만 생각하는 것이 아니라, 인간의 삶과 함께 살아 숨 쉬는 일종의 파트너로 생각하기 때문이다. 그런 면이 우리나라도 좀 배웠으면 하는 점이다. 과연 우리나라 도시는 과거의 시간과 유기적으로 대화하면서 진화하고 있는가? 우리는 전

승되어 내려오는 건축 유산을 어떻게 해석하고 대응하고 있는가? 이 질문에 대한 대답은 우리나라가 남대문 화재 사건에 대처한 모습을 보면 알 수 있다. 과연 문화재의 의미는 무엇이며, 건축 문화재와 다른 문화재의 차이점은 무엇인가 살펴보자.

2013년에 복원된 남대문의 단청 부실 시공이 연일 뉴스에 오른 적이 있다. 그러면서 오래된 것이 아닌 복원된 남대문이 국보 1호로 남아 있어야 하는가에 대한 회의론도 대두됐다. 나름의 일리가 있는 말이다. 하지만 그 이야기 속에는 건축물을 소프트웨어가 아니라 하드웨어적으로만 생각하는 아쉬운 가치관이 숨어 있다. 남대문이 불에 타 무너져서 복원했는데, 복원된 남대문의 나무는 수백 년 전의 나무가 아니라 몇 년 전에 베어 낸 소나무로 지어졌다. 그렇다면 나무가 오래된 것이 아니니 진짜 문화재로서 가치가 없는 것일까? 나는 그렇지 않다고 생각한다. 중요한 것은 남대문이 오래전 나무로 만들어졌다는 것이 아니라, 수백 년 전 조선인이 디자인하고 당대 최고 구축 기술로 만들어진 소프트웨어로서의 가치를 가졌다는 점이다. 중국의 만리장성은 자타가 공인하는 중국의 대표적인 건축 문화재다. 우리는 역사 시간에 이 만리장성이 진시황제가 만들었다고 배웠지만, 실은 지금의 만리장성은 명나라 때 도자기 수출한 돈으로 개축된 것이다. 하지만 우리는 지금도 진시황제의 만리장성이라고 말한다. 왜냐하면 오랑캐를 막기 위해서 장성을 만든 개념이 진시황제 때 만들어진 것이고, 그 개념이 문화재로서의 중요한 가치를 만들기 때문이다. 건축물은 오브제object의 성격이 강한 도자기나 그림과는 다르다. 건축물은 사람이 들어가고 나오는 공간을 가지고 있기 때문에 계속해서 재료가 교체되고 복원되고 사용되면서 보존되는 것이 옳다. 남대문은 재료가 오래된 나무이기 때문에 문화재가 아니라 그 건축물을 만든 생각이 문화재인 것이고, 그 생각을 기념하기 위해서 결과물인 남대문을 문화재로 지정한 것이다. 따라서 처음 건축한 남대문이 불타 버린 것은 안타까운 일이지만, 오래된 나무가 불에 탔다고 통곡하면서 울 필요까지는 없을 것 같다.

우리가 고건축을 하드웨어로만 보면 그냥 보존에 치중하게 되지만, 소프트웨어로 보면 좀 더 유연하게 이용할 수 있다. 유럽의 문화 선진국은 일찍이 건축 문화재를 소프트웨어로 보고 변화된 시대에 맞게 잘 사용하면서 보존하고 있다. 그 대표적인 사례가 오르세 미술관이다. 이 건물은 원래 파리의 기차역이었다. 당시의 기차는 증기기관을 사용해서 끌었기 때문에 객차 수가 열 개 남짓했다. 하지만 기술이 발달하면서 엔진의 마력이 높아져 객차 수가 점점 늘어나게 되었다. 객차 개수가 늘어나자 기존의 기차역 플랫폼의 짧은 길이로는 늘어난 객차를 수용할 수 없게 되면서 기차역이 폐쇄되었다. 이후 오르세역은 몇 번의 용도 변경을 거쳐 지금의 미술관으로 새롭게 탄생했다. 이처럼 건축물은 시대를 거치면서 다르게 사용될 수 있다. 그것이 어쩌면 건축물을 계속 살아 있게 만드는 것이다. 또 다른 좋은 사례는 파리의 루브르 박물관이다. 루브르는 처음 로마의 병참 요새로 시작해서 왕궁이되었다가 시대가 지나 지금은 박물관으로 사용된다. 게다가 중정겸 입구에 초현대식 유리 피라미드도 증축됐다. 그러면서도 파리의 대표적인 건축 문화재로 당당하게 거론된다. 물론 프랑스에서도 루브르 박물관에 이집트의 상징인 피라미드를 유리로 지어서

파리의 오르세역을 개축한 오르세 미술관

위: 파리의 루브르 박물관. 입구에 유리 피라미드를 증축했다.
아래: 증축된 루브르 박물관의 내부 공간

넣는다고 했을 때 처음에는 다들 미쳤다고 난리를 쳤었다. 하지만 미테랑 대통령이 뚝심 있게 밀어붙였고, 지금은 너무나 자랑스러운 건축물로 자리 잡았다. 우리나라에서는 왜 수라간에 레스토랑을 만들고, 경복궁이 박물관으로 사용되면 안 되는 걸까? 더 이상 건축 문화재를 박제시켜 놓고 우상화하지 않았으면 한다.

제5장
강남은 어떻게 살아왔는가:
사람이 만든 도시,
도시가 만든 사람

도시는 유기체

서울 강남역에서 교보타워 사거리에 이르는 뒷골목은 20대 젊은 이들의 에너지가 분출하는 거리다. 성형외과, 바디샵, 한의원, 유학원, 외국어학원, 제화점, 미용실, 맥주집, 갈빗집, 횟집, 삼겹살 집, 햄버거 가게, 제과점, 카페, 은행, 모텔, 오피스텔……. 흥청대 며 몰려다니는 이들의 수요에 맞춰 다양한 직종의 가게들이 한 골목에서 밤마다 불야성을 이룬다. 이런 도시 구조가 초기에 이곳 을 디자인한 디자이너가 구상하고 그렸던 것은 아닐 것이다. 혹자 는 도시를 신의 창조물이라고 말하기도 하고, 어떤 사람들은 인 간이 만들어 낸 인공물이라고도 한다. 한 가지 명확한 사실은 고 층 건물, 다리, 상하수도 시설, 도로 같은 도시를 구성하는 대부분 의 물리적인 구조들은 사람에 의해서 만들어졌다는 점이다. 그런 면에서 도시는 인간이 만들어 낸 인공물이라고 할 수 있다. 하지 만 동시에 도시는 실제로 도시 설계자의 의도대로가 아니라 자연 발생적인 방식에 의해서 오랜 시간에 걸쳐 진화해 왔다는 면에서

강남역 뒷골목

인간에 의해서 만들어졌다기보다는 자생적인 유기체라고 할 수
있다.

　도시가 살아 있는 유기체라는 면을 깨닫기 위해서 우리는 생명
의 상반된 개념인 기계를 한번 살펴볼 필요가 있다. 예를 들어서
자동차의 경우, 자동차의 모든 부품은 먼저 디자인되고, 이후 공
장에서 제작되고 조립된다. 이렇게 해서 만들어진 자동차는 고정
된 부품들로 만들어진 구조체다. 자동차는 일단 완성되고 나면 새
로운 물질이 유입되어 자동차 스스로 새로운 부품을 만들어 내
는 일 없이 대부분의 경우 최초 제작된 상태로 유지된다. 다만 낡
은 부품들이 교체될 뿐이다. 이렇듯 기계는 스스로 성장, 발전하
지 않고 디자인된 초기 상태에서 노후되는 닫힌 시스템이다. 하지
만 살아 있는 생명시스템은 모든 구성 요소가 고정되어 있지 않

고 계속해서 변화하며, 생명체의 안팎으로 끊임없이 물질들이 들어오고 나가는 열린 시스템이다. 2002년에 노벨상을 받은 매사추세츠공과대학교MIT의 로버트 호비츠 교수H. Robert Horvitz에 의하면, 많은 세포가 자살하는 기능을 가지고 있어서 일부 세포는 스스로가 일정 시간이 되면 자살하듯이 소멸하고 새로운 세포로 적극적으로 교체되는 것이 생명체 고유의 특성임을 밝혔다. 이렇듯 살아 있는 생명 시스템은 세포를 끊임없이 없애고 새로운 물질을 외부로부터 받아들여 새로운 세포를 만들어 오래된 세포를 교체시키면서 성장한다. 생명체에 이러한 성장, 발전, 진화가 있듯이 도시에도 성장, 발전, 진화가 있다. 『생명의 그물The Web of Life』의 저자 프리초프 카프라Fritjof Capra 박사에 의하면, 어떠한 시스템이 살아 있는 유기체냐 죽어 있는 무기체냐를 결정하는 요소는 그 조직체의 패턴이 스스로 만들어지는(Self-Marking) 네트워크냐 아니면 외부에 의해서 수동적으로 만들어진 것이냐에 달려 있다고 한다. 이런 관점에서 도시는 초기 계획자의 디자인이라는 수동적인 패턴을 뛰어넘어 특정한 디자이너의 계획 없이 자생적으로 만들어지는 패턴들이 보이는데, 이 같은 자생적 패턴은 도시를 살아 있는 유기체로 보기에 충분한 증거라고 생각된다.

그렇다면 왜 물질로 구성된 도시가 살아 있는 유기체적인 특징을 갖게 된 것일까? 물론 대부분의 도시 구성의 변화는 인간에 의해서 만들어진다. 하지만 그 변화들은 인간에 의해서 디자인된 대로 변화되기보다는 불특정 다수의 인간이 만들어 낸 변화들이 모여서 예측 불가능한 새로운 결과물을 만들어 내는 것이며, 이 불특정 다수인 인간은 유기체 생명이기 때문에 도시가 유기체의 특성을 갖는다고 생각된다. 유기체 생명인 인간은 모여서 사회라는 조직을 형성하고, 이 조직은 우리가 파악하거나 컨트롤할 수 없는 또 다른 유기체를 만들어 낸다고 볼 수 있다. 그리고 이 같은 유기적인 인간 사회가 만들어 내는 것이 도시다. 그러하기에 완전한 도시 디자인이란 불가능하다. 디자이너가 아무리 아름다운 도시를 그려도 계획대로 진행된다는 보장은 어디에도 없다.

도시라는 것이 인간의 디자인으로 시작되지만, 계획자의 손을 떠나서 완성된다는 예는 서울 강남 개발만 살펴봐도 쉽게 알 수 있다. 서울 강남의 경우 초기에 격자 형태의 도로망은 도시 계획자에 의해서 만들어졌지만, 이후에 학군제 형식의 교육 제도, 베이비 붐 세대의 인구 폭증, 주택 가격, 핵가족화, 경제 성장, 문화적인 변화, 부동산 정책 등 셀 수 없이 많은 변동 요소에 의해서 지금의 서울 강남의 도시 구조가 완성된 것이기에 그 결과물은 자연 발생적인 생태계의 특징과 더 유사한 면을 갖게 된다. 지금 우리가 보는 도시 속의 먹자 골목들, 건물 지하실마다 들어선 룸살롱들, 노래방, PC방, 만화방 같은 각종 '방'들, 50퍼센트 이상을 차지하는 아파트 주거 형태, 빈틈마다 주차된 차로 꽉 찬 도로, 대리 주차(valet parking) 부스 등은 초기에 서울 강남을 디자인한 디자이너가 구상하고 그렸던 도시의 구조는 아닐 것이다. 지금 도시의 구성들은 마치 자연 발생한 유기체의 모습과도 같다. 로저 르윈Roger Lewin 박사에 따르면 "생명의 진화 속에서, 과거의 경험들은 DNA 안에 유전적인 메시지 코드로 압축 저장되어 있다."라고 하는데, 이 같은 시각으로 도시를 바라보면 오랜 역사를 통해서 구축된 과거 경험의 흔적이 우리가 사는 도시의 주거 형태, 도로, 광장, 학교, 대중교통 체계, 상하수도 시설 같은 인프라 구조라는 우

유전자 코드처럼 느껴지는 도시 구성

리 도시의 DNA 속에 유전적 메시지 코드로 압축 저장되어 있다고 볼 수 있다. 역사적으로 도시의 패턴은 인류 사회의 초기부터 진화돼 왔다. 현대 도시의 패턴은 지난 수천 년간 인류가 이루어낸 사회적, 기술적, 경제적, 정치적, 문화적인 진화의 산물이다. 우리가 사는 도시의 구성 요소들은 우리 도시의 DNA이며, 과거 역사가 압축된 형태의 유전자 코드인 것이다. 더 재미난 사실은 역사를 통해서 보이는 도시 진화의 특성이 생명의 진화와 그 과정이 유사하다는 점이다.

아메바부터 척추동물까지

진화론자들은 단세포 생물에서부터 진화가 시작되어 지금의 인간과도 같은 복잡한 척추동물까지 진화했다고 보고 있는데, 그 진화의 역사를 간단하게 살펴보자. 먼저 초기 아메바와 같은 단세포 생명체는 하나의 세포 안에 가장 기본적인 생명 유지 기능을 가지고 있었다. 단세포로 있을 경우에는 산소가 세포막을 투과해서 들어가게 되어 산소 공급에 큰 문제가 없었지만, 다세포의 생명체로 진화하게 되면 안쪽에 있는 세포들에 산소가 전달되지 못하는 문제가 생긴다. 따라서 생명체는 이 문제를 해결하기 위해서 진화를 통해 조직의 구석구석까지 퍼져 있는 혈관 네트워크와 순환계를 만들었다. 순환계 덕분에 더 많은 세포에 혈액을 통해서 산소를 공급할 수 있게 되었고, 더 큰 조직의 생명체가 만들어지는 것이 가능하게 되었다. 이후 생명체는 신경세포인 뉴런을 만들어서 뉴런들의 네트워크인 복잡한 신경계를 갖춘 생명이 탄생하게 되었다. 신경계가 만들어진 덕분에 먼 곳에 있는 세포들로부터 감각을 전달받고 반응할 수 있는 생명체로 진화하게 된다. 오랜 시간을 거쳐서 이 다세포 생명체는 단순한 신경계를 뛰어넘어 척추라는 새로운 개념의 체계적인 신경조직망을 구축하게 된다. 그리고 지금의 여러 척추계 동물과 같은 종들이 만들어지게 되었다는 것이다. 이렇듯 진화론에 의하면 생명체는 순환계, 단순 신경계, 척추 신경계로 진화해 왔다.

진화하는 도시: 로마, 파리, 뉴욕

도시의 진화 단계도 위에서 설명한 생명의 진화 단계와 비슷하다. 고대의 도시들은 최소한의 기능만 가지고 있었다. 몇 개의 길과 건물들이 전부였을 것이다. 마치 단세포 아메바의 가장 기본적인 생명 유지 시스템 단계 수준이라고 할 수 있다. 이러한 원시적 도시에 인구가 모이고 규모가 커지면서 많아진 거주자를 위해 더 많은 물이 필요해졌다. 생명체의 생명 유지를 위해서 피가 필요하듯이 도시가 유지되기 위해서는 물이 기본적으로 필요하다. 이같이 피에 비유될 수 있는 물을 도시 구석구석으로 잘 전달하기 위해서 물의 순환계가 필요하게 되었다. 이러한 필요에 잘 반응한 도시는 그 규모를 키워서 도시 간의 생태계에서 우위를 차지할 수 있었을 것이다. 역사를 살펴보면 이러한 요구에 가장 잘 반응한 도시는 로마였다. 고대 도시 로마는 당시로서는 최첨단 토목 기술을 이용해서 수로 네트워크를 건설하고 그 당시로는 엄청난 양의 물을 로마 시내로 공급했고, 이를 통해서 더 크고 효율적인 도시를 만들 수 있게 하였고, 더 많은 사람이 모여 살게 되었고, 더 강력한 제국을 건설하는 원동력인 강력한 수도를 만들 수 있었다. 로마 제국을 만들 수 있는 강력한 중앙 집권 시스템은 물 공급이 잘되는 고대 도시 로마가 있었기에 가능했다. 현재의 유적을 통해서 짐작건대 일 인당 로마 시민이 사용한 물의 양은 당시 다른 도시들과 비교해서 수십 배에 달했을 것이다. 우리가 잘 아는 카라칼라 목욕탕의 규모만 보더라도 물 소비의 규모를 짐작할 수 있다. 고대 로마보다 천 년이나 지난 시대에 살았던 루이 14세도 일 년에 한 번 목욕했다는데, 로마 시민들은 목욕탕에서 살다시피 했으니 고대 로마시의 물의 풍족함을 짐작하고도 남음이 있다. 지금도 로마에 가면 SPQR이라는 글자가 맨홀 뚜껑에 적혀 있는데, 이는 Senatus Populus-Que Romanus의 약자로 '원로원과 민회'를 뜻한다.

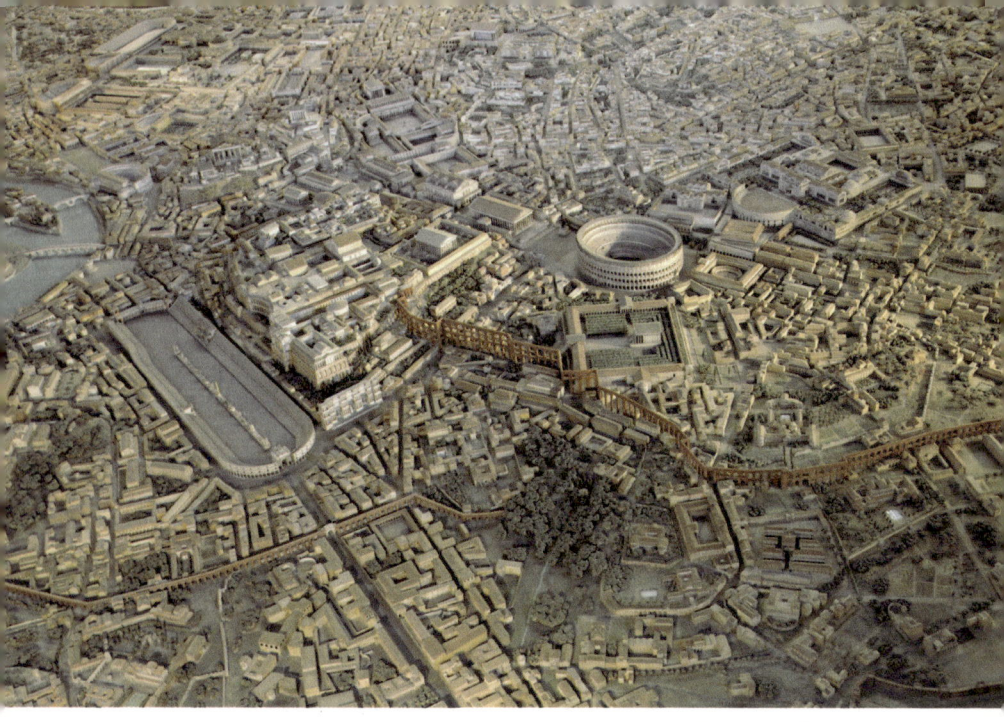

고대 로마 모형. 오른쪽부터 중심부로 길게 이어진(황토색 부분)
애퀴덕트(대수로, 수도교水道橋)가 도심으로 물을 전달해 준다.
애퀴덕트는 1천 분의 1정도의 기울기로 된 수로 건축물로, 시골의 개울물을 로마 시내까지 전달한다.

카라칼라 목욕탕

    도시의 상수도 시설은 유기체의 혈관 중에서도 동맥의 형성과 의미를 같이 한다고 볼 수 있는데, 그런 면에서 고대 로마는 순환계 부문에서 가장 먼저 진화한 도시라고 할 수 있다. 순환계 다음의 진화 단계인 신경계는 생명체 내에서 각기 다른 기관과 세포 간의 정보를 교환하는 것을 주요 목적으로 하고 있는데, 도시 시스템에 비유한다면 사람 간의 소통을 원활하게 해 주는 교통망이 이에 해당할 수 있을 것이다. 그렇다면 역사상 교통망이 가장 혁신적으로 발달했던 도시는 어디였을까? 도시 내의 교통망을 가장 혁신적으로 개선하여 진화의 다음 단계로 도약한 도시는 아마도 19세기 중반 오스만Georges-Eugène Haussmann에 의해서 도로망이 리모델링된 파리를 들 수 있을 것이다. 당시 거미줄처럼 복잡한 다른 유럽의 중세 도시 교통망과는 달리 사통팔달로 뚫린 파리의 방사형 교통망은 파리를 세계에서 도시 내 커뮤니케이션이 가장

파리의 방사형 도로망

앞선 도시로 만들어 주었다. 파리는 당시로서는 혁신적으로 하수도 설비도 되어 있었는데, 생명체에 비유한다면 혈관의 정맥 네트워크까지 완성된 도시 진화의 단계라고 볼 수 있을 것이다. 파리가 19세기를 대표하는 도시가 될 수 있었던 것은 우연이라기보다는 이 같은 진화의 단계에서 가장 앞서 나갔기 때문이다. 이후 지하철 네트워크의 개발까지 이어져서 파리는 오랫동안 전 세계에서 순환계와 신경계가 가장 진화된 도시라는 자리를 굳건히 지켰다. 생명체에서 진화의 다음 단계는 척추 신경계의 발생이다. 도시 진화적인 측면에서 척추 신경계에 비유될 수 있는 것은 전화망의 구축이라고 할 수 있을 것이다. 전화 전신 설비는 아시다시피 벨Alexander Graham Bell에 의해서 미국에서 가장 먼저 보급되기 시작했으며, 이러한 전화 통신 시스템이 잘 설치된 뉴욕은 20세기에 들어서서 세계를 이끌어가는 도시가 되었다. 이로써 뉴욕은 세계 금융의 중심인 월스트리트를 가질 수 있었고, 세계의 수도라는 면모를 갖추게 된 것이다. 전화 통신망이 척추 신경계 진화의 첫 단계라면 다음 단계인 인터넷 통신망의 구축은 그다음 세계 선도 도시가 될 수 있는 열쇠가 될 것이다. 양방향 커뮤니케이션의 기능이 강화된 케이블이나 인터넷은 감각신경계가 발달한 진화의 단계로 비유될 수 있을 텐데, 다행스럽게도 서울은 이러한 면에서 아주 진화된 도시 중 하나라고 할 수 있다. 가장 최근의 도시 진화 단계인 무선통신망의 구축은 도시가 물리적인 구성을 넘어서 영혼, 텔레파시 같은 영장류의 단계에 이르렀다고 볼 수 있을 것 같다. 서울은 무선인터넷이 잘되는, 신경망이 잘 구축된 도시다. 하지만 서울의 고질적인 교통 체증은 서울이 세계적인 도시로 부상하는 데 발목을 잡는 동맥경화 같은 병이다.

그렇다면 고등 척추동물 같은 수준으로 진화한 현대의 도시는 진화의 마지막 단계에 와 있다고 볼 수 있을까? 그에 대한 대답은 부정적이다. 순환계와 신경계 측면의 진화에서 바라본 도시의 진화 단계는 지금 유기체 진화의 최종 단계와 유사하다고 할 수 있지만, 실제로 에너지 소비의 관점에서 진화의 정도를 살펴보면 아직도 고대 도시 수준에서 하나도 진화하지 못했다고 해도 과언이 아니다. 아시다시피 도시라는 유기체의 생명을 유지하기 위해서 너무나도 많은 에너지가 소비되고 있다. 실제로 도시가 바람직한 다음 단계로 진화하기 위해서는 실질적으로 유기적인 성격을 더 가져야 한다. 좀 더 정확하게 말한다면, 다른 개체의 에너지를 흡수 소비하는 동물성이 아닌, 태양 빛으로부터 스스로 에너지를 생성시키는 식물성의 유기체적인 특징을 더 가져야 한다고 말해야

137

할 것이다. 지금의 도시는 다른 생명체에 기생해서 에너지를 소비하면서 생존한다는 면에서 영화 〈매트릭스Matrix〉(1999)에서 에이전트 스미스가 말한 것처럼, 진화한 유기 생명체라기보다는 생명 진화의 초기 단계인 바이러스에 더 가까운지도 모른다.

화폐 속 건축가

한 나라의 화폐에는 그 나라에서 가장 존경받는 인물이 그려져 있다. 로마 시대 때는 황제의 얼굴이 동전에 새겨져 있었다. 20세기 이후 각 나라는 각기 내세우는 인물을 종이돈 위에 그려 넣었다. 화폐 속 인물을 보면 그 나라 국민의 가치관이 드러난다. 얼마 전에 우연히 스위스 프랑 화폐를 보았다. 그 안에는 놀랍게도 근대 건축가 중 대표적 거장으로 추앙받는 건축가 르코르뷔지에의 얼굴이 인쇄돼 있었다. 자국 화폐에 건축가를 넣은 국가는 스위스 이외에도 핀란드가 있다. 핀란드는 코르뷔지에와 더불어 근대 건축의 4대 거장 중 한 명으로 꼽히는 알바르 알토Hugo Alvar Henrik Aalto의 얼굴이 그려져 있다. 건축가의 한 사람으로서 정말 부러운 국가 가치관이 아닐 수 없다. 우리나라 화폐를 보면 왕, 정치가, 군인만 그려져 있다. 어느 모임을 가든지 정치가들만 대접받는 사회 분위기가 화폐에 그대로 드러나 있다. 2009년부터 5만 원권 지폐에 신사임당이 들어갔다. 겉보기에는 그림도 잘 그리는 현모양처 문화인이 선정됐다고 말할 수 있겠다. 하지만 내 생각에는 신사임당이 이율곡을 낳아서 전국 수석을 시킨 어머니라는 프로필이 없었다면 선정되지 않았을 것 같다. 자녀를 좋은 대학에 보낸 어머니가 추앙받는 사회적 분위기가 그대로 반영된 것이라고 볼 수 있다. 학원이 아파트 상가를 빼곡히 채운 환경이나 5만 원권의 신사임당이 일맥상통한다고 볼 수 있다.

몇 해 전 인기리에 방영된 〈꽃보다 할배〉라는 TV 프로그램에 프랑스 스트라스부르의 노트르담 대성당이 나왔다. 이 성당은 7백 년간 지은 감동적인 건축물이다. 건축을 중시하는 문화가 있었기에 그런 성당이 가능했는지, 아니면 그런 건축이 있었기에 건축가를 존경하는 가치관이 유럽에 생겼는지, 어느 것이 먼저인지는 알 수 없다. 하지만 결과적으로 유럽의 여러 국가는 대표적인 건축물과 건축가 둘 다 가진 문화 선진국이 되었다. 반면 우리나라에서는 건축을 저급한 노동 행위로 폄하하는 경향이 있다. 컴퓨터 소프트웨어를 만드는 것만이 지식 산업이 아니다. 건축 설계 작업도 나라를 세우는 중요한 지식 산업이다. 클래식 음악, 그림, 조각만이 예술이라 볼 수는 없다. 건축도 그 나라의 모든 것을 담아 후대에 남겨 주는 예술이고 문화고 정신이다. 옛날에 어느 왕이 성당 공사 현장에서 석공 노동자에게 무슨 일을 하느냐고 물었다고 한다. 한 명은 돌을 깎고 있다고 하고, 한 명은 성당을 짓고 있다고 답했다. 두 번째 같은 생각을 가진 석공 덕분에 유럽의 여러 나라가 훌륭한 건축 문화를 후대에 남길 수 있었다. 우리도 그런 문화가 자리 잡기를 기대해 본다. 우리는 건축 자재로 건축물을 만들지만, 시간이 지나면 건축이 다시 우리의 삶과 정신과 문화를 만든다.

스트라스부르의 노트르담 대성당

강남과 북한

우리나라에는 건축 설계를 가르치는 대학이 200군데가 넘는다. 우리보다 훨씬 큰 미국이 50군데 조금 넘는 것과 비교하면 많아도 너무 많다. 이 같은 현상은 1970년대 산업화와 중동의 건축 붐에서 기인했다고 볼 수 있다. 대외적으로는 오일 머니를 기반으로 한 중동의 건축 수요가 있었고, 대내적으로는 베이비 붐과 산업화를 거치면서 농촌 인구가 대거 도시로 이동하며 건축의 수요를 키웠다. 덕분에 건축 붐과 함께 한국 경제도 성장했다. 보통 개발 도상국에서 발전하는 가장 큰 원동력은 시골에서 도시로의 인구 이동이다. 경제학자들은 보통 도시화의 비율이 80퍼센트 정도 수준이 되면 도시화가 마무리되었다고 본다. 현재 우리나라 도시화의 비율은 92퍼센트 정도다. 도시로의 인구 이동이 끝났다고 보는 것이 옳다. 그래서 우리나라의 건축 시장은 축소되는 중이다. 다른 말로 경제 성장의 큰 부분을 차지하던 엔진이 멈춰 섰다고 볼 수 있다. 이 과정에서 대형 설계 사무소들은 어려움을 겪고 있다. 그래서 지난 10년간 건축 설계 분야는 해외 진출을 도모했다. 하지만 선진국 진입은 어려웠고, 아프리카와 중국에 진출했지만 별 재미를 보지 못했다. 특히 중국에서는 아이디어만 도용당하고 설계비를 못 받은 경우가 허다했다. 최근 들어서는 해외 진출이 만만하지 않음을 깨닫고 같은 언어를 사용하는 북한에 눈을 돌리는 듯하다. 북한의 미개발 상황은 마치 1960~1970년대 한국을 보는 듯하기 때문이다. 그래서 지난 몇 년간 건축계에서는 북한에 관한 연구가 활발하다. 이것은 생존을 위한 몸부림이기도 하다. 이들에게 북한은 한국 건축계의 '강남'이고 '중동'이다. 그래서 이들은 과거 황금기에 대한 노스텔지어를 가지고 북한을 바라보는 것 같다.

태양광을 비롯한 친환경 에너지 기술은 이미 우리 주변에 개발되어 있다. 하지만 시장성이 없어서 별로 사용하지 않는다. 전문가들은 석유가 배럴당 300달러 정도가 될 때야 등 떠밀려 너도나도 할 것이라고 한다. 마찬가지로 우리나라와 북한의 경제 협력은 IMF 사태나 미국발 금융 위기급의 사태가 있어야 어쩔 수 없이 하지 않을까 생각된다.

2025년 현재 극동아시아의 정세는 한국 전쟁 이후 가장 불안하다. 수퍼 파워인 미국의 힘이 약해지고 중국이 부상한 것이 가장 큰 변수일 것이다. 한반도의 역사는 항상 주변 강대국들의 힘의 균형에 의해서 결정 난 경우가 대부분이었다. 나는 비관론자이면서 동시에 긍정론자다. 이러한 국제 역학의 변화와 지구 온난화가 만든 북극 항로의 발전이 궁극적으로는 더 밝은 미래를 만들 것이라고 기대한다. 나의 꿈은 북한, 만주, 몽골까지 포함한 자유 민주주의 네트워크 체제의 '유나이티드 코리아'다.

6장
강북의 도로는 왜
구불구불한가:
포도주 같은 건축

층층이 퇴적된 삶의 역사

팔림프세스트(Palimpsest, 복기지複記紙)란 단어가 있다. 이 단어는 원래 양피지 위에 글자가 여러 겹 겹쳐서 보이는 것을 말한다. 종이가 발명되기 전 양피지에 글을 쓰던 시절에는 귀한 양피지를 재활용하기 위해서 이미 쓰여 있는 글자를 지우고 그 위에 다시 글자를 써서 이전에 쓴 글자들 위로 새로이 쓴 글자가 중첩돼 보이는 일이 흔했다. 이런 뜻의 단어가 건축에서는 오래된 역사적 흔적이 현재의 공간에 영향을 미치는 것을 은유적으로 설명할 때 사용되고 있다. 가장 손쉬운 예로 강북의 복잡한 도로망을 들 수 있다. 과거 도시에는 상하수도 시설이 부재했다. 하지만 상하수도 시설은 인간이 살기 위해서는 가장 기본적인 요건 중의 하나다. 우리나라는 화강암 암반이어서 지하수가 깨끗하다. 따라서 상수도는 우물로 해결했고, 하천을 하수도로 사용했다. 그래서 이런 인프라가 구축되기 전인 조선 시대 때 주거들은 한강의 지류 하천을 따라서 형성될 수밖에 없었다. 자연스럽게 실개천 주변으로 주거들이 들어서게 되고, 그 옆으로 사람과 말들이 지나다니면서 자연 발생적으로 도로가 만들어지게 된다. 이 시대의 도시는 수변 공간 주변으로 빨래도 하고 상하수도 시설로 사용하는 커뮤니티가 자연스럽게 형성되었다고 볼 수 있다. 하지만 이후 인구 밀도가 높아지면서 하천의 위생적 문제가 심각해지고 동시에 자동차 도로의 확보가 도시 형성에 가장 중요한 필요조건으로 부각되면서 하천 부지는 대부분 복개되어 도로로 사용되었다. 그래서 지금의 강북 도로망은 많은 부분이 구불구불한 자연 하천과 같은 모습을 갖게 된 것이다. 대형 간선도로가 들어서게 되면서 과거 하천 중심으로 커뮤니티의 중심권이 형성됐던 것과는 반대로 도로가 기존 커뮤니티를 나누는 문제가 대두되었고 지금까지 이르게 되었다. 이처럼 과거의 기술적 한계와 오랜 시간의 역사가 현재 우리가 사는 공간을 규정하고 영향을 미치게 되는 것을 알 수 있다.

가장 오래된 도시 중 하나인 로마는 팔림프세스트의 대표적인 도시다. 로마는 과거 인구가 100만 명에 이르다가 콘스탄티노플로 수도를 옮기면서 완전히 버려진 도시가 되었다. 이후 수백 년 동안 사람이 살지 않았던 로마는 도시를 가로지르는 테베레강의 범람 때문에 6미터가량의 퇴적층이 쌓여서 과거 유적들이 덮였고, 이후 꾸준히 인구가 늘게 되면서 점차 고대 로마의 도시 흔적이 다른 종류의 도시 공간으로 전이된 경우가 많다. 대표적인 예가 과거 도미티아누스 경기장이었던 곳이다. 1453년 동로마 제국이 멸망한 후 피난민들이 로마로 돌아왔을 때 그들이 본 것은 절반 이상이 흙에 묻힌 경기장의 모습이었다. 집이 필요했던 이들은

나보나 광장. 과거 도미티아누스 경기장이 있던 곳으로, 좁고 긴 광장 주변에 건물들이 들어서 있다.

버려진 경기장의 건축 재료를 가져다가 주변에 집을 지었고, 그렇게 경기장 모양으로 나보나 광장이 만들어진 것이다. 실제로 내가 나보나 광장의 뒷골목 어느 식당에 갔을 때 식사하던 위치가 과거 경기장의 어느 좌석쯤인지 알려 주는 안내지를 본 적이 있다. 도미티아누스 경기장은 없어지고 바로크 시대에 베르니니에 의해서 아름다운 분수가 있는 광장으로 바뀌었지만, 말굽 모양으로 되어 있는 특이한 나보나 광장의 형태는 과거 로마 시대의 경기장이 있었기에 가능한 일이었다.

유럽의 도시들은 로마 시대 때 만들어진 도시와 중세 시대 때 만들어진 도시로 나누어지는데, 영화 〈글레디에이터〉에 나오듯이 과거 로마의 도시에는 대부분 검투사 경기를 위한 원형 경기장이 있었다. 유럽 여행 중 방문한 도시에 원형 경기장이 있으면 그것은 로마 제국 시기에 만들어진 도시다. 경우에 따라서 로마 시대에 만들어진 도시인데도 원형 경기장이 없다면 원형 광장이 있는지 잘 찾아보시기 바란다. 로마 제국이 멸망한 후에 주민들이 당시로서도 귀한 건축 재료였던 돌을 얻기 위해서 원형 경기장의 돌을 뜯어냈고, 돌이 무거운 관계로 멀리 가지 않고 원형 경기장 주변에 건물을 지어서 살게 되었다. 그러면서 원형 경기장이 있던 자리는 텅 비게 되고 주변으로 건물이 들어서서 원형 모양 광장이 자연스럽게 생겨나는 경우를 보게 된다. 어떤 경우에는 원형 경기장 자체를 집합 주거로 변형시켜서 사용하기도 한다.

이렇듯 역사가 깊은 도시들은 마치 여러 장의 트레이싱페이퍼(투사지) 그림들이 쌓여 있는 것과도 같다. 따라서 도시 디자인은 쌓여 있는 여러 장의 트레이싱페이퍼 그림들을 한 장씩 조심스럽게 살피면서 어느 부분은 지우고 어느 부분은 살리면서 상호 관계를 조절해 오늘의 이야기를 하는 그림을 만들어 가는 일이라고 할 수 있다. 5백 년이 더 된 우리나라의 수도 서울 역시 여러 시대에 걸쳐서 많은 이야기의 층들이 쌓인 도시다. 이를 잘 이용하는 건축이 나오기를 기대해 본다.

소주·포도주의 건축학

우리가 흔히 건축이라고 말하면 사람들은 벽돌을 쌓아 집을 짓고, 도로를 깔고, 지붕을 만들고, 창문을 만드는 일을 상상한다. 과연 이러한 눈에 보이는 것을 만들어 내는 행위들이 건축의 전부일까? 그렇지 않다. 눈에 보이는 현상 너머로 잠시만 살펴본다면 앞서 말한 건축 행위들은 궁극적으로는 사람의 삶을 디자인하기 위한 것들임을 알 수 있다. 연극할 때 우리는 시나리오를 작성하고 무대 디자이너는 그 스토리에 맞춰서 이야기를 전달하기 위해 최소한의 공간과 재료로 최적의 무대 세트를 디자인한다. 건축도 마찬가지다. 건축가는 먼저 사람의 행위를 디자인해야 한다. 이것은 마치 작가가 각본을 먼저 쓰는 것과도 같다. 연극 각본 없이 무대 세트가 디자인될 수 없듯이, 건축가는 사회와 삶의 모습을 그리는 각본이 나오기 전에는 건축물을 디자인해서는 안 된다. 건축은 언제나 인간을 위한 것이었다. 하나님의 집이라는 성전조차도 결국에는 인간이 하나님을 경배하기 위한 장소이지, 하나님이 집이 없는 분이라서 지은 것은 아니다. 절이나 다른 종교 건축물들 역시 인간의 행위를 위한 장소를 제공하는 건물이다. 인간이 어떠한 행위를 할 때, 그 행위에 걸맞은 환경을 연출해 주기 위해서 건축이 무대를 제공하는 것이다. 연극의 스토리는 빈약한데 무대 장치만 블록버스터급으로 해 놓으면 안 되듯, 너무 부족해도 안 되지만 너무 과해도 안 되는 것이 건축물이다.

좋은 건축물은 소주가 아니라 포도주와 같다. 소주는 공장에서 화학 공식에 따라서 대량 생산되는 술이다. 소주는 생산하는 사람이나 지역의 다양성이라는 가치가 반영되지 않고, 인간과 격리된 가치를 가지는 술이다. 건축물에 비유한다면 찍어 내듯이 양산되는 아파트나 지역성이 전혀 반영되지 않은 국제주의 양식에 해당한다고 할 수 있겠다. 반면, 포도주는 좋은 건축물 같다. 같은 종자의 포도라도 생산되는 땅의 토양에 의해서 다른 포도가 생산되고, 같은 종자의 포도와 같은 밭이라고 하더라도 그 해의 기후에 의해서 다른 포도가 만들어지며, 똑같은 재료라고 하더라도 포도를 담그는 사람에 의해서 다른 맛이 만들어지는 것이 포도주다. 따라서 하늘과 땅과 사람이 하나로 조화를 이루어서 세상에 단 한 종류밖에 없는 포도주가 완성되는 것이다. 건축도 이같이 지구상에 단 하나밖에 없는 땅 위에 특별하게 주어진 프로그램에 특정한 건축가가 개입되어서 단 하나의 디자인이 나와야 한다. 지금처럼 지역성과 건축가가 배제된 상태에서 TV 광고로 포장된 건설사의 아파트 브랜드로는 좋은 건축물이 만들어질 수 없다. 그렇다면 어떠한 것이 포도주 같은 건축일까? 몇 가지 예를 알아보자.

복합적 삶, 유일한 땅, 지혜로운 해결책

우리의 삶은 개개인 하나만 살펴보아도 복잡하고 파악하기 힘들다. 그런데, 건축은 그러한 개인들이 모여서 이룬 더 복잡하고 심오한 사회를 담아내는 장치다. 이 복합적 삶들을 담아낼 뿐 아니라 경우에 따라서는 인간 행동들을 건축을 통해서 조절하기도 해야 한다. 그리고 어떠한 건물을 짓든 그 건축물이 들어서는 땅은 세상에 하나밖에 없는 곳이다. 모든 땅은 위도가 같으면 경도가 다르고, 경도가 같으면 위도가 다르다. 그 땅의 주변 상황들을 살펴보면 같은 조건인 땅은 없다. 따라서 우리가 이 세상에 제대로 된 건축물을 짓기 위해서는 주어진 땅에 대한 이해와 그 땅 위에서 일어날 프로그램이 조심스럽게 다루어져야 한다. 이때 여러 가지 주어진 조건들이 서로 충돌하기도 하고 때로는 서로 다른 조건들이 만나서 시너지 효과를 이루기도 한다. 이러한 긴장감 도는 줄다리기 줄 위에서 아름다운 춤을 추어야 하는 것이 건축가의 일이다. 그렇기 때문에 건축가는 경제, 심리, 인간 행동, 문화, 기술, 각종 사회 현상 등 여러 가지 요소 간의 상호 관계를 이해해야 한다. 그리고 거미줄처럼 짜인 이들 요소 간의 관계망을 이용해서 아름다운 거미집을 만들어 낸다는 생각으로 작업해야 한다.

꼭두각시 인형들을 보고 있노라면 스스로 움직이는 것처럼 보인다. 하지만 실제로는 그 위에서 사람이 줄을 이용해 춤추게 하거나 걷게 하는 등 여러 가지 움직임을 만들어 내는 것임을 알 수 있다. 이 꼭두각시 인형의 줄들이 바로 건축가가 디자인하는 벽, 기둥, 창문, 슬래브(철근 콘크리트 구조의 바닥) 같은 물질로 이루어진 건축 요소들이다. 이 줄들이 모여서 도시라는 인형과 그 안의 사람을 춤추게 한다. 하지만 물질이 합쳐져서 나타나는 건축'물'이 궁극적인 목표여서는 안 된다. 그 이후에 만들어져야 하는 아름다운 인간의 삶이 우리 건축가가 궁극적으로 바라보고 목표로 삼아야 하는 지향점이다. 이러한 복잡한 관계망 속에서 지혜롭게 해결책을 찾은 좋은 사례가 뉴욕에 있다. 개인적으로 가장 훌륭한 오피스 건축물이라고 생각하는 뉴욕 시티그룹 센터Citigroup Center다. 이 건축물에는 도시적 사고, 경제적인 혜안, 건축가로서의 타협과 중재 능력, 창의적 생각, 구조적 기술력, 법규의 기발한 활용, 친환경적 사고 등등 이루 헤아리기 힘들 정도의 장점들이 종합된 건축물이다. 한번 살펴보자.

어느 건축주가 자기 땅과 그 옆의 땅을 합쳐서 큰 필지를 만들어 고층 건물을 짓고 싶었다. 그런데 문제는 그 옆 땅에 있는 오래된 단층짜리 교회가 이사 가고 싶어 하지 않았다. 속된 말로 '알박이'가 되었다. 한국 같으면 고층 건물 프로젝트를 포기하거나 조폭을 동원해서 교회를 몰아냈을 것이다. 하지만 건축가는 미국의 '공중권(air-right)'이라는 법규를 이용하여 전화위복을 만들었다. 미국에는 공중권이라는, 우리나라에는 없는 건축 법규가 있다. 이는 대지의 용적률로 보아 30층까지 지을 수 있는 땅이지만 현재의 건축주가 1층짜리 건물만 가지고 있고 이를 부수고 다시 지을 계획이 없을 경우, 자신의 땅 위에 지을 수 있는 29층의 권리를 옆의 땅 주인에게 팔 수 있는 법이다. 지혜로운 건축가는 교회로부터 이 공중권만 양도받아 오히려 주변 건물보다 더 눈에 띄게 높은 빌딩을 지을 수 있는 방법을 찾아냈다. 일단 교회당을 멋있게 새로 지어 주었다. 그리고 교회당 지붕 위로 건물을 짓기 시작했다. 그러다 보니 지상부터 12층 정도까지 건물 매스[13]를 띄워서 지어야만 했다. 그렇게 함으로써 햇빛이 잘 드는 지상층 부분을 공공에 완전히 기부한 형태의 계획안을 만들었다. 그리고 시민에게 오픈된 공개 공지가 많게 함으로써 뉴욕시로부터 좀 더 높게 지을 수 있는 인센티브를 추가로 더 받게 되었다. 이때 지상 광장에 필로티[14] 형식으로 기둥이 많이 들어가면 광장의 느낌이 좋을 수 없으므로 과감하게 기둥 네 개로 지탱하는 고층 건물을 만들었는데, 더 놀라운 것은 이 네 개의 기둥이 사각형의 꼭짓점에 있는 것이 아니라, 각 변의 중앙에 있다는 점이다. 그렇게 한 이유는 교회당이 고층 빌딩의 네모진 평면의 꼭짓점 부분에 있어서 그 위치에 기둥을 넣을 수 없었기 때문이다. 교회에 대한 배려로 필연적으로 기둥이 변의 중심에 오게 된 것이다. 구조적으로 이를 해결하기 위해서 건축가는 여러 개 층씩 묶어서 입면에 있는 역삼각형 형태의 구조체에 묶고 이 역삼각형의 아래쪽 꼭짓점은 각 변에 있는 하나의 기둥으로 내려오게 디자인하였다. 이렇게 함으로써 네 모서리가 열리고 12층 높이의 공간이 비워진 멋진 도심 속의 외부 공간이 만들어지게 되었다. 이 광장은 아주 성공적이어서 주변의 사무실에서 일하는 많은 사람이 점심시간만 되면 이 광장에 모여서 샌드위치를 먹으며 휴식을 취하고 있다.

고층 건물의 경우 구조적으로 가장 문제가 되는 것은 자체 하중보다도 높은 곳에서 더 빠르게 부는 바람이다. 바람이 불 때 발생하는 풍압력을 견디기에 네 개의 기둥은 좀 불안했다. 평상시에는 문제가 안 되지만 허리케인 같은 센 바람이 불 때는 문제가 심각해진다는 구조 계산이 나왔다. 이 문제를 해결하기 위해서 건

뉴욕 시티그룹 센터

뉴욕 시티그룹 센터의 지상층 외부 광장. 왼쪽 앞에 있는 건물이 단층짜리 교회다.

축가는 빌딩의 고층부에 튠드 매스 댐퍼Tunned Mass Damper라는 기계 장치를 해 놓았는데, 무거운 추가 네 개의 끈에 매달려 있고, 바람이 불어오는 방향으로 추가 이동하게 만든 장치이며, 빌딩 내부에 설치했다. 그렇게 함으로써 풍압력에 카운터 밸런스를 맞추어 주는 식으로 구조적인 보강을 했다. 이 기법은 지금도 대만의 '타이페이 101' 같은 초고층 건물에 사용되는 기법이다. 그리고 이 빌딩은 오일쇼크가 있었던 시대에 디자인되었는데, 에너지 위기에 대한 대책으로 빌딩의 옥상 부분을 남쪽을 향한 사선으로 기울여서 사선의 지붕 위에 태양광 집열판을 설치해 전기를 생산하게 했다. 원래의 계획은 빌딩에서 사용하는 에너지의 상당 부분을 충당하려 했으나, 실제로는 아주 소량의 전기만 생산할 수밖에 없어서 초기의 목적은 달성하지 못했다. 하지만 덕분에 '엠파이어 스테이트 빌딩', '쌍둥이 세계무역센터'와 더불어서 뉴욕의 스카이라인을 대표하는 언밸런스 모양의 첨두가 만들어지게 되었다. 이 같은 여러 가지 노력으로 기존의 교회는 계속해서 그곳에 있을 수 있었고, 시행사는 주변 건물보다 더 높은 멋진 빌딩을 얻을 수 있었으며, 시민들은 크고 멋진 광장을 얻었고, 뉴욕시는 새로운 스카이라인을 얻을 수 있었다. 시티그룹 센터는 이렇게 제한된 규칙 내에서 건축가의 창의적인 디자인을 통해서 모든 사람을 행복하게 만든 대표적인 예가 아닌가 싶다. 개인적으로 이 빌딩을 보고 있노라면, 1991년 NBA 결승전에서 LA 레이커스의 네 명의 수비진을 공중에 뜬 상태에서 이리저리 제치고 멋진 레이업 슛을 하던 마이클 조던이 연상된다. 건축가란 자고로 제한적 조건에서 이런 창조적인 디자인 해결책을 제시해야 한다. 시티그룹 센터가 도시 속에서 사회적, 경제적, 법률적, 기술적 종합체라면, 건축물의 용도와 지형과 주변 건물을 적극적으로 잘 이용한 사례는 워싱턴 D.C.에 있는 베트남전쟁재향군인기념관이 대표적이다.

베트남전쟁재향군인기념관:
역사와 땅과 사람을 이용한 디자인의 백미

미국 역사상 최초의 패전으로 기록된 베트남 전쟁에서 전사하거나 실종된 58,202명을 위한 기념관을 디자인하는 것은 쉽지 않은 일이었다. 이 기념관은 현상 설계[15]로 공모되었고, 이 역사적인 기념관의 설계 당선자가 당시 예일대학교를 다니던 21세의 마야 린이라는 사실에 세계는 놀라지 않을 수 없었다. 기존의 기념관들은 대부분 클래식 양식을 따온 건물에 동상이 세워져 있는 형식을 취했는데, 이러한 고정관념을 깨고 당시 마야 린은 자연 조경 자체가 기념관이 되는 혁신적인 아이디어로 당선되었다. 출품 당시의 패널을 보면, 파스텔로 적당히 그린 스케치와 A4 용지 한 쪽 분량 정도의 텍스트가 전부였다. 이러한 훌륭한 작품을 디자인한 마야 린도 대단하지만, 그러한 눈에 띄지 않는 프레젠테이션을 보고서 엄청난 가능성을 발견한 심사위원도 대단하다는 생각이 든다. 역시 성공적인 현상 설계는 49퍼센트의 뛰어난 건축가와 51퍼센트의 훌륭한 심사위원에 의해서 만들어지는 것이다. 어쨌든 감동적인 텍스트 덕분에 당선되었던 이 작품은 진정 위대한 작품이다.

디자인을 설명하기 이전에 먼저, 이 기념관이 들어서게 된 대

157

지의 주변 환경부터 설명할 필요가 있다. 미국의 수도인 워싱턴 D.C.는 오래된 계획도시인데, 격자형과 방사형의 도로가 합쳐진 형태의 도시 도로망 체계를 가지고 있다. 이 도시의 중심부에는 '내셔널 몰'이라고 해서 '워싱턴 기념탑', '링컨 기념관', '국회의사당'이 일렬로 축을 이루는 기념관 공원이 있다. 뾰족한 오벨리스크 형태의 '워싱턴 기념탑'과 AFKN 방송을 시작할 때 미국 국가와 함께 나오는 흰색 링컨 동상이 들어서 있는 파르테논 신전 비슷한 '링컨 기념관' 사이에는 커다란 직사각형 형태의 인공 연못이 놓여 있다. 이 연못은 영화 〈포레스트 검프Forest Gump〉를 보신 분은 잘 아실 텐데, 영화 속에서 주인공의 여자 친구가 물을 가로질러 건너오는 그 연못이다. 베트남전쟁재향군인기념관Vietnam Veterans Memorial은 워싱턴 기념탑과 링컨 기념관을 연결하는 축선에서 북측에 위치한 공터에 자리 잡고 있다. 현상 설계에 참여한 건축가들은 미국을 대표하는 두 자랑스러운 대통령의 기념관 사이에 미국의 부끄러운 패전의 기념관을 설계해야 하는 도전에 직면했는데, 마야 린은 'Vietnam(베트남)'의 'V'를 연상케 하는 V자 형태로 비스듬히 땅을 깎은 후, 옹벽처럼 생겨난 벽을 검은 돌로 마감한 뒤, 그 검은 돌에 58,202명의 전사자 이름을 새겨 넣었다. 또한 주변 콘텍스트를 이용해서 V자 형태의 양쪽 끝 꼭짓점은 각기 워싱턴 기념탑과 링컨 기념관을 향하게 했다. 관람객의 체험을 살펴보면, 각 꼭짓점에서 진입하는 사람들은 인식하지 못할 정도로 완만한 경사로를 따라서 내려가게 된다. 걸음을 내디딜수록 옆에 있는 검은 벽은 서서히 그 면적이 늘어나고, 자기도 모르는 사이에 벽은 자신의 키보다 더 높아져 있게 된다. 벽이 들어선 반대쪽 면은 잔디밭이 펼쳐진 아름다운 경관이다. 방문객들은 마치 의식

베트남전쟁재향군인기념관 전경

워싱턴 D.C.에 있는 베트남전쟁재향군인기념관

도 못한 채 걷잡을 수 없이 빨려 들어가게 된 베트남 전쟁처럼 어느덧 자신의 머리가 주변 지면보다 낮은 지대로 들어와 있게 된다. '호랑이는 죽어서 가죽을 남기고, 사람은 죽어서 이름을 남긴다'라는 격언처럼 기념관의 검은색 벽면에는 전사자의 이름들이 하나하나 아로새겨져 있다. 그리고 건축가는 검은 대리석의 표면을 물갈기[16]로 처리하여 거울같이 반짝거리게 만들어서 주변 이미지를 반사하게 했는데, 이로써 비석을 바라보는 관람객은 전사자의 이름과 함께 자신의 얼굴을 비쳐 보게 된다. 전사자의 이름과 겹쳐 보이는 자기 얼굴은 살아남은 사람으로서의 책임을 한번 더 생각하게끔 만든다. 이렇게 죽은 사람을 기리는 슬픈 애도의 시간을 보내고 반대쪽 꼭짓점으로 걸어 나올 때는 워싱턴 기념탑 혹은 링컨 기념관같이 미국 정신을 대표하는 자랑스러운 기념관을 바라보면서 밝은 미래를 생각하는 긍정적인 마음을 가지고 올라오게 되어 있다. 한 편의 영화와도 같이 기승전결이 펼쳐지는 가슴 벅찬 시퀀스를 갖고 있는 기념관이다. 주변의 콘텍스트를 이보다 더 잘 이용한 기념관은 아마도 없을 것이다. 훌륭한 건축은 대지에 존재하는 에너지를 잘 이용하는 건축이고, 더 훌륭한 건축은 좋지 못한 에너지까지도 좋게 이용할 줄 아는 건축이다. 베트남전쟁재향군인기념관은 자체가 가지고 있는 어두운 기억을 최소한의 건축적 장치를 통해서 아름다운 자연과 주변 콘텍스트를 이용하여 기가 막힌 한 편의 드라마를 연출한, 기념관 중 최고라 할 수 있다.

제7장
교회는 왜
들어가기 어려운가

불편한 교회, 편안한 절

얼마 전에 특정 종교를 가지고 있지 않은 친구가 이런 이야기를 했다. 불자가 아닌 자기도 절은 들어가기에 무리가 없고 편하지만, 교회는 부담스러워서 들어가게 되지 않는다고. 왜 이런 현상이 일어나는지 건축적으로 살펴보자.

절과 교회 건축의 공평한 비교를 위해서 서울의 봉은사와 충현교회를 비교해 볼까 한다. 둘 다 강남에 위치하고 규모도 대형 종교 시설로서 비슷하다. 우선 절은 교회의 주일 예배와는 달리 정해진 시간에 한꺼번에 모이는 집회 중심이 아니다. 대신에 혼자 자신이 원하는 시간에 찾아가서 개인적으로 기도를 하는 경우가 더 많다. 다른 건축물에 비유하자면 절은 미술관이고, 교회는 경기장에 비유할 수 있겠다. 미술관은 특정 시간에 사람이 몰리지 않고 분산돼서 사용되지만, 경기장은 몇 시간의 경기 시간 전후로 사람의 이동이 많은 시설이다. 이러한 운영상의 차이점이 일단 두 종교 시설의 공간적인 특징을 규정한다. 우선 절을 살펴보자. 재미난 것은 절은 시대가 변했음에도 불구하고 대부분 전통 건축의 모양새를 유지하고 있다. 우리의 전통 건축은 단일 대형 건축물보다는 중소 규모의 건축물들이 마당, 조경과 함께 군집한 형태를 띠고 있다. 이런 특징은 서울 도심 한복판에서도 동일한 형태로 유지된다. 따라서 봉은사 역시 다양한 작은 불당들이 흩어져서 배치되어 있다. 그리고 우리나라 전통 건축은 대부분 단층으로 되어 있고 지붕이 중시되는 건축적 특징이 있다. 그래서 절의 건축은 기와지붕이 길게 나오고 그 아래에 많은 처마 공간이 있다.

절에서는 대형 집회 공간이 필요한 경우가 많지 않다. 그런 집회가 있다고 해도 거대한 마당 같은 외부 공간에서 모인다. 따라서 대형 건물이 없다. 건물에서 처마 공간은 내부와 외부의 중간적인 역할을 해서 건축물을 보는 사람들이 부담을 느끼지 않게 해 준다. 단층으로 된 건물에서 지붕의 곡선은 전체 입면의 절반 정도를 차지하고 있어서 부드러운 느낌을 주기도 한다. 그리고 무엇보다도 건물과 건물 사이로 연결되는 조경으로 처리된 외부 공간은 물 흐르듯이 자연스럽게 전체 단지를 관통한다. 그래서 방문객들은 그 사이를 산책하듯이 넘나들 수 있다. 이런 이유에서 절의 건축물은 영내에 들어온 사람들을 압도하지 않고 걷는 사람들이 편하게 주변을 둘러볼 수 있게 하는 한국 전통 건축의 특징을 가지고 있다. 거의 절반이 공원이라고 할 수 있는 것이다.

반면에 교회 공간은 일주일에 한 번씩 열리는 주일 예배 중심으로 운영된다. 그리고 사람들이 같은 시간에 한꺼번에 몰린다. 따라서 모든 사람이 모일 수 있는 커다란 예배 공간이 있는 대형

삼성동에 있는 봉은사(위)와 역삼동에 있는 충현교회

건축물이 필요하다. 유럽의 대형 성당들의 돔도 결국에는 대형 내부 공간을 만들기 위해서 필요했던 건축 기술이다. 주로 교회는 도심 내에 위치하기 때문에 향후 건물이 추가돼도 계획된 외부 공간 없이 그저 옆의 땅에 지어지는 경우가 대부분이다. 이런 이유에서 교회는 절에 비해서 모든 건축물이 상대적으로 크고, 외부 공간은 고려되어 있지 않다. 유럽의 대형 교회는 사실 규모가 크지만, 항상 그 건축물의 크기와 비슷한 규모의 광장이 앞에 있고 광장 주변으로 상점들이 위치해서 자연스럽게 시민을 위한 대형 외부 공간을 제공하게 된다. 이러한 공간 구조가 생긴 배경은 예배당을 지을 때 돌을 쪼아야 하는 작업 공간이 필요한데, 광장이 그 역할을 했기 때문이다. 그리고 그 작업장 주변으로 공사 인부들을 위한 가게들이 생겨나면서 도시가 형성된다. 수십 수백 년의

이탈리아 밀라노에 있는 밀라노 대성당.
사진 중앙의 성당 앞 넓은 광장에 많은 사람이 쉬거나 오가는 모습을 볼 수 있다.

성당 공사가 끝나면 그곳은 빈 광장이 되어서 예배를 마치고 쏟아져 나오는 사람을 받는 도심 속 중요한 외부 공간으로 만들어지게 되는 것이다. 하지만 우리나라의 교회 건축물들은 대형 예배당만 있을 뿐 건물 주변의 광장 같은 외부 공간이 없다. 아주 가끔 빈 공간이라도 주차장 정도가 있을 뿐이다.

같은 브랜드의 의류 매장이라도 백화점에 위치한 매장이 독립된 상점보다 매상이 높다고 한다. 그 이유는 문이 달리지 않은 백화점 매장은 문을 열고 들어가야 하는 독립된 상점보다 손님이 편하게 들어갈 수 있기 때문이다. 절의 대부분의 공간은 외부 공간으로 구성되어 외부 사람이 들어와도 그저 정원 마당에 들어가는 느낌으로 쉽게 접근할 수 있다. 마치 백화점 매장에서 옷걸이 사이의 빈 공간으로 자연스럽게 들어가게 되는 것과 마찬가지다. 절은 점원이 와서 조금만 부담을 주면 그냥 슬쩍 나가 버리면 그만인 부담 적은 백화점 같다. 반면에 들어가고 나오기가 편안한 외부 공간 없이 내부 공간 중심으로 구성된 교회 건축물의 공간은 비신자가 문을 열고 들어가기에는 너무 큰 용기가 필요하다. 마치 독립된 옷 가게에 문을 열고 들어가면 뭔가를 사야 할 것 같은 부담을 갖게 되는 것과 같다. 게다가 대예배당은 주중에 대부분 문이 잠겨 있다. 이렇듯 전도를 중시하는 교회가 건축적으로는 아이러니하게 더 폐쇄적이다. 교회가 전도를 원한다면 문턱을 낮추고 교회의 건축 공간 디자인부터 바꾸는 것이 좋을 것 같다.

공간 구조와 종교 활동의 상호 관계: 유대교에서 기독교로

모든 건축은 그 건물을 사용하는 기능에 맞추어서 디자인이 결정된다. 종교 건축도 예외는 아니다. 여기서는 예배의 내용과 건축공간의 변화가 극명하게 나타나는 교회 건축을 중심으로 이야기해 보도록 하겠다. 교회 건축도 시대에 따라서 많은 변화가 있었는데, 그 배경은 예배의 행위가 변화되었기 때문이다. 먼저 구약시대에는 기독교의 주요 행위가 제사에 있었다. 그리고 그 제사는 제사장이 드리게 되어 있었다. 기독교는 과거 유대교에서 시작되었는데, 초기의 예배 형식은 구약 시대의 모세라는 인물이 틀을 만들었다. 구약 성경을 보면 모세가 하나님으로부터 지시받고 설계했다고 전해지는 교회의 첫 번째 유형인 모세의 성막이 나온다. 이를 이해하기 위해서는 이스라엘 민족의 역사를 살펴볼 필요가 있다.

이스라엘은 잘 알려진 대로 아브라함부터 그 족보가 시작된다. 아브라함은 이삭을 낳고 이삭은 쌍둥이 형제인 에서와 야곱을 낳았다. 그리고 이 쌍둥이 형제 중에서 동생이었던 야곱이 열두 명의 아들을 낳았는데, 그중에 요셉이라는 아들이 형들의 시기를 받아서 이집트에 노예로 팔려 가게 되었다. 하지만 그것이 전화위복이 되어서 요셉은 이집트의 국무총리가 되었고, 이스라엘 지역에 기근이 들었을 때 야곱의 모든 가족이 이집트로 이민하게 된다. 아브라함 때에 하나님이 처음 가나안 땅 줄 것을 약속하시는 장면이 나오는데, 그때 아브라함은 동물들을 절반으로 잘라서 광야에 펼쳐 놓았고, 하나님의 불이 그 사이를 지나갔다는 이야기가 나온다. 당시의 모든 종교적 행위는 대부분 동물이나 사람을 죽여서 피를 흘리게 해 제물로 삼는 것들이었다. 어떤 종교는 자기 자녀를 제물로 바치게도 했던 시절이다. 이런 제사는 동물을 잡고 각을 뜨고 고기를 불에 태우는 식으로 진행된다. 말이 좋아 제사지 거의 도살장과 고깃집이 함께 있는 거라고 봐야 한다. 이집트에서 노예 생활을 하던 이스라엘 민족은 이집트에서 나와 지금의 이스라엘이 위치한 가나안 땅으로 간다. 남자 어른의 숫자만 60만 명이었다고 성경에 나오니 여성과 아이까지 합치면 100만 명이 넘는 인구였다고 추산된다. 이집트에 들어가기 전에는 70명이었던 인구가 이렇게까지 급증하게 된 것은 본래 유목 사회였던 이스라엘 민족이 이집트에 정착하면서 농경 사회로 그 경제 구조가 바뀌게 된 것이 가장 큰 이유이다. 4백 년을 이집트에 살면서 인구가 폭발적으로 늘어난 이스라엘이 광야로 다시 나왔을 때는 농경 사회에서 다시 유목 사회로 그 변화가 이루어져야 하는 상황이었다. 재미난 사실은 당시 민족 지도자인 모세는 40세까지는 이집트의 왕자로 살면서 당대 최고의 농경 사회를 기반에 둔 이집트 문화를 습득한 후, 살인죄를 피해 미디안 광야에서 망명 생활을 하게 되면서 뒤늦게 양치기를 하며 유목 사회의 기술을 40년간 배우게 된다. 농경 사회와 유목 사회의 두 가지 지혜를 체득한 모세는 40년간의 광야에서 텐트치고 사는 생활과 100만 명이 넘는 사회를 조직화하는 일이라는 두 마리 토끼를 잡을 수 있는 준비된 인재였다.

열두 명의 형제로 시작하여 100만 명이 넘는 사회가 된 이스라엘 민족 그리고 이들이 민족 대이동을 하면서 가나안으로 들어가야 하는 과도기에 이스라엘은 종교적인 딜레마가 있었다. 그것은 이집트 노예 시절에 농경 사회가 가지고 있던 이집트의 종교성을 이스라엘 고유의 유대교에서 없애야 하는 것이다. 그 모습은 우상을 만들어서 문제가 되었던 성경 속의 '금송아지 사건'으로 잘 드러난다. 이집트에서 나온 지 얼마 안 되어서 모세가 십계명을 받으러 시내산에 올라갔는데, 당시에는 모세와 파트너로 이스라엘 민족을 이끌던 모세의 친형인 아론이 이스라엘을 이끌고 있었다. 모세가 한 달 넘게 보이지 않자 동요하던 이스라엘은 눈에 보이는 금송아지를 만들어서 그 송아지가 자신들을 이집트에서 이끌어 낸 여호와 하나님이라고 숭배한다. 이 금송아지는 사실 농사를 짓는 이집트가 다산과 풍요의 상징으로 모시는 신들 중 하나였다. 이스라엘 민족은 자신을 이끄는 여호와를 눈에 보이는 존재로 만들어서 좀 더 구체적으로 믿고 싶었을 뿐이었다. 하지만 이것은 눈에 보이지 않는 것을 믿어야 하는 기독교의 가장 중요한 교리에 위배되는 행위였다. 따라서 이는 크게 책망받을 일이었다. 이 사건은 4백 년 넘게 이집트에 살면서 체득하게 된 농경 사회의 종교성과 아브라함부터 시작된 전통 유대교와의 갈등을 상징적으로 보여 준다.

다시 건축으로 돌아가 보자. 당시에 모세는 이동하면서도 예배를 드릴 수 있는 예배당을 디자인했는데, 그 구조는 장막을 이용해서 담장을 치고 그 안에 텐트를 치고, 또다시 그 안에 커튼을 쳐서 공간을 마당, 성소, 지성소라는 세 가지로 구분한 것이었다. 전 민족이 이동하다가 한 군데 잠시 정착하게 되면, 정착한 진영 가운데에 이 성막을 짓고 그 안에서 제사를 드렸다. 제사의 형식은 앞서 말했듯이 양을 도살하여 피를 흘려서 제단에 뿌리고 고기는

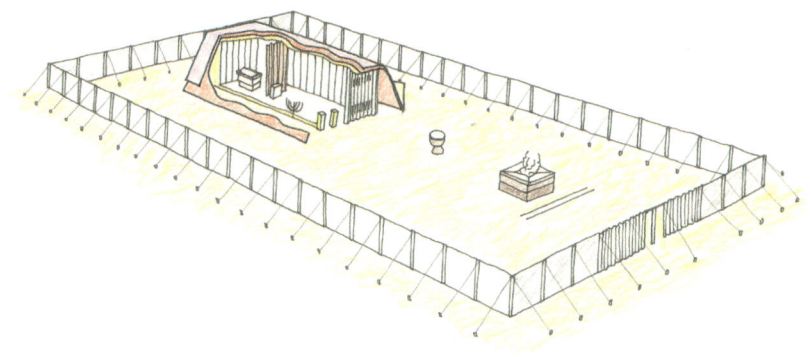

모세가 디자인한 성막 구조

태워서 연기를 하늘로 보내는 것이었다. 이 모든 과정은 레위지 파 사람들만 할 수 있었는데, 레위지파 사람들이 이동 시에 성막 의 모든 텐트와 제사 집기들 그리고 가장 중요한 성궤를 운반했 다. 모세의 성막 공간은 세 가지로 나누어진다. 첫 번째는 담장과 텐트 사이의 공간인 성막의 마당이다. 이 공간에는 물두멍이라는, 제사장이 손을 씻는 커다란 물동이가 있었다. 광야에서 이동하면 서 물이 얼마나 귀한지 상상해 보면 이 물두멍이 얼마나 귀중한 요소인지 알 수 있다. 이 물두멍이 발전해서 지금도 성당의 입구 에는 성수를 담아 놓는 작은 그릇이 있는 것이다. 이 마당 공간에 는 민간인들도 진입할 수 있었지만, 거기까지가 그들이 갈 수 있 는 공간이었다. 그다음 공간인 텐트 안의 '성소'는 제사장만 들어 갈 수 있었고, 그보다 더 안쪽에 있는 성궤가 있는 '지성소'는 여 호와 하나님이 거하시는 공간으로서 1년에 한 번 대속죄일에 대 제사장만 들어갈 수 있었다. 혹시 대제사장이 들어가서 심장마비 라도 일으켜서 죽으면 그 시체를 가지러 들어갈 수도 없었다. 그 렇기 때문에 대제사장은 지성소에 들어가기 전에 발목에 방울을 달고 밧줄을 묶고 들어갔다. 그래서 혹시 심장마비 같은 것으로 대제사장이 죽으면 방울 소리가 나지 않을 것이고, 그렇게 되면 밧줄을 당겨서 시체를 끌어냈다고 한다. 이렇듯 성소와 지성소 사이의 커튼은 공간을 둘로 나누어서 여호와 하나님의 공간과 인간의 공간으로 나누었다. 신약에 예수가 십자가에서 죽은 후에 일어나는 현상으로 지성소와 성소를 나누는 이 커튼이 위에서 아래로 찢어졌다고 나온다. 이 사건은 하나님과 인간 사이에 죄로 인해서 막혔던 관계의 경계가 예수의 십자가 죽음으로 허물어졌다는 것을 상징적으로 보여 주는 사건이다. 둘로 나누었던 공간이 하나가 되었다는 것이다. 마치 예전에 남자와 여자가 같은 안방에서 식사해도 겸상하지 않고 밥상을 따로 차려 먹다가 개화 이후 근대에 들어서는 같은 식탁에서 먹는 것과 마찬가지라고 할 수 있다. 하나의 평평한 공간을 나눠 쓴다는 것은 함께하는 공간에 거하는 사람들이 같은 신분이라는 것을 말한다. 그런 면에서 커다란 운동경기장이나 영화관 같은 공간은 민주화된 현대 사회를 잘 보여 주는 건축 형식이다.

지금까지 유대교의 예배 공간이 어떻게 운영됐는지 설명해 보았다. 이렇듯 소수의 제사장이 제사를 드리던 것이 예전의 공간이었기에 대규모로 집회할 필요가 없었던 것이 과거 모세의 성막이다. 이렇던 것이 이스라엘이 정착하게 되고 사울 왕을 처음으로 해서 다윗, 솔로몬으로 이어지는 왕정 체제가 3대째 이루어지면서 세 번째 왕인 솔로몬 왕은 비로소 돌로 성전을 짓게 된다. 솔로몬 성전 건축은 큰 상징적인 의미가 있다. 이전에는 성전을 이동할 수 있는 천막으로 만들었다면 이제는 움직이지 못하는 돌로 만들어진 성전을 지은 것이다. 이는 이스라엘이 유목 사회에서 농경 사회로 경제 구조가 완전히 정착되었음을 보여 주는 상징적 사건이다. 하지만 이 성전은 로마의 침공으로 파괴된 후 아직도 재건축이 안 되고 있다. 가끔 TV에서 예루살렘의 '통곡의 벽' 앞에서 랍비들이 울면서 기도하는 장면이 나오는데, 그 통곡의 벽이 솔로몬 성전의 기초 부분이다. 웬만하면 돌로 만들어진 건축물은 시간이 지나도 남아 있게 마련이지만 솔로몬 성전이 이렇게 된 이유는 당시 제사 집기들이 모두 금으로 되어 있었는데, 로마가 침공했을 때 성전에 불이 나서 집기가 다 녹아서 돌 사이로 들어갔다고 한다. 그래서 그 금을 빼내기 위해서 돌을 다 들어냈고 그 과정에서 건축물이 모두 파괴되었다고 한다.

솔로몬의 성전 당시에도 제사가 주된 예식의 형식이었고, 대규모로 군중이 모여서 설교를 듣는 형식의 예배는 아니었다. 따라서 대형 공간은 필요가 없었다. 그러던 기독교가 크게 변화를 맞이하게 된 것은 예수의 십자가와 부활 이후다. 민족의 종교였던 유대교가 큰 전환을 맞이해서 전 인류의 기독교로 바뀌게 되었는데, 그 과정에서 바울이라는 인물이 큰 역할을 했다. 바울은 당시에 길리기아 다소 지방에서 태어난 부유한 집안의 자식이었다. 다소 지방은 그리스 문화와 히브리 문화가 접하는 지역으로, 그곳에서 자라난 바울은 이중 언어를 자유롭게 구사하는 사람이었다. 지금으로 치면 재미교포라고나 할까? 두 개의 문화권에 모두 노출되어 있던 그는 그리스 철학도 잘 알면서 동시에 랍비로부터 배워서 유대교의 교리에도 능통한 사람이었다. 이러한 학문적인 배경이 있었기에 유대교의 교리를 헬라식 철학적 사고의 틀에 담아

175

서 유럽에 전파할 수가 있었다.

신약 시대의 가장 큰 변화는 제사가 없어졌다는 것이다. 이유는 예수가 희생양이 되어서 한 번의 십자가형으로 제사를 대신하게 되었고, 기독교는 그 사실을 믿기만 하면 되는 종교이기 때문이다. 이는 건축에도 커다란 변화를 가져온다. 과거의 성전은 동물을 잡고 제단에 피를 뿌리고 고기를 태우는 제사의 행위가 주된 예배 행위였는데, 예수가 전 인류를 대신하여 십자가에서 피 흘리는 제사를 다 수행했기 때문에 기존의 제사 행위가 필요 없게 된 것이다. 그 자리에는 예수의 업적과 교리, 스토리들이 전파되는 설교가 대신하게 되었다. 프로그램이 바뀌게 되면 건축의 외형도 바뀌는 법이다. 기독교 초기에는 워낙에 로마의 탄압이 심했기 때문에 카타콤이라는 지하 무덤 즉, 지하 교회에 숨어서 소수만 모여 예배했다. 그러던 것이 콘스탄티누스 대제가 기독교를 로마의 국교로 지정하면서 음지에서 양지로 나오게 된다. 자연스럽게 집회의 규모가 갑작스럽게 커지게 되었는데, 그 모임을 담을 수 있는 건축물이 없었다. 급한 대로 당시에 가장 큰 사람이 모일 수 있는 당시의 법정이나 상업 거래소로 사용되던 '바실리카'라는 건물에 모여서 예배를 드리게 되었고, 이것이 이후에 발전해서 성당의 원형이 되었다.

공간의 구성으로 보면 교회의 원형은 대형 집회를 할 수 있는 바실리카의 평면에 로마 시대 때 모든 신을 섬기는 공간으로 디자인된 판테온의 돔이 합쳐져서 나온 건축 공간이다. 최초의 대형 교회라고 할 수 있는 것은 현재 이스탄불에 있는 성 소피아 대성당이다. 성 소피아는 판테온에서 발전한 형식이다. 고대 로마의

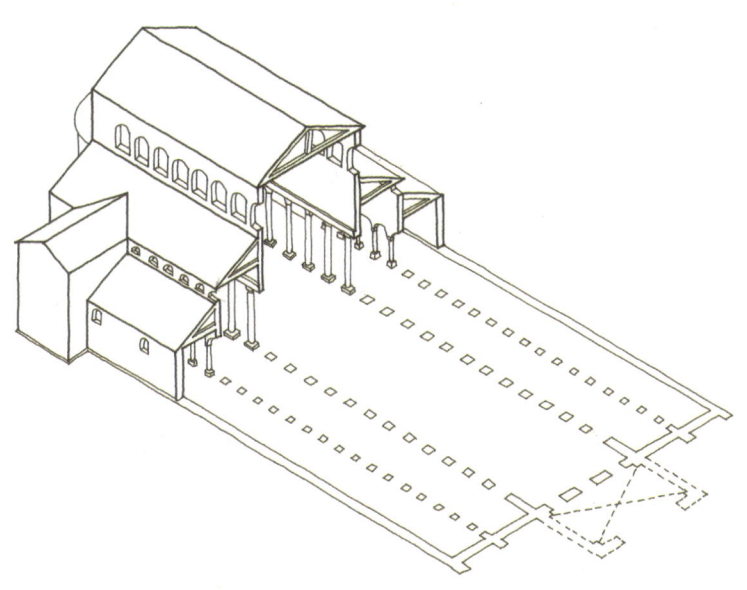

위: 바실리카
아래: 이스탄불에 있는 성 소피아 대성당

신전이었던 판테온은 한 개의 돔을 가진 형식이었는데, 성 소피아 대성당은 좀 더 발전해서 가장 높은 곳의 한 개의 돔이 세 개의 작은 돔으로 받쳐진 형식을 띠고 있다.

이렇게 해서 만들어진 교회는 시대를 거듭하면서 빛이 더 많이 들어오는 공간을 만들기 위해 고딕 양식의 성당으로 만들어지게 되었다. 고딕 성당의 원리는 간단하다. 기독교에서 빛은 곧 하나님의 임재를 상징한다. 따라서 더 많은 빛이 필요했고 이를 위해서 큰 창문이 필요했다. 큰 창문을 만드는 데 가장 큰 걸림돌은 벽이었다. 당시 건물은 지붕을 벽이 받치고 있었는데, 그 벽에 창문을 크게 뚫으면 건물이 무너지게 된다. 그래서 '플라잉 버트레스'라는 장치를 만들어 지붕의 하중을 옆으로 전달시켰고, 덕분에 하

플라잉 버트레스. 반아치 모양으로 벽을 받치고 있다.

중을 덜 받아도 되는 벽에 큰 창문을 뚫은 것이다. 창문에는 유리로 창을 막아야 했는데, 당시 기술력으로는 유리를 완전한 투명판 유리로 만들기는 어려웠다. 유리라는 것이 작은 조각으로만 제작할 수 있었고 게다가 불순물을 정화할 기술도 부족했다. 유리는 불순물이 들어가면 색을 띠게 된다. 예를 들어서 철분이 많이 들어가면 녹색을 띤다. 이렇듯 여러 가지 불순물이 들어간 다양한 색의 작은 조각 유리를 밀랍으로 이어 붙이면서 스테인드글라스가 창조된 것이다. 이는 전화위복이 되어 스테인드글라스에 그려진 성화는 최초의 영화관처럼 글을 읽지 못하는 신도들을 감화시킬 수 있었다. 상상해 보라, 지금 봐도 경외감이 드는 그런 돌로 만들어진 건축물에 생전 보지도 못한 총천연색 컬러 TV 같은 영상으로 보이는 성화가 사람들의 마음을 얼마나 움직였을지. 당시에는 구텐베르크의 금속활자가 발명되기 전이었기 때문에 책은 모두 수도원에서 필사본으로 만들어야 했고, 대부분의 사람이 성경책은 구경도 하지 못했다. 이렇듯 수도원은 일종의 출판사 역할을 했고, 책이 집중된 수도원은 지식의 집중으로 인해 막대한 권력을 가질 수밖에 없는 사회 구조였다. 성경을 구경도 못 하고 읽지도 못하는 우매한 대중은 종교 지도자가 말씀으로 전파하는 이야기를 듣는 길 외에는 하나님의 뜻을 알 수 없던 시절이었다. 감동적인 교회 건축물, 조각, 스테인드글라스, 음악이 하나로 어우러져서 이들의 권력을 증강하는 시청각 자료가 되었다. 더 많은 사람이 모인다는 것은 더 많은 헌금이 모인다는 것을 뜻한다. 따라서 교회의 대형화는 신앙심뿐 아니라 경제적인 이유에서도 더 많이 진행되었던 부분도 있을 것이다.

좀 더 자세하게 들여다보면 중세, 르네상스, 근대를 거치면서 교회의 평면도도 미세하게 변화해 왔다. 특히 재미난 것은 하나님과 인간의 관계를 바라보는 시각에 따라서 교회의 평면도에 나타난 변화다. 과거 르네상스 시절까지만 해도 하나님과 사제는 두려움과 경외의 대상이었다. 그래서 가능하면 제단 쪽이 멀어 보이게 디자인했다. 유럽의 성당에서는 세로로 긴 평면도에서 좁은 쪽에 사제가 서 있게 된다. 뒷자리에 있는 사람은 제단이 까마득하게 보였을 것이다. 이러한 배치 구성은 제단 쪽에 서 있는 사람의 권위를 세워 주기에 적합한 평면이다. 그래서 혹 대지가 좁아서 제단이 가깝게 보일 수밖에 없는 조건일 경우 건축가는 제단이 멀어져 보이게 하려고 제단 쪽으로 좁아지는 사다리꼴 평면을 만들었다. 르네상스 시절에 처음으로 투시도 기법이 정착되었고, 이를 역이용하여 실제보다 멀어 보이게끔 디자인한 것이다. 하지만 근대에 와서는 반대로 하나님은 두려움의 대상이기보다는 사랑을 주는 가까운 분으로 인식하는 경향이 있었다. 이를 반영한 교회가 근대 건축의 거장인 르코르뷔지에가 디자인한 '롱샹 성당'이다. 이 성당은 제단이 있는 쪽이 사다리꼴의 넓은 변 쪽에 위치한다. 따라서 뒷자리에 앉아 있는 신자가 제단을 바라볼 때 실제보다 가깝게 느껴지게 디자인되어 있다. 최근에 와서는 설교자의 위치와 성가대의 위치 등이 그 교회의 목회 철학을 반영하는 기준이 되기도 한다.

지금까지 교회 건축의 진화에 대해서 살펴보았다. 기독교는 초기의 제사 중심의 예배에서 군중 설교 체제로 예배의 형식이 바뀌었기 때문에 교회 건축은 더욱더 대형 건축물화되어 갔다. 지

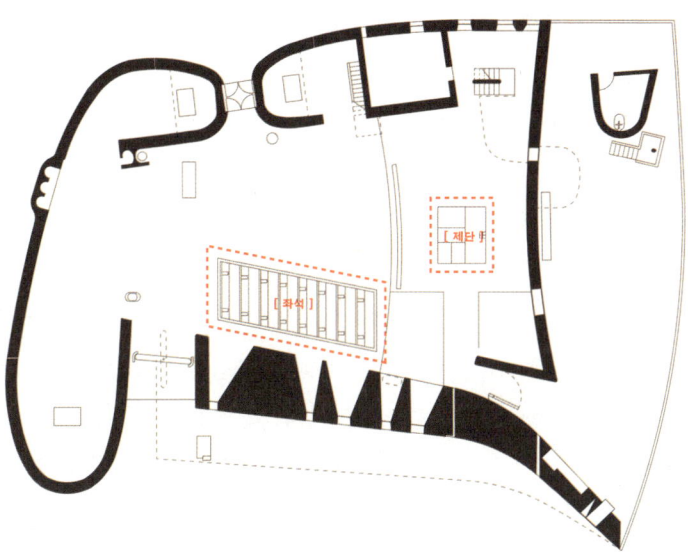

[제단]

[좌석]

롱샹 성당 외부 사진(위)과 평면도

금의 교회는 교육이 중요한 부분을 차지하고 있다. 1980년대에는 베이비 붐 세대를 거치면서 초중고생의 예배와 교육 공간이 많이 필요해지기도 했다. 지금도 교회의 공간을 보면 대예배당만큼의 면적이 학생들의 예배 후 분반 공부 시간에 필요한 교실로 사용되고 있다. 최근 들어서 분당의 모 교회는 학교 건물을 임대해서 사용하고 있다. 학교는 주중에 사용하고 교회는 주로 주말에 사용하는데 대형 집회와 교육의 기능이 비슷하다. 따라서 학교 건물을 주말에 교회가 임대하여 사용하는 것은 기발한 생각이 아닐 수 없다. 그 교회의 경우 예배는 강당에서 드리고, 분반 공부는 교실을 일부 사용하고 있다. 마치 로마 시대의 초대 교회가 법정으로 사용되던 바실리카를 사용한 것과 유사한 형태라고 할 수 있다. 이러한 것이 정착된다면 디자인 초기 단계부터 학교와 교회를 겸해서 사용할 수 있는 새로운 형식의 건축물도 가능하리라고 본다. 특히 기독교재단의 사립 학교를 소유하고 있는 교회는 생각해볼 만한 이슈다.

2025년 현재 교회 건축에서 나타나는 특별한 현상은 극장 건물을 인수하는 것이다. 넷플릭스 같은 OTT가 보급되면서 가장 타격을 받은 산업은 극장이다. 코로나 이전만 하더라도 부동산에서 가장 큰 입김을 가지고 있었던 회사는 CGV였다. 극장은 많은 유동 인구를 유발하기 때문에 쇼핑몰에서도 넓은 면적을 저렴한 가격에 임대해서 들어갈 수 있었던 '갑'이었다. 그런데 지금은 멀티플렉스 극장들이 많은 어려움을 겪고 있다. 경영난으로 문을 닫는 가든파이브 CGV 극장을 교회가 인수한 사례도 있다. 극장과 교회 둘 다 많은 사람이 동시에 모여서 한 방향을 봐야 하는 공간이다. 극장에서 가장 큰 대형 상영관을 본당으로 사용하고, 나머지 작은 상영관들을 청소년들의 예배 장소로 사용하면 안성맞춤이다. 분반 공부방을 만드는 등의 소소한 인테리어 공사만 한다면 멀티플렉스 극장은 교회로 변형되기에 최적이다. 1970년대 한국 교회는 상가에 적은 보증금으로 '상가 교회'를 개척하면서 부흥을 이루었다. 상가 교회는 상업 시설인 상가에 종교 시설이 들어가는 한국 교회 만의 독특한 혁신이었다. 쇼핑몰 안에 있는 멀티플렉스 극장을 교회로 바꾸는 것은 '상가 교회 2.0'이다.

불교 사찰, 이슬람교 사원

지금까지 교회 건축에 관해 살펴보았다. 그럼 간략하게 불교와 이슬람교의 건축도 살펴보도록 하자. 앞서 언급했듯이 우리나라 사찰은 조선 시대 유교 사회의 영향으로 주로 산골에 위치한다. 이웃 나라인 일본처럼 도심 속 곳곳에 사찰이 위치하고 있는 것과 비교하면 상당히 다른 경향이다. 불교는 기본적으로 스스로 수양하고 깨달음을 얻는 종교다. 정해진 시간에 법회를 드리는 절도 있지만, 예전부터 우리에게 인식된 불교는 마치 교회의 기도원처럼 개인적으로 본인이 원하는 시간에 혼자 가서 기도를 드리고 오는 좀 더 개별적인 느낌의 종교다. 같은 시간에 한 번에 모이는 것이 주가 되는 형식이 아니다. 사용자가 흩어져서 골고루 오다 보니 대형 실내 공간은 필요가 없었다. 석가탄신일 같은 특별한 절기에는 날씨가 좋은 때여서 외부 공간에 모여서 집회해도 무방해 더욱더 실내 공간 위주로 발달하지 않았다.

석가탄신일 행사를 외부 공간에서 하는 조계사

그렇다면 이슬람의 경우는 어떨까? 이슬람은 중동 지역에 주로 퍼져 있는 종교로, 이 지역은 예로부터 유목 사회가 중요한 기반이었다. 앞서서 모세의 성막을 설명하면서도 언급했듯이 유목 사회는 건축과 거리가 멀다. 항상 이동하기 때문에 특별하게 건축을 발전시킬 기회가 없었다. 그러던 이들에게 충격적인 사건이 하나 있었는데, 그것이 로마 제국이 지금의 이스탄불인 콘스탄티노플로 수도를 옮기면서 지은 성 소피아 대성당이다. 당시 유럽에서도 가장 큰 규모의 건축물이었는데, 천막만 치고 살던 이슬람 민족들에게 얼마나 충격이었을지 상상이 간다. 처음 성 소피아 대성당을 바라보던 이슬람 민족의 표정이 영화 〈인디펜던스 데이〉에 나오는 도시만 한 크기의 UFO를 바라보던 사람의 표정이 아니었을까 생각된다. 이들이 처음이자 유일하게 접한 종교 건축물이 성 소피아 대성당이었기에 훗날 이슬람 사원을 지을 때도 성 소피아를

술탄아흐메트 모스크. 튀르키예를 대표하는 사원으로,
사원 내부가 파란색과 초록색 타일로 장식되어 있어서
'블루 모스크'라는 이름으로 더 잘 알려져 있다.

원형으로 해서 지었던 것이 지금까지 이어지고 있다. 이태원에 있는 이슬람 사원 역시 성 소피아처럼 돔 건축 모양을 띠고 있다. 다만 달라진 것이 있다면 이슬람은 기독교보다 더 심하게 상징성을 배제하고 있기 때문에 모든 조각상과 성화들 대신 글자와 문양을 이용해 장식하게 되어 있다. 추상적인 형태의 아라베스크 문양들은 이러한 배경에서 나온 것이다. 지금은 개조되어서 이슬람 사원으로 사용하고 있는 이스탄불의 성 소피아는 사람이 올라가서 기도하는 시간을 소리쳐 알리는 '미나레트'라는 탑 몇 개가 추가되었을 뿐 건축적으로는 그대로 사용하고 있다. 그 바로 옆에 새로 지어진 '술탄아흐메트 모스크(블루 모스크)'라는 건물은 성 소피아와 모양에서 별반 차이를 느끼지 못할 정도로 흡사하다.

교회 건축과 이슬람 사원의 가장 큰 차이는 아마도 신발을 벗고 들어가느냐 신고 들어가느냐의 차이가 아닐까 생각된다. 사막 지대인 이슬람에서는 성스러운 공간에 들어갈 때 신발을 신고 들어가지 못하게 되어 있다. 구약 성경에서 모세가 여호와 하나님을 처음 만나는 장면이 나온다. 이 장면에서 떨기나무가 불타는 곳에 다다르게 되는데, 여호와가 이곳은 거룩한 곳이니 신을 벗으라고 말하는 이야기가 나온다. 이것이 중동 유목 문화의 특징인 것이다. 마치 우리나라에서도 집에 들어갈 때 신을 벗고 들어가는 것과 비슷하다. 아마 우리나라는 비가 많이 오는 몬순기후여서 신발에 진흙이 많이 묻게 되었을 것이고 그래서 벗고 들어간 것이 아닐까 생각된다. 반면에 사막과 광야에서는 모래가 많았을 테니 깨끗해야 하는 공간에는 흙이 가득 들어간 신발을 벗고 들어가는 문화가 생겼을 것이다. 그래서 이슬람 사원에 들어갈 때는 그들이 예전에 자신의 텐트에 신을 벗고 들어가듯이 신발을 벗고 들어가 카펫 위에서 기도를 드리게 되어 있다.

이렇듯 종교 건축물들은 다른 건축물들이 그러하듯이 그 지역의 기후, 풍토, 문화 그리고 예배의 형식에 맞춰서 기능적으로 결정된다. 또한 신앙의 성격에 따라 사제와 신자의 공간을 구분하기도 하고 섞어 놓기도 한다. 과거 유럽의 성당에서는 평신도가 사제를 올려다보는 공간 구조였다면, 최근 대부분의 교회는 복층화되면서 평신도가 설교자를 내려다보는 구성을 하고 있다. 이러한 것들 역시 교회 내 평신도의 변화된 위상을 반영하는 것이다. 또한 1층에 카페 공간을 만들어 평신도들이 이용하고, 이웃에도 개방해 문턱을 낮춘 교회가 많아졌다. 이렇게 종교 건축 역시 끊임없이 변화해 가고 있다.

제8장
우리는 왜 공원이
부족하다고 말할까

공원의 역사

지난 2천 년의 역사를 살펴보면 한 시대를 대표하는 도시를 가진 나라가 그 시대를 이끌어 갔다. 그리고 그 도시들은 각각 자신만의 새로운 시스템을 발명해 낸 도시들이다. 5장에서 살펴보았듯이 2천 년 전 로마는 상수도 시스템을 만들어서 시대를 대표하는 효율적인 도시 로마를 만들어 세계를 제패했고, 파리의 경우에는 하수도 시스템을 만들어서 순환계에 더 효율적인 도시를 만들어 세계를 리드했다. 비슷한 시기에 런던은 세계 최초로 도심 공원을 만들어서 새로운 도시의 유형을 만들어 세계적인 도시로 발돋움 했다. 세계 최초의 도심 공원 하이드 파크가 만들어진 배경을 살펴보자.

산업혁명 이전 경제 구조 대부분의 생산성은 농업에 기반을 두고 있다. 농업의 일터는 햇볕을 받으면서 일하는 야외다. 농업은 농부가 땅을 갈고 씨를 뿌리면 하늘에서 비를 내리고 햇볕을 주어서 완성하는 일이다. 한마디로 농업은 자연과 협업하는 것이다. 그만큼 사람들은 자연과 밀접한 관계를 맺으며 살아왔다. 그러던 사람들이 산업혁명이라는 물결을 맞은 후에는 한순간 도시로 이동해서 자연과 격리되어 살게 된 것이다. 우리나라에서도 이러한 현상들을 1970년대에 겪어 봤으니 잘 알 것이다. 산업혁명 당시에 도시의 환경이라는 것은 우리가 생각하는 1970년대 서울의 모습과는 다르다. 건축 법규가 만들어지기 전이어서 도시 노동자들은 창문도 없는 방에서 여러 명이 함께 살아야 하는, 우리가 상상하기도 힘든 환경에서 살았다. 당시의 평균 수명이 40세 정도였다고 하니 생활 환경이 얼마나 나빴는지 짐작이 간다. 어제까지만 해도 자연 속에서 편하게 일하던 사람이 오늘부터 공장에서 일할 때의 문화적 충격뿐 아니라 자연과 분리된 비위생적인 환경에 적응하는 것도 힘들었을 것이다. 이러한 배경에서 도심 속에 자연을 도입하는 도심 공원이 만들어졌다. 실제로 노동자들보다는 귀족들이 우아하게 산책하는 용도로 사용되기는 했지만, 하이드 파크Hyde Park는 석탄 매연에 뒤덮여 있는 런던의 허파 구실을 했을 것이다. 이후로 런던을 많이 흉내 낸 도시 보스턴에서 프레더릭 옴스테드라는 조경설계사가 '보스턴 코먼'이라는 작은 규모의 하이드 파크 아류작을 만들었고, 이어서 뉴욕의 '센트럴 파크'를 만들었다. 이때부터 도시에 사는 사람들이 빌딩숲을 배경으로 한 공원의 자연 속에서 휴식을 취하고 물가 옆 잔디밭에서 쉬는 모습은 선진국의 바람직한 라이프 스타일의 전형으로 받아들여지게 되었다. 이후로 대도시에는 당연히 중앙 공원이 있어야 한다는 것이 통념이 되었고, 그런 배경에서 우리나라의 신도시 분당에도 중앙 공원을 도입한 것이다. 이제 우리에게 공원의 의미가 무엇인

런던의 하이드 파크

지, 바라던 큰 공원을 얻기 위해서 우리는 어떤 것을 잃었는지 살펴보자.

거실과 골목길

도로와 거리는 어떻게 다른가? 얼핏 보면 도로와 거리는 둘 다 '길'이라는 큰 개념으로 뭉뚱그려질 것도 같다. 하지만 자세히 살펴보면 조금은 다른 뉘앙스를 가지고 있다. 보통 도로라고 하면 이동의 목적이 주가 되는 자동차 중심의 길을 말한다. '고속도로'나 '강남대로' 같은 길이 떠오르는 것이다. 한자로 쓰면 '路(길 로)' 자로 표현된다. 반면, 거리라고 하면 길 위에서 여러 가지 이벤트가 일어날 수 있는 사람 중심의 길을 의미하는 느낌을 준다. 홍대 앞의 피카소 거리나 가로수길이 그 예다. 한자로는 '街(거리 가)'로 표현된다. 우리는 산업 사회를 겪으면서 효율성 높은 도시를 추구했다. 더 빨리 더 효과적으로 자동차가 다닐 수 있는 '도로'를 만드는 데 초점이 맞춰져 있었다. 그래서 강북의 좁고 구불구불한 도로는 나쁘게 평가받았고, 길이 부족한 곳에는 고가 도로를 만들어서 그 부족함을 채우려고 했다. 1970년대 강남 개발이 시작되면서부터는 직선의 격자형 도로망을 만들고 자동차가 시원하게 다닐 수 있는 도로를 만들었다. 이러한 직선 도로의 효율성은 무시할 수 없다. 파리가 세계적인 도시로 발돋움할 수 있었던 결정적인 계기는 나폴레옹 3세 시절에 행정관 오스만이 새로운 파리를 건설하면서 기존의 건물을 매입해 모두 철거하고 지금 우리가 알고 있는 방사형의 직선 도로를 구획하면서 마차와 자동차가 빠르게 다닐 수 있는 도로망을 구축했기 때문이다. 하지만 얻는 것이 있으면 잃는 것도 있는 법이다. 우리나라의 경우에는 많던 개천을 모두 복개하여 자동차 도로로 만들고, 그 도로가 부족해 그 위에 고가 도로를 놓았다. 그것이 우리가 얼마 전에 철거한 '31고가 도로'다. 지금은 오히려 고가 도로를 철거하고, 강북의 골목길을 찾는 사람들이 많아지는 추세다. 그렇다면 '거리' 대신 '도로'를 만들어 내면서 우리가 잃은 것은 무엇일까?

얼마 전 동네 문방구 앞길에 있는 벤치에 앉아서 가족들과 함께 아이스크림을 먹은 적이 있다. 상가에서 일하시는 분들이 잠시 쉬려고 놓은 벤치인 것 같았다. 그곳에서 동네 사람들을 만나고 여유롭게 일상을 구경했다. 거기에 잠시 앉아 있자니 몇 분이 안 되어서 아는 학부모를 만날 수 있었고 잠시 담소를 나누었다. 오랜만에 느껴 보는 여유로운 오후의 한 순간이었다. 내가 초등학교 때 한두 시쯤 하교해서 집에 오면 동네 사람들이 집 앞 골목길에 나와 앉아서 이야기 나누는 모습을 흔히 볼 수 있었다. 시장 어귀부터 돌을 차면서 걸어오다가 우리 집 골목길에 들어섰는데, 할머니와 일하는 누나가 대문 앞 길가 평상에 앉아서 앞집 할머니와 햇볕을 받으며 이야기를 나누던 모습은 행복한 느낌으로 아직도 선명하게 기억난다. 이렇듯이 앞집 이웃과 담소를 나누는 골목길은 공동의 거실이었다. 각자 집 안에 마당이 있고, 대문을 열고 나가면 골목이 거실이었던 것이다. 1970년대까지 사람들은 자기 집 앞의 길이라는 외부 공간을 내부 공간처럼 사용했다. 이러한 현상은 비단 우리만의 경우는 아닌 것 같다. 얼마 전 올림픽을 치른 중국은 한 가지 골칫거리가 있었는데, 북경에서 사람들이 잠옷을 입고 거리를 거닌다는 문제였다. 중국 정부는 서양의 매너라는 관점에서 이러한 풍속이 창피하다고 느끼고 공안 검열을 통해서 없애려고 했다. 하지만 사실 이런 문화는 거리를 거실처럼 느끼고 사람들 사이의 공동체 의식이 높다는 것을 보여 주는 증거다. 이렇게 동네 사람들의 거실로, 때로는 아이들의 축구장, 야구장, 배드민턴장으로 사용되던 골목길은 마이카my car 시대가 오면서 막을 내렸다. 우리 집에도 아버지가 차를 사면서 연못과 꽃이 있던 마당을 시멘트로 덮고 주차장으로 만들었다. 어려서 꽃을 따고 열매를 갈아서 얼굴에 바르며 놀던 곳, 연못 속의 물고기를 바라보던 곳이 사라져도 그때는 반짝거리는 자동차에 정신이 팔려서 그것이 어떤 변화인지 몰랐다. 축구를 하던 골목은 집집마다 차가 생겨나면서 주차장이 되었다. 자동차를 산 우리 식구는 아빠의 고향 집에도 갈 수 있었고 여기저기 계곡에도 갈 수 있었다. 자동차는 우리로 하여금 멀리 있는 공원에는 갈 수 있게 해 주었지만, 가

193

까이 있던 마당과 거실 같던 골목길을 빼앗아 갔다. 경제가 발전하면서 얻은 것이 많다고 말해 왔지만, 사실 우리는 주변의 질 좋은 공간을 팔아서 물건을 산 것일 뿐이었다. 1970~1980년대를 거치면서 현재는 전체 인구의 절반이 넘는 국민이 마당이 있는 집을 팔아서 온수가 잘 나오는 아파트로 이사했다. 아파트에 살면서 우리는 마당 대신 넓은 주차장을 얻었다. 하지만 마당이 없어지니 발코니까지 확장해서 집을 더 넓히려고 안달이었다. 마당과 골목길의 부재는 고스란히 더 넓은 평형의 아파트를 구하는 갈급함이 된 것이다. 작은 마당이 있는 주택이 1백 평짜리 주상복합보다 더 넓게 느껴지게 마련이다. 차 타고 한 시간 가야 하는 1만 평짜리 공원보다 한 걸음 앞에 손바닥만 한 마당이나 열 걸음 걸어서 있는 운치 있는 골목길이 더 좋은 것이다. 그래서 우리는 지금 강북의 달동네로, 유럽의 골목길로 여행을 떠나는 것이다.

우리가 TV를 많이 보는 이유

얼마 전 친구가 마당이 있는 아주 작은 집을 보았는데 무척 크게 느껴졌다는 이야기를 한 적이 있다. 그렇다. 30평짜리 주택이 100평짜리 주상복합보다 넓게 느껴지기도 한다. 보통 100평짜리 주상복합은 주차장 같은 공용면적을 제외하더라도 작은 주택보다는 실내 면적이 넓다. 그럼에도 불구하고 마당 있는 주택이 넓은 평수의 아파트보다 더 넓어 보이는 이유는 무엇일까?

그 이유는 마당이 계속해서 바뀌기 때문이다. 주상복합에 아무리 넓은 거실이 있다고 하더라도 그 거실의 인테리어가 매일매일

시시각각 바뀌지는 않는다. 하지만 마당은 때로는 비도 오고, 햇살도 비치고, 눈이 내리기도 하고, 낙엽이 지기도 한다. 아침의 동편 햇살을 받은 마당과 저녁노을의 마당이 다르고, 밤이 되어 어두운 달빛을 담은 마당은 또 완전히 다르다. 그 밖에도 마당에서 이루어지는 이벤트는 다양하다. 고추를 말리기도 하고, 바비큐를 할 수도 있다. 이러한 다양한 이벤트와 날씨가 마당의 얼굴을 항상 바꿔 준다. 마치 마당은 매일매일 벽지와 가구가 바뀌는 거실이라고나 할까? 그렇기 때문에 단순하게 고정되어 있고 매일 TV 보는 행위 외에는 별다른 일이 일어나지 않는 거실과는 비교가 안 되는 것이다.

이처럼 여러 가지 색깔의 공간은 우리의 기억 속에 다르게 저장된다. 우리는 기억 속에 변화가 없는 집에 살기 때문에 더 TV를 바라보는 것이다. 저어도 TV 속에는 드라마 속에서 이벤트가 일어나고, 장면이 계속 바뀌기 때문이다. 그래서 더 큰 화면의 TV를 사려고 한다. 이러한 현상은 아마도 벽면 크기만 한 TV가 나올 때까지 계속될 것이다. 혹자는 아파트에는 마당은 없지만 발코니가 있지 않냐고 반문할 것이다. 하지만 애석하게도 발코니와 마당은 다르다. 정방형의 마당과는 다르게 아파트의 발코니는 폭이 1.5미터도 안 되는 직사각형이다. 폭이 1.5미터도 안 되는 발코니에서 이루어지는 인간의 행동은 제한적이다. 그저 화분을 놓고, 빨래를 널거나, 바깥 경치를 바라보는 정도의 한 방향성을 갖는 행위들이다. 어느 공간이 한쪽으로 좁고 한쪽으로 길면 사람의 행위는 그것에 맞게 조정된다. 그래서 건축이 무서운 통제 방식이되는 것이다. 좁고 긴 발코니에서는 바깥을 바라보는 일밖에는 못하지만, 정방형의 마당에서는 둥그렇게 마주 보고 앉을 수 있다.

이런 공간에서는 사람 간의 관계성이 쌍방향을 띠게 되면서 더욱 다채로워진다. 예를 들어 방과 후 공원에 가서 수건돌리기 놀이를 하는 학급이 있고, 단체로 같은 방향으로 앉아서 스크린만 바라보며 영화 관람을 하는 학급이 있다고 치자. 두 학급 중에서 어느 반이 친구 간의 우정이 더 돈독해질까? 당연히 수건돌리기라고 생각한다. 극장처럼 한 방향을 바라보는 공간에서는 사람들끼리의 다채로운 교제가 이루어지기 힘들다. 하지만 정방형의 공간은 다양한 방향성을 가질 수 있기 때문에 사람 간의 교류가 다양해진다. 이처럼 정방형의 마당이 담을 수 있고 만들어 낼 수 있는 관계성은 다양하다. 공간은 '절대적인 물리량'이라기보다는 '기억의 총합'이다. 우리가 몇 년을 살았느냐가 중요한 게 아니라, 그 시간 속에서 어떠한 추억을 만들어 냈느냐가 우리의 인생을 결정하는 것과 마찬가지다. 그렇기 때문에 우리에게 다양하게 기억되는 공간은 우리의 머릿속에서 이벤트 별로 각기 다른 공간으로 각기 다른 기억의 서랍들에 들어가게 된다. 그렇게 되면서 우리의 머릿속에서 실제 크기보다 더 크게 인식된다.

마당과 이벤트의 기억뿐 아니라 주택은 천장의 높이와 모양이 다양하다. 높기도 하고 낮기도 하고 경사가 지기도 한다. 물리적 공간의 체험이 다양하다는 것이다. 오래된 아파트는 보통 2.3미터, 주상복합은 2.4미터의 천장 높이가 고작이다. 건물의 높이 제한이 있는 곳에서 천장 높이가 10센티미터만 낮아져도 25층 이상의 건물이 되면 한 층이 더 늘어날 수 있기 때문에 천장 높이는 최소한으로 만들어져 왔다. 그리고 아파트의 경우에는 어느 방에 가든지 똑같은 천장 높이를 가지고 있어서 공간 경험이 단조롭고 지루할 수밖에 없다. 주택의 경우는 천장 높이가 다채로운데다가 마당으로 나가면 천장 높이가 무한대가 된다. 이렇듯 다양한 공간 체험, 이벤트, 날씨 등이 반영된 공간은 우리의 기억 속에서 다른 책처럼 저장된다. 이런 기억이 모이면서 10평짜리 마당은 100평이 넘는 기억의 서랍에 저장되기 때문에 더 넓은 집으로 인식되는 것이다.

남산과 센트럴 파크

이제 우리 주변의 공원을 살펴보자. 서울의 녹지 공급률은 센트럴 파크를 가진 뉴욕보다 낮고, 서울과 유사한 아시아 대도시인 도쿄에 비해서도 매우 낮다. 하지만 실제로 서울의 안팎에는 많은 자연 공간이 있다. 대표적으로 남산이 있고, 그 밖에도 한강시민공원, 서울숲 그리고 서울 주변을 둘러싸고 있는 북한산, 인왕산, 청계산 등이 있다. 이들을 포함한다면 엄청나게 많은 자연 녹지를 가지고 있는 것이다. 게다가 서울의 모든 산은 지하철이 놓여 있어서 접근성도 좋다. 그럼에도 불구하고 우리는 왜 공원이 부족하다고 말할까?

거기에는 두 가지 이유가 있다. 하나는 녹지 주변 상황 문제고, 다른 하나는 땅의 기울기 문제다. 우선 센트럴 파크와 비슷한 크기라고 이야기하는 서울숲의 경우를 보자. 센트럴 파크 주변에는 느리게 이동하는 4차선 차도가 있고, 공원 주변으로는 사람들이 사는 주거 공간이 빼곡히 있다. 공원 주변에 접해 있는 주거와 상업 시설은 공원 공간의 성격을 바꾸어 놓는다. 뉴욕 시민들은 센

197

트럴 파크에서 일광욕도 하고 원반던지기도 하고 야구를 하거나 롤러블레이드를 타기도 한다. 주거와 공원이 접하는 면이 길기 때문에 그 둘 사이에서 많은 시너지 효과가 있는 것이다. 하지만 서울숲 주변에는 대부분 강변북로와 내부순환로 같은 고속도로가 접해 있다. 서울숲은 외롭게 따로 떨어져 있는 것이다. 접근성이 떨어지기 때문에 공원 내부 공간의 성격이 센트럴 파크처럼 활력이 넘치기 어렵다. 보통 사람들에게 접근이 어렵기는 올림픽대로와 아파트 단지로 단절되어 있는 한강시민공원의 경우 역시 마찬가지다. (2025년 현재는 지난 10년간 한강시민공원으로의 접근성이 많이 개선돼서 시민들의 사용이 많이 늘었다. 하지만 아직도 한강시민공원은 도시의 다른 상업 시설과 연속성 없이 단절되어 있다는 점은 여전히 아쉬움으로 남아 있다. 그 빈자리를 편의점이 대신하고 있다.)

두 번째 문제는 대지 경사 문제다. 센트럴 파크는 대부분 평지로 되어 있어서 사람들이 앉든지 누워서 오랜 시간 머무를 수 있고, 다양한 형태의 행위가 이루어질 수 있다. 반면 남산과 북한산 같은 산들은 모두 경사져 있다. 이 말은 사람들이 그곳에 가도 모두 한 방향을 향할 수밖에 없다는 것이다. 산에 간 사람들은 둘로 나누어진다. 올라가는 사람과 내려오는 사람. 두 가지 경우 다 앞사람의 등만 쳐다보게 된다. 다른 사람의 얼굴을 볼 수 있는 경우는 잠깐씩 휴식을 취할 때 삼삼오오 불편하게 앉아 있거나 마주걸어오는 모르는 사람을 쳐다볼 때뿐이다. 이 말은 경사지인 산은 평평한 땅과 비교해서 사람이 서로 마주 보면서 할 수 있는 다양한 행위가 일어나기 어려운 공간이라는 것이다. 일전에 친구와 세 시간 동안 청계산을 등산하고 왔는데, 집에 와서 보니 그 친구

서울숲(위)과 센트럴 파크

등짝을 본 기억뿐이었다. 이처럼 경사는 사람의 행동에 영향을 미친다. 따라서 우리나라 사람들은 지하철로 접근성이 좋은 산을 많이 가지고 있음에도 불구하고 공원에 목마른 것이다. 새롭게 만들어질, 평지가 대부분인 용산공원 주변으로는 넓지 않은 도로와 주거, 상업 공간이 가깝게 접해지기를 기대해 본다.

한강과 한강시민공원

아마도 우리 주변에서 가장 넓고 평평한 공간은 반포, 잠원, 뚝섬, 여의도 등지에 있는 한강시민공원일 것이다. 외국의 한 일러스트레이터가 각 도시의 이미지를 간단하게 표현한 것이 있었다. 예를 들어서 파리의 경우는 에펠탑 스카이라인을, 뉴욕을 표현할 때는 마천루의 스카이라인을 표현하는 식이다. 그는 서울을 여러 개의 다리가 있는 것으로 표현했다. 이처럼 외국인들은 한 나라를 생각할 때 그 나라의 대표적인 도시를 생각한다. 그리고 그 도시의 이미지가 그 나라의 이미지가 된다. 그런 면에서 서울의 이미지 형성은 국가 브랜드 형성에 중요한 부분을 차지한다. 좀 전의 일러스트 사례를 보면 외부인들에게 서울의 한강은 폭이 넓고 큰 다리가 많은 것으로 인식되고 있는 듯하다. 맨해튼의 경우에도 허드슨강을 사이에 두고서 뉴저지와 연결되어 있지만, 워싱턴 다리와 두 개의 터널이 전부다. 그런 면에서 서울의 강남과 강북을 연결하는 다리는 무려 32개나 된다. 서울과 비슷한 콘텍스트를 가지고 있는 파리의 경우에는 센 강 위에 37개의 다리가 있다. 하지만 센강의 폭은 겨우 150~200미터밖에 되지 않는다. 한강의 폭은 보

폭이 넓은 한강(위)과 폭이 좁은 센강

통 750미터가량이고, 넓은 곳은 1킬로미터가 넘는다. 넓은 폭에는 북경의 자금성도 들어갈 정도다. 산술적으로 계산하면 다리의 총 길이는 파리가 대략 37개 × 200미터 = 7,400미터인 반면, 서울은 28,000미터다. 대략적으로 서울이 파리보다 3.8배 정도의 다리 구조물을 더 가지고 있는 것이다. 아마도 그 다리 교각의 높이와 상판의 폭과 다리 위 교통량까지 계산한다면 비교가 되지 않을 것이다. 그래서 외국 일러스트레이터가 서울을 떠올리면서 다리를 생각했던 것이다.

여러 건축가에게 한강의 미래를 생각해 보라는 주제를 준 워크숍이 있었다. 여기에서 건축가들이 가장 고민했던 것이 휴먼 스케일이 아닌 광활한 한강의 폭을 어떻게 다룰 것인가에 대한 고민이었다. 그래서 전임 오세훈 시장은 비어 있는 한강에 보스턴의 찰스강처럼 요트를 띄우고 싶어 했다. 평지 공원이 부족한 서울 시민에게 한강의 평평한 물이라도 사용 가능한 공원으로 만들어 보자는 의미가 아니었을까 생각된다. 잘 실행이 된다면 좋은 계획이 될 수도 있을 것이다. 위에서 말한 워크숍에서 어떤 건축가는 한강에 집합 주거를 짓자는 계획도 내놓았고, 서울의 모든 행정 기관을 옮겨 오자는 계획안도 있었다. 이처럼 한강 개발에 대한 많은 접근 방식에서 우려되는 것은 비어 있는 한강을 지나치게 밀도 높은 공간으로 만들려 하는 것이다. 지금 서울 시민들에게 한강은 마치 비어 있는 마당이나 도가 사상으로 만들어진 선정원 같이 정신없는 서울의 일상에서 벗어난 비움의 공간으로 잘 이용되고 있다. 빈 땅이 있으면 그 땅에 무언가를 해야 하는 우리나라 국민에게 뿌리박힌 '개발 DNA'가 한강에서는 잘못 작동하지 않앗으면 한다. 번잡한 서울에서 한강만은 비워진 공간으로서, 보는 이로 하여금 마음에 여백을 갖게 한다. 한강은 서울 시민에게 '쉼표' 같은 공간이다.

현재 서울 시민에게 있는 평지 공원은 한강시민공원이고, 이는 세계적인 공원이라고 생각한다. 최근 들어서 젊은이들이 가장 선호하는 데이트 방식 중 하나는 봄부터 가을까지 주말 낮에 한강시민공원에 텐트를 쳐 놓고 자기 거실인 양 책도 보고 저녁에는 치맥을 먹으면서 노는 것이다. 밤에 가 보아도 운동하는 사람들로 넘쳐 난다. 심지어 12시가 넘은 시간에도 여기저기 데이트를 즐기는 커플을 발견할 수가 있다. 한강시민공원처럼 24시간 사용 가능한 수변에 있는 도심 공원은 전 세계에 하나밖에 없을 것이다. 얼마 전에는 몇몇 대학생들이 과자 봉지를 묶어서 한강을 건너기도 했고, 종이배를 만들어서 한강을 건너는 행사도 보았다. 이러한 종이배 행사는 한강의 폭이 넓은 것과 유속이 빠르지 않은 것을 이용한 좋은 축제가 될 것이라고 생각한다. 프로모션을 잘하면 세계적인 축제로 거듭날 수 있을 것이다.

최근 서울에 만들어진 공원 중에서 가장 성공적인 공원을 꼽는다면 '경의선 숲길 공원'을 들 수 있다. 서울에는 여러 공원이 있지만 대부분은 경사진 산이다. 나머지 공원들도 대부분 우리의 주거 공간과는 떨어진 먼 곳에 있다. 경의선 숲길은 두 가지 면에서 특별하다. 첫째 선형의 공원으로 되어 있다는 점이다. 둘째, 공원 경계부에 상업 시설이 있다는 점이다. 공원이 만들어졌을 때 가장 혜택을 보는 곳은 공원의 경계부에 있는 사람들이다. 그런데 같은 면적의 공원을 만들어도 정방형이 아닌 선형으로 만들면 공원의 변의 길이가 길어진다. 예를 들어서 100제곱미터를 정방형으로 만들면 변의 길이는 40미터지만, 같은 면적으로 1대 100의 비율로 늘리면 변의 길이는 200미터로 5배 늘어난다. 경의선 숲길 공원은 평균적으로 폭이 16미터 정도의 선형으로 되어 있어서 양쪽으로 접한 길이가 무척 길다. 덕분에 경의선 숲길 주변의 주거 공간은 과거 기찻길을 등지고 있었던 안 좋은 환경에서 공원을 바라보는 이상적인 공간으로 탈바꿈되었다. 이 선형의 공원은 마포구 공덕동과 홍대 앞 연남동을 연결한다. 서로 떨어져서 아무 상관이 없던 동네 주민들이 이제는 같은 경의선 숲길 공원을 산책하는 공동체가 되었다. 이처럼 선형의 공원은 도시를 융합시키는 힘이 있다.

공원에 산책하는 사람이 늘어나니 경계부에 있던 건물의 저층부가 카페나 레스토랑으로 변화되면서 공원은 더 활기를 띠게 되었다. 카페가 생겨나니 공원에 갈 목적도 더 늘어났고, 카페에 앉아 있는 손님이 공원을 바라보니 공원은 밤에도 안전한 공원이 되었다. 지금은 사람들이 밤낮없이 경의선 숲길 공원을 찾는다. 대한민국에서 단위 면적당 가장 쓰임새가 많은 공원이라고 할 수 있다. 단순히 시민 건강에만 좋은 것이 아니라 경제 활성화에도 기여하는 '일석이조'의 공원이다. 이러한 선형의 공원이 많이 만들어질 필요가 있다. 실현 방법에 대해서는 나의 다른 저서 『공간의 미래』에서 더 자세하게 다루었으니 참고해 보시기 바란다.

제9장
열린 공간과 그 적들: 사무실은 어떻게 만들어지는가

근로 공간의 탄생과 비밀

시인 라이너 마리아 릴케의 「상상의 전기」라는 시를 살펴보자.

> 처음에 아이는 한계도 모르고, 포기도 모르고, 목표도 없이,
> 그토록 생각 없이 즐거워한다.
> 그러다가 돌연 교실이라는 경계와 감금과 공포에 맞닥트리고
> 유혹과 깊은 상실감에 빠진다.

나는 이 시를 읽을 때마다 무섭고 슬퍼진다. 라이너 마리아 릴케는 학교에 들어가는 것을 감옥에 들어가는 것에 비유했다. 생각해 보면 우리 세대만 하더라도 어렸을 적에는 빈 땅이 많았다. 그곳에서 물방개도 잡고, 잠자리도 잡고, 땅에 그림을 그리면서 놀았던 기억이 난다. 열린 공간에서 창의적으로 놀이도 생각해 내고, 새로운 친구도 쉽게 사귀면서 지내던 유년 시절이 지나고 학교에 들어가면서 릴케의 시처럼 우리는 슬퍼지는 것 같다. 초등학

교에 입학한 후 12년 동안 교실에 갇혀 지내고, 대학교 4년, 남자의 경우 군대 2년이라는 18년의 집단 시설에서 지낸 후에 비로소 우리는 사무실이라는 수십 년짜리 시설에 들어가게 되는 것 같다. 건축가이기에 릴케의 시에서 "교실이라는 경계와 감금"이라는 구절이 마음에 걸린다. 건축이라는 것은 어찌 보면 계속해서 경계를 만들고 감금하는 장치일지도 모른다는 생각이 든다. 그중에서도 사무실 공간은 감옥을 제외하고는 가장 심한 경계와 감금의 장소가 아닐까? 지금은 구글 같은 기업들이 창의적인 사무 공간을 만든다고 새로운 시도를 하고 있지만 아직도 대부분의 사무 공간은 근대 산업 사회의 유물처럼 정형화되고, 창의성보다는 생산성과 시간 관리를 강조하는 공간이다. 이 장에서는 그런 사무 공간에 대해서 살펴보자.

테헤란로에 가면 20층이 넘는 고층 빌딩으로 가득 차 있다. 고층 빌딩은 도시의 상징인 듯하다. 도시에는 고층 빌딩이 들어서야 한다는 공식은 20세기에 들어서 시카고와 뉴욕을 중심으로 자리 잡았다. 특히나 지반이 암석으로 되어 있고, 사방이 물로 둘러싸여 있는 섬이라는 제한 때문에 땅이 부족한 맨해튼에는 초고층 빌딩이 많이 만들어지게 되었다. 그 시기는 산업화가 어느 정도 자리가 잡히고 강철, 콘크리트, 유리 같은 새로운 건축 자재가 수급되는 시기와도 일치한다. 기술력과 경제적 조건, 사회적 요구 등이 합쳐서 나오는 것이 새로운 건축 양식이다. 그렇다면 현대인인 우리가 대부분의 시간을 보내고 있는 사무실 공간은 과연 어떻게 만들어지게 되었을까?

이에 대한 답을 찾기 위해서는 도시의 역사를 생각해 봐야 한다. 미래학자 앨빈 토플러는 그의 베스트셀러『제3의 물결The Third Wave』에서 인류 역사는 세 번의 물결에 의해서 만들어졌다고 말한다. 첫 번째 물결은 농업 기술의 물결, 두 번째 물결은 산업화의 물결, 세 번째 물결은 정보통신의 물결이다. 휴대 전화와 인터넷이 보급되기 전에 쓰인 책이라는 것을 감안하면 작가의 혜안에 놀라지 않을 수 없는 명저다. 사무실 같은 근로 공간의 탄생은 이러한 인류가 만들어 낸 세 번의 물결과 무관하지 않다. 그 과정을 한번 살펴보자.

인류는 우선 수렵과 채집의 시기를 오랫동안 거쳤다. 한마디로 사냥해서 먹거나 나무나 들판에 있는 열매를 먹으면서 생활해 왔다. 이러한 생활에서는 사람들이 항상 여기저기 음식이 있는 곳을 찾아서 움직여야 하기에 건축이라는 것이 별로 의미가 없다. 지금도 유목 생활을 하는 민족들은 기초를 가진 건축물보다는 텐트에서 생활한다. 아메리카 인디언이나 몽골의 유목 민족이 티피나 파오 같은 동물 가죽으로 만든 텐트에서 생활하는 것을 상상하면 된다. 나는 농담처럼 우리나라도 이렇게 항상 이동하는 기마민족이라서 건축에는 약하고 대신에 휴대 전화나 자동차 같은 이동과 관련된 산업에는 강한 것이라고 말하고 다닌다. 같은 맥락에서 우리 민족은 말을 타고 다니면서 활을 쏘는 민족이었기 때문에 손가락 근육은 발달했고, 반면에 뛰어다니지 않고 대부분 말을 타고 다녀서 서양 인종과 비교해서 다리 근육은 덜 발달했을 수 있겠다. 손을 많이 사용하는 양궁, 야구, 골프에서는 두각을 나타내지만, 아무리 해도 축구가 안 되는 이유가 여기에 있지 않나 추측해본다.

다시 건축으로 돌아가 보자. 이렇게 여기저기 떠돌아다니던 사람들이 농사를 지으면서 한곳에 정착하게 되었다. 농사라는 것은 계절에 따라서 파종과 수확, 휴지기가 나뉜다. 일 년에 4분의 3을 일하고 4분의 1인 겨울철은 노는 것이 농업 사회다. 『뇌의 배신 *Autopilot: The Art Science Of Doing Nothing*』이라는 책을 보면 저자 앤드류 스마트는 빈둥거리면서 노는 시간에 창의적인 생각이 나오게 된다는 연구 결과를 소개하고 있다. 인류는 갑자기 획기적일 정도로 창의적으로 되는데, 그 시기가 농업이 시작된 시기와 비슷하다고 한다. 겨울철에 노는 시간에 사람들이 비로소 창의적으로 문자도 만들고 하늘도 연구하면서 문명이 탄생했던 것이다. 많은 시간적 여유가 생겼고, 농경지를 떠날 수 없기 때문에 지속 가능한 건축물이 비로소 나오기 시작한다. 이때 서로 다른 지역마다 그 지역의 기후에 맞춰서 농작물들이 자리 잡게 된다.

사실 농작물이라는 것은 남자들이 사냥하러 갔을 때 여자들이 주변의 열매들을 이것저것 따 먹고 실험하면서 먹을 수 있는 열매를 골라낸 것이다. 뭐 달리 실험 대상도 없었을 테니 자신이 먹어 보고 배도 아파 보면서 축적된 노하우를 후대에 전수했다. 그렇게 땅에 심어 본 것 중에서 수확이 많이 나는 것을 찾아냈고, 그 씨앗들이 지금 우리가 먹는 벼, 밀, 옥수수, 수수, 메밀 같은 식물들이다. 그중에서도 밀과 벼는 인류가 주로 먹는 농작물이다. 하지만 지역마다 주식으로 삼는 농작물이 다르다. 예를 들어서 유럽은 밀을 주로 먹고, 동아시아는 벼를 주식으로 삼는다. 이는 그 지역의 강수량과 밀접한 관련이 있다. 그리고 강수량은 그 지역의 건축 양식에도 큰 영향을 미친다. 자연 발생적으로 다른 기후대마다 다른 건축 양식이 발생하고 수천 년을 이어져 왔다. 하지만 그런데도 단위 면적당 사는 사람의 숫자인 인구 밀도는 농업 기반의 사회에서는 일정 수준을 넘지 못했다. 농업을 기반으로 하는 사회에서는 경제적인 재화를 만들기 위해서 농작물이 자랄 땅과 더불어 비와 햇볕을 주는 하늘이 필요하다. 100명의 사람을 먹여 살릴 수 있는 식량이 나오려면 일정량의 땅이 필요하다는 말이다. 게다가 이 시기에는 교통수단이 별로 발달하지 않았고 냉장고도 없었다. 당연히 재배한 음식이 운반하면서 썩지 않을 정도까지의 반경에 일정 인구만 모여서 살 수 있었던 시절이다. 구약 성경에서 노아의 홍수 이후에 하나님은 노아에게 지면에 흩어져서 살라고 명령을 내리셨는데, 농사를 짓던 시절에는 먹고살기 위해서 흩어질 수밖에 없었다.

소돔과 고모라

그렇게 한 국가의 부가 가치 대부분을 농사로 만들던 시절에도 다른 것으로 돈을 벌던 사람들이 있었다. 바로 상업하는 사람들이다. 대표적인 사람들이 피렌체와 베네치아에 있던 사람들이다. 베네치아는 특히 동양과 서양 사이의 중계무역으로 엄청난 부를 축적했다. 베네치아인들은 조선술이 발달해서 자신들이 만든 배를 가지고 동서양 무역의 상당 부분을 차지했었다. 이처럼 농업이 아닌 상업으로 돈을 벌던 사람들은 농업에 기반을 둔 도시보다 밀도가 높은 도시를 형성하면서 살았다. 이들보다 더 과거인 구약 성경 시절에는 소돔과 고모라라는 도시가 나온다. 이 도시는 당시 황금처럼 취급되던 소금을 팔던 곳이다. 상업에 근거를 둔 경제 구조라서 땅이 필요 없고, 당연히 고밀화된 도시가 만들어지는 것이다. 고밀화가 되면 사람들의 짝짓기 본능이 자극될 수밖에 없을 것이다. 그래서 우리가 알고 있는 '죄악의 도시'인 소돔과 고모라가 탄생한 것이다. 인구 밀도가 낮은 시골에서 태어나 거기서만 계속 산다면 새로운 이성을 만날 기회도 적다. 따라서 성적인 자극이 덜해서 도시보다는 성범죄율이 낮다. 하지만 상업으로 인해 상대적으로 밀도가 높게 형성됐던 소돔과 고모라는 성범죄율이 높을 수밖에 없었다. 현대인은 당시의 소돔과 고모라보다도 더 고밀화된 도시에 살고 있다. 지금의 서울이 성적 욕망이라는 면에서는 소돔과 고모라보다 더 자극적인 도시다. 다만 지금은 여러 가지 법과 치안으로 일정한 규칙 안에서 그러한 욕망을 분출하고 있을 뿐이다. 적절한 분출구와 제약 장치들이 도시가 아수라장이 되는 것을 막아 주고 있는 것이다. 영화 〈살인의 추억〉을 보면 화성이라는 시골의 중소 도시에서 살인 사건이 벌어진다. 화성은 몇 번의 연쇄 살인의 배경이 되었다. 어떤 범죄 심리학자가 왜 화성시에서 유독 그런 살인 사건이 많이 발생하는지 설명한 적이 있다. 그의 이론에 의하면 화성이 대도시인 서울에서 어느 정도 떨어진 중소 도시여서 그렇다고 한다. 그 살인자는 도시에서 주로 생활하면서 자극받은 본능이 도시의 치안 상태에서 억눌려 있다가 화성시같이 접근은 가능하지만, 상대적으로 치안 장치가 강하지 않은 대도시 근처의 시골 도시에서 범죄를 저질렀을 거라고 추측한다.

앞서 살펴본 바와 같이 인류 역사 속에서는 농업으로 문명이 발달, 정착되고, 상업으로 약간의 도시가 형성되었다. 하지만 도시화 고밀화가 본격적으로 이루어진 것은 산업혁명의 물결이 인류를 강타한 다음이다. 지금은 인류 역사상 가장 다양한 물건을 만들어 내는 시대다. 그 시작은 18세기 중엽 산업혁명이다. 산업혁명은 기계를 통해서 물건을 만들어 내는 것이어서 땅과 햇볕이 필요 없다. 재화를 생산하는 것이 실내에서도 가능하다는 말이다. 그리고 그 당시에는 건축 기술력도 발달해서 7~8층 정도까지는 건물을 지을 수 있었다. 물건을 만들어서 팔려면 여러 과정이 있다. 예를 들어서 목화를 따면 배를 통해서 항구로 들어오고, 방적 기계를 통해서 옷감을 만들고, 옷 공장에서 옷을 만들고, 이를 팔기 위한 가게가 있고, 옷을 살 소비자들도 많아야 하고, 옷을 수출할 항구도 가까워야 한다. 한마디로 농업 사회에서는 사람이 흩어져서 살아야 하지만, 공업 사회에서는 사람이 가깝게 모여 살수록 이익이 많이 창출된다. 이러한 필요조건에 의해서 사람들은 고밀화된 도시를 만들기 시작했다.

시계탑

산업혁명을 거치면서 공장이라는 것이 만들어졌다. 사람들은 더 이상 해 뜨면 나가서 일하고 해 지면 집으로 돌아오는 생체리듬에 맞춰 사는 것이 아니라, 9시까지 출근해야 하는 생활리듬으로 살게 된 것이다. 게다가 농사를 지을 때는 농한기인 겨울에는 놀 수 있었는데, 산업사회에서는 겨울에도 난방이 되는 실내에서 일을 해야만 하는 상황이 되었다. 지옥철을 타야 하고 일 년에 2주일밖에 쉬지 못하는 샐러리맨의 비극은 여기서부터 시작된 것이다. 이 시기에는 모든 사람이 시계를 차고 다닐 수가 없었다. 회중

영국 국회의사당 동쪽 끝에 있는 빅 벤.
2012년 엘리자베스 2세의 즉위 60주년을 기념해
엘리자베스타워 Elizabeth Tower로 개명했다.

시계는 부유한 귀족들의 상징이었고, 대부분의 사람은 시청이나 학교에 있는 시계탑의 시계를 보면서 그 시간에 맞춰서 살아야 했다. 시계탑이 있는 런던의 빅 벤Big Ben 같은 건축물이 이러한 세태를 잘 보여 주는 건축물이다.

한때 '코리안 타임'이라는 말이 있었다. 시간 약속에 30분 정도 늦는 것은 당연하게 생각하는 한국 사람의 모습을 비판하는 말이었다. 하지만 그 시대에는 어쩔 수 없었다. 해시계, 물시계를 보면서 자시, 축시 같은 두 시간씩 끊어지는 단위로 살던 사람들에게 30분은 오차범위 이내의 시간이었을 테니까 말이다. 1970년대 이전까지 우리나라는 농경 사회였다. 농경 사회는 시간이 중요하지 않다. 대신 몇 주 단위의 '절기'가 중요했다. 당연히 30분 같은 짧은 단위의 시간을 생각하면서 살지 않았다. 하지만 우리나라 사람들도 수십 년의 산업화를 거치면서 지금은 시간을 잘 지킨다. 정시에 떠나는 기차를 누구라도 놓치고 싶지는 않을 테니 말이다. 그 시기를 거쳐서 1990년대에는 10분 정도의 지각은 용인되던 시절이었다. 각자의 손목시계가 그 정도의 오차는 있었으니까. 하지만 지금은 더 각박하다. 온 국민이 휴대 전화 안의 시계로 1초도 틀리지 않게 동시 작동하고 있으니 온 국민은 더욱더 정확하게 살아야 하는 시절이 되었다. 이렇게 정확한 삶은 수백만 년을 거치면서 만들어진 인간의 생체리듬과는 맞지 않기 때문에 더욱 힘든 것이다.

자리 배치의 비밀, 부장님 자리

이 책 앞부분에서 바라볼 수 있는 사람이 자유를 갖는 것이고, 자유는 곧 권력이라고 말했다. 이처럼 보는 것과 권력은 밀접한 관련을 갖는데, 시각적 관계에 의한 권력 구조는 사무실의 부장님 책상 배치에서도 극명하게 드러난다. 지금은 창조적인 사무 공간을 만들기 위해서 책상 배치가 많이 자유로워졌지만 1970~1980년대에 회사 생활을 하신 분들은 책상 배치에 의한 권력의 차등을 체험했을 것이다. 언제 한번 구청 직원들이 있는 사무실을 방문해 보라. 일반적으로 사무실에 가면 부장님은 창가에 창문을 등지고 앉아 있다. 그리고 그 앞쪽에 좌우 양측으로 직원들의 책상이 줄지어서 마주 보고 있다. 사람들이 많이 왕래하는 복도 쪽에는 말단이 앉고 연배가 높아질수록 창가 쪽으로 위치를 이동하게 된다. 따라서 높은 분들은 자기 책상을 오갈 때 부하 직원의 책상을 자연스럽게 감시할 수 있는 반면, 부하 직원들은 특별한 이유 없이는 상관의 책상 쪽으로 갈 수가 없다. 따라서 상관이 일을 하는지 놀고 있는지 알 수 없다. 좌우대칭 책상 배열에서 동급끼리는 서로 마주 보고 앉는데, 이는 서로 쳐다보는 두 사람이 같은 수준의 권력을 가진다는 것을 의미한다. 이때 본인의 사생활을 좀 더 보호하기 위해서 책상 앞에 책들을 꽂아서 담을 쌓는 경우가 대부분이다. 이렇듯 인간은 끊임없이 자신의 영역과 권력을 키우려고 노력하게 된다.

일반적인 사무실 가구 배치에서 부장님은 고개만 들어도 직원들이 일하는 옆모습과 책상 위를 자연스럽게 볼 수 있는 반면, 직원들은 옆에 있는 부장님이 자기를 보는지 안 보는지 고개를 돌

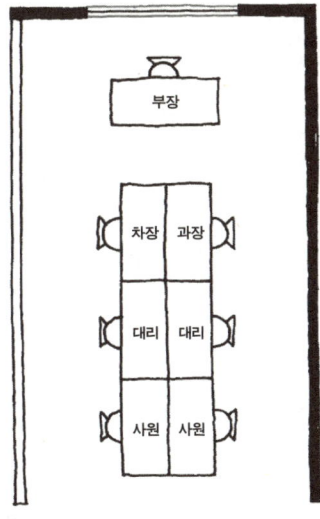

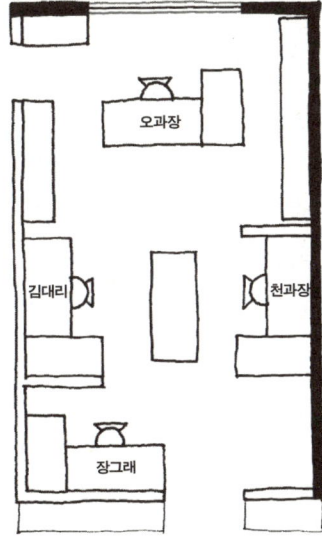

일반적인 사무실 자리 배치   드라마 〈미생〉 영업3팀 자리 배치

려서 쳐다보기 전에는 알 수가 없다. 그나마 부장님을 바라보면 배후에 있는 창문으로 들어오는 후광 때문에 눈부셔서 직접 보기도 힘들고 실루엣 정도나 보게 될지도 모른다. 마치 성인聖人의 초상화는 얼굴 뒤에서 빛이 나듯이 부장님 자리는 후광이 있는 구도가 되는 배치다. 바깥 복도 쪽에 앉은 말단 직원은 부장님과 자신 사이에 앉아 있는 선배들을 보면서 권력의 피라미드에서 층층시하의 자신의 위치를 재차 확인하며 부장님은 직접 말을 걸기 힘든 사람이라고 느낄 것이다. 이같이 간단한 가구 배치만을 통해서도 권력을 표현하거나 집행할 수 있다. 그러니 이러한 자리 배치를 한 사무 공간에서 일하면서 회식 시간에 아랫사람에게 편하게 말해 보라는 말은 안 하는 편이 낫다.

공공의 적, 형광등

기독교에서는 인간이 하나님의 형상을 따라서 창조되었다고 말하고 있을 정도로 인간들은 자존감이 상당히 높다. 그래서인지 사람들은 자신이 동물이라는 것을 잊고 사는 경우가 종종 있는 것 같다. 인간은 동물이다. 그중에서도 주광성 동물이다. 인간은 빛이 필요한 동물인데, 산업화되면서 인간의 본능과 상충하는 일들이 생겨났다. 예전에 학교에서 현대 건축의 최고의 적은 형광등이라고 배운 적이 있다. 과거에는 사람들이 햇볕을 받기 위해서 창을 내어 창가에 살았고, 건축가들은 자연 채광을 들여오기 위해서 재미난 단면을 고안해 내야만 했다. 그러다가 값싸게 인공의 빛을 만들 수 있는 형광등이 건축에 도입되면서부터 건축물은 더 이상 햇볕이 들어오는 디자인에 신경 쓸 필요가 없게 되었다. 그래서 형광등이 건축 공간을 단조롭게 만들기 시작했다는 것이다. 1층 위에 2층, 2층 위에 3층을 포개 놓고 머리가 안 닿을 정도의 천장 높이만 확보한 후 천장에 형광등을 달면 모든 빛의 문제가 해결됐다. 과거 농경 시대에는 항상 하늘을 보면서 햇빛 아래에서 일했다면, 지금은 형광등 불빛 아래에서 일한다. 여기서 현대인의 비애가 발생한다. 심지어 창문 없이 형광등만 있는 건강하지 못한 공간에서 일하는 분들도 많다. 농부는 자연 속에서 일하고 겨울철 3개월이 휴가다. 근무 여건만 본다면 일 년에 2주일 쉬는 회사원보다 더 좋은 조건처럼 보인다. 현대인은 자연과 분리되어 사는 '자연스럽지' 못한 라이프 스타일을 가지고 있다. 그뿐 아니라 현대인들은 고밀화된 도시 공간 구조 속에서 공간을 통해 권력의 조종을 받게 된다. 그 스케일은 도시 스케일에서 미세한 자리 배치까지 이른다.

인간이 삶을 영유하기 위해서는 빛이 필요하다. 그래서 사람들은 자신들이 사는 실내로 햇빛을 들여오기 위해서 창문을 만들었다. 더 넓은 실내 공간을 만들기 위해서는 더 큰 창문이 필요했다. 더 많은 빛을 실내로 들이기 위한 과정에서 동양과 서양은 각기 다른 방식을 채택했다. 서양 건축은 주로 벽이 구조체다. 실내 공간을 크게 만들기 위해서는 더 큰 창문이 필요했다. 하지만 당시의 기술로는 벽을 뚫고 가로로 긴 창을 만들 수 없었다. 창문이 가로로 길어질수록 창문 위에 있는 벽의 무게를 견뎌야 하는 인방보[17]가 점점 더 두꺼워져야 하는데, 그러기에는 기술적으로 한계가 있었다. 그래서 더 큰 공간을 위한 더 큰 창을 만들기 위해

베르사유 궁전

서 창문의 가로는 좁게 하되 벽을 높게 쌓아서 창문을 세로로 길게 만들었다. 베르사유 궁전같이 큰 방이 있는 건축물에 높은 천장 높이에 키 큰 창문이 있는 디자인이 만들어진 이유가 여기에 있다.

반면 동양에서는 나무 기둥으로 된 네모진 모듈러(기본 단위)로 건축물을 만들었다. 서양처럼 높은 벽을 만들어서 창문을 키우려면 큰 나무가 필요한데, 그런 큰 나무는 구하기가 쉽지 않았다. 따라서 많은 실내 공간이 필요하면 간편하게 방의 폭을 유지하면서 한 방향으로 길게 선형으로 늘여서 창문과 접한 실내 공간을 늘려 나가는 방식을 택했다. 99칸 큰집은 이렇게 해서 만들어진 것이다. 99칸은 단위 모듈러의 개수를 말한다. 경복궁에서도 경회루처럼 특별히 가로세로 모두 큰 실내 공간이 필요한 경우가 아니라면 대부분 작은 모듈 공간이 길게 배치된 형태다. 따라서 동양 건축은 건물의 폭이 좁고 가로로 길어서 자연과 접하는 표면적이 넓다는 장점이 있다. 방에서 창문을 통해 정원을 바라보는 풍경이 있는 보편적인 동양 전통 건축의 모습은 이렇게 탄생한 것이다. 그러다가 20세기에 들어 철근 콘크리트 구조가 발달하면서 공간을 가로세로 수평으로 무한정 확장할 수 있게 되었다. 게다가 형광등의 보급으로 햇빛을 위해서 천장 높이를 높이거나 정원을 끼고 긴 선형을 만들 필요가 없게 되었다. 또한 제한된 높이에 더 많은 층을 넣기 위해서 천장 높이는 머리만 안 닿을 정도로 최소화되었다. 그래서 현재 우리는 높이 2.4미터의 천장 높이에 가로세로 폭이 수십 미터에 이르는 사무실에서 일하게 된 것이다. 만약에 형광등이 없었더라면 우리는 아직도 천장 높은 사무실 또는 어느 자리에서나 정원을 바라볼 수 있는 사무실에서 일했을 것이다. 이런 면에서 형광등은 인간과 자연을 분리한 공공의 적이다.

집보다 자동차를 먼저 사는 이유

열린 공간이 항상 좋은 것은 아니다. 왜냐하면 자신을 바라보는 눈이 많기 때문이다. 하지만 만약에 익명성이 확보되고 수평적인 관계의 사람들만 있다면 우리는 서로를 즐겁게 바라보면서 살 수 있다. 대표적인 실례가 야구장이나 광장이다. 야구장 같은 공공 공간에서는 익명성이 보장된다. 야구장에서 나를 쳐다보는 사람들 대부분이 나를 모르는 사람들이다. 그래서 그들이 나를 보아도 큰 문제가 되지 않는다. 그럴 때 우리는 편하게 바라보고 동시에 다른 사람에게 나 자신을 보여 줄 수 있다. 하지만 우리가 누구인지 알 수 있는 공간에서는 편하지 않다. 사무실같이 우리가 누구인지 알고 우리의 일거수일투족이 평가의 근거가 되는 공간에서는 더욱 편치 못하다. 그래서 우리는 자신의 칸막이 영역 안에 숨고 싶어 한다. 하지만 최근 들어서 열린 공간, 수평적 관계, 창의적 사고를 외치는 사무 문화의 변화로 사무실은 점점 오픈되어 간다. 하지만 이상과 현실은 항상 다른 법이다. 사람들은 열린 공간에서 사무를 보는 경우, 업무 시간의 상당 부분을 다른 사람 때문에 업무에 방해받아서 흐트러진 마음을 다잡는 데 소비되고 있다는 연구 결과도 있다.

우리는 기본적으로 프라이버시가 필요하다. 내가 있는 사무실에는 책상 앞에 책을 쌓아 두는 직원이 있었다. 이는 그 직원이 단순히 게을러서 그런 것이 아니다. 개방된 책상이 불안해서 자신의 영역을 만들기 위해서 책과 서류로 벽을 치는 것이다. 보통 사무실에는 큰 모니터가 벽의 역할을 해 준다. 우리 사무실 직원들은 업무용 데크스탑 컴퓨터까지 책상 위에 올려놓고 벽처럼 쓰고

모니터가 벽 역할을 하는 사무 공간

있다. 요즘에는 듀얼 모니터로 작업해서 모니터를 두 대 사용하는데, 그 두 대의 모니터를 이용해서 울타리를 만들어 놓고 있다. 이 모든 것이 프라이빗한 공간을 만들고 싶어 하는 욕구에서 나타나는 풍경이다. 나는 어렸을 적 등하굣길에 타는 버스 안에서는 항상 맨 뒤 구석 자리에 합판으로 혼자만 들어갈 수 있는 내 방을 만드는 상상을 했었다. 초등학생 어린 나이에 낯선 사람들이 부담스러워서 방 안에 숨는 상상을 했던 것이다. 이렇듯 혼란의 세상에서 프라이빗한 공간을 원하는 것은 선사 시대 때부터 내려오는 안전을 추구하는 본능이다.

프라이버시는 다른 말로 일정 공간의 완전한 소유를 뜻한다. 우리는 완전히 소유할 수 있는 공간에서만 사생활을 노출할 수 있기 때문이다. 따라서 공간을 소유한다는 것은 자유를 뜻한다. 가장 프라이빗한 공간은 자기 집이나 방이다. 하지만 요즘같이 인구 밀도가 높은 세상에서는 자신만의 공간을 소유하려면 많은 돈이 든다. 큰돈을 들여서 큰 집을 살 수 없기에 우리는 시간당으로 작은 공간을 빌린다. 노래방, 비디오방, 모텔 방 같은 곳이다. 좀 더 여유가 있는 사람들은 자동차를 산다. 자동차는 차의 내부가 방음이 되는 완벽히 사적인 공간이다. 그러면서 동시에 이동이 가능하기 때문에 조용한 곳에 가서 주차만 하면 주변 공간을 자신의 것으로 만들 수 있는 장치이기도 하다. 전망 좋은 한강변 아파트를 구입하기는 어렵지만, 한강시민공원 주차장에만 가면 강변 전망의 방을 소유할 수 있게 해 주는 것이 자동차다. 자동차 공간을 더 프라이빗하게 만들기 위해서 사람들은 더 짙은 선팅 필름지를 붙이기도 한다. 선팅지는 어두운 곳에서 자신을 노출하지 않고, 밖을 보는 관음증을 만족시켜 주기도 한다. 짙어진 자동차 선팅은 여름철 냉방에 도움도 되지만 점점 더 복잡해지고 혼란스러운 세상을 지워 버리는 현대인의 생존 기술 중 하나이기도 하다. 요즘 젊은이들은 집보다 자동차를 먼저 산다. 자동차는 이 사회에서 프라이빗한 공간을 완벽히 소유할 수 있는 가장 작은 단위이자, 이동하면서 공간의 성격도 바꿔 줄 수 있어서 가격 대비 성능이 가장 좋은 공간이기 때문이다.

프라이빗한 공간을 얻는 다른 방식은 익명성을 통해서 얻는 것이다. 대도시화되면서 공간의 부족으로 없어지는 사생활의 자유는 대도시의 익명성이라는 장치를 통해서 회복된다. 나를 모르는 여러 사람 속에 섞여 있게 되면 나는 더 자유로워진다. 더 자유로워질수록 그 공간에서 사적으로 행동할 수 있다. 사적으로 행동한 만큼 그 공간을 소유하는 것과 마찬가지가 된다. 사람들은 이러한 완벽한 익명성의 자유를 얻기 위해서 멀리 해외여행을 간다. 그런데 아주 먼 곳까지 비행기를 타고 마음먹고 해외여행을 갔는데 거기에서 한국 사람을 만나면 김이 샌다. 자유를 얻기 위해서 비싼 돈을 들였는데 거기서도 완전한 익명성이 없어서 실망하게 되는 것이다. 익명성이라는 것은 좋은 것이다. 보통 사적인 공간에서의 자유를 소유하려면 아무리 많은 돈을 들여도 그 크기가 건물의 규모를 넘기 어렵다. 하지만 익명성이 보장된다면 우리는 한 도시 크기의 공간을 사적으로 소유할 수 있는 것과 마찬가지가 된다. 우리는 모두가 유명해지기를 원하지만, TV에 많이 나오는 연예인들은 유명해지면서 동시에 이러한 익명성을 포기해야만 한다. 유명인들은 익명성이 없기 때문에 점점 더 큰 집을 소유해야만 하는 것이다. 그 집만이 자신이 자유로울 수 있는 사적인 공간이기 때문이다. 그나마 그 집도 파파라치나 사생팬에게 공격받는다. 할리우드 배우들이 큰 수영장이 있는 집에 사는 것을 종종 보는데, 하나도 부러워할 것이 없다. 그들은 그 수영장 딸린 큰 집에서는 자유로울 수 있지만, 집 밖 어디를 가도 자유롭지 못하다. 집 밖의 공간을 완전히 소유할 수 없는 것이다. 대신 우리는 집은 작지만 대문 밖의 모든 공간에서 자유롭다. 유명인이 아닌 분들은 여러 도시를 소유한 부자인 것이다.

다시 사무 공간으로 돌아가 보자. 사무 공간이라는 것은 개인의 업무를 진행함과 동시에 협업도 해야 하고, 다른 사람으로부터 자극도 받아야 한다. 그래서 좋은 사무 공간은 개방성과 폐쇄성이 적절하게 배합된 공간이다. 디자인 방법적으로 좋은 사무 공간은 어디를 열고 어디를 닫아야 하는가가 결정한다. 좋은 사무 공간은 직원들이 큰 빈 공간을 바라볼 수 있도록 구성한 공간이다. 우리가 천장고가 높은 종교 건축에 들어가면 눈에 보이지 않는 영적인 상상을 하게 된다. 같은 원리로 사무 공간에서도 빈 공간을 바라볼 수 있는 곳에서는 눈에 보이지 않는 것을 상상하는 창의적인 생각이 더 쉽게 나온다. 그 비어 있는 공간이 우리의 사고가 숨 쉴 수 있는 환경을 제공해 준다. 천장 높이가 높은 공간이 창의적인 환경이라는 연구 결과도 있다.

우리는 과거 넓은 자연을 바라보면서 지금의 문명을 창조해 냈다. 하지만 현대 사회에서 우리는 최소한의 공간을 소비하면서 사는 데 익숙해져 우리가 원래 자연 속에서 얼마나 여유로운 공간을 소비하면서 살았는지도 잊어버린 듯하다. 그리고 자연은 적절

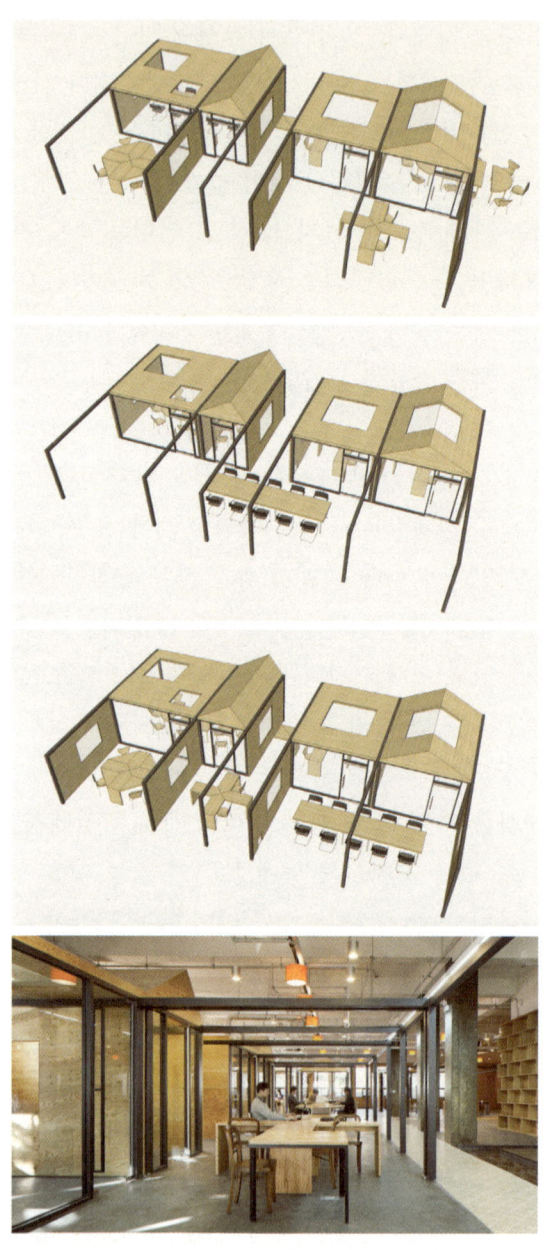

개방성과 폐쇄성이 적절하게 배합된 사무 공간

한 수준의 무질서를 보여 준다. 그래서 좋은 사무 공간을 만들기 위해서는 적절한 수준으로 무질서한 환경을 만들어 줘야 한다. 적절하게 다른 사람과 부딪히는 환경이 필요한 이유가 여기 있다. 뇌 연구가 앤드류 스마트의 책 『뇌의 배신 *Autopilot: The Art & Science Of Doing Nothing*』에 의하면 사람은 아무 일도 안 하고 멍때리거나 명상하거나 빈둥거릴 때, 즉 뇌의 상태가 '디폴트 모드 네트워크'가 되었을 때 창의적으로 된다고 한다. 작가는 창의적으로 되기 위해서는 다른 사람에 의해서 설정된 목표와 시간표에 의해서 움직이는 것을 경계해야 한다고 말하고, 스마트폰을 계속 보면서 무언가 일을 처리하는 동안에는 사람의 머리가 창의적으로 될 수 없다고 말한다. 정말로 창의적인 직원이 되려면 출퇴근 시간도 없애고 일하는 시간에 명상할 수 있게 해 줘야 한다는 말이 된다. 그런데 우리가 하는 일이라는 것이 창의성이 전부는 아니기에 그렇게 될 것 같지는 않다. 하지만 분명한 것은 창의적인 사무 공간이 되려면 편하게 빈둥거릴 수 있는 공간이 필요하다는 점이다. 가장 빈둥대는 어린이들이 가장 창의적이지 않은가?

제10장
죽은 아파트의
사회

카페와 모텔이 많은 이유

선사 시대 주거에서 집의 중심은 모닥불이었다. 세월이 지나서 현대인 집의 중심은 TV다. 가족들은 모두 거실에 모여 앉아 움직이는 불의 변형이라고 할 수 있는 TV 화면을 바라본다. (2025년 현재 TV보다는 자신의 스마트폰을 쳐다본다. 나만의 모닥불을 주머니에 넣고 다니는 셈이다.) 심리학자들에 의하면 과거 남자들은 밖에서 목숨을 걸고 사냥했고, 집에 돌아오면 멍하게 불을 쳐다보면서 밖에서의 긴장감을 풀었다고 한다. 불을 쳐다보는 시간은 사냥 모드에서 휴식 모드로 바꾸는 과정이었다는 것이다. 마찬가지로 경쟁이 심한 현대 사회에서 밖에서 일하고 돌아온 사람은 최소 30분은 멍하게 TV를 보아야 정신 모드가 집으로 돌아온다고 한다. 그래서 직장인이 집에 돌아오자마자 TV 보는 것을 이해해 줘야 한다는 이야기다. 집에서 TV를 많이 보시는 직장인들이 들으면 좋아하실 얘기다. 원시 시대 때의 모닥불은 현대에 와서 거실의 TV와 부엌의 가스 불로 나누어졌다. 음식을 만드는 불이 부역으로 이동하면서 현대인은 거실을 갖게 되었고, 그 거실에는 불의 흔적으로 TV가 남아 있는 것이다. 이렇듯 사람이 사는 모습은 수천 년이 지나도 그 형식이 조금 바뀔 뿐 그 본질은 크게 바뀌지 않았다. 가족이라는 구성이 좀 작아진 것을 제외하고는 밖에서 일하고 집에서 가족 단위로 쉬는 형식은 똑같다. 그래서인지 건축도 많이 바뀐 것 같지만 실상 잠자고, 밥해 먹고, 싸기 위한 공간은 크게 바뀌지 않았다. 다만 경제와 문명이 발달할수록 자의식이 강해지고, 개인주의가 발달하고, 자기의 욕구를 채우기 위한 욕망이 커져 온 경향은 있다. 따라서 주거 공간에서 과거와 달라진 것이 있다면 생활 속에서 사적인 공간의 수요가 늘어났다는 점이다. 자세히 살펴보면 우리가 사는 집에서 방의 크기도 점점 커지고 있음을 알 수 있다.

우리나라의 경우 경제는 발전했지만, 국토 면적이 작아서 공간적으로 제한이 있다. 소득이 높아질수록 사적인 공간에 대한 욕구는 높아지지만, 실제 개인 주거가 그 사적인 공간의 수요를 따라가지 못했다. 우리나라에서는 보통 성인이 되어서도 결혼 전에는 부모와 함께 산다. 그래서 친구를 편하게 집으로 불러오기 힘들다. 이러한 상황에서 사람들이 친구들과 함께 시간을 보낼 수 있는 자기만의 거실이 없기에, 부족한 거실을 대체해 줄 카페가 많이 생겼다. 카페는 우리의 시간제 거실인 것이다. 외국에는 커플이 집에서 빨래하고 영화나 드라마를 보면서 데이트한다. 어려서 독립하기 때문에 이런 풍속도가 가능하다. 하지만 집이 작거나 부모와 사는 경우가 많은 우리나라에서는 시간당으로 빌리는 모텔이 그 역할을 해 준다. 이처럼 개인의 욕망과 공간의 부족이 충돌되는 상황에서 시장 경제는 노래방, 비디오방, PC방, 룸살롱 같은 방 중심의 문화를 만들어 낸 것이다. 우리의 밀폐적인 방 문화는 우리나라 사람이 방을 좋아해서 만들어진 게 아니라 필요와 공간적 제약이 합쳐져서 만들어 낸 해결책으로서의 결과물이다.

한강의 만리장성

서울은 세계의 다른 도시가 하나도 갖고 있기 힘든 두 개의 천연자원을 가지고 있다. 하나는 서울 외곽을 둘러싼 산이고, 다른 하나는 한강이다. 한강변의 둔치는 수평적인 빈 공간이 부족한 서울 시민에게 중요한 쉼의 장소이기도 한데, 이렇듯 소중한 한강을 이용하기 위해서 서울시는 과거 '한강 르네상스'라는 이름으로 강변의 아파트를 재개발하여 시민들의 한강 접근을 더 쉽게 하겠다는 계획을 세웠었다. 하지만 한강으로의 접근성을 높이기 위해서 반드시 한강변의 오래된 아파트 단지를 고층 타워형 아파트 단지로 재구성해야 하는 것일까? 과연 한강으로의 접근을 막는 것이 성냥갑 같은 형태로 디자인된 아파트 때문일까? 문제는 아파트의 모양이 아니라 아파트 단지의 두께다. 현재 보행자가 한강으로 접근하는 것을 막는 주요 원인은 300미터에서 길게는 700미터에 이르는 대규모로 형성된 두꺼운 아파트 단지다. 그리고 이 아파트 단지 내로는 공공의 상업가로가 관통하고 있지 않다는 점이 한강으로의 접근을 막는 가장 큰 문제다. 가끔 있는 공공 도로도 강변 도로로 만들어진 둑으로 향하는 막다른 길뿐이다. 사람들이 상가도 없는 그 막다른 길을 걸어갈 리 만무하다. 그래서 한강은 우리 일상의 삶과 더 밀착될 수 있음에도 불구하고 안타깝게도 주민

한강변에 대규모로 형성된 아파트 단지

외 사람들을 배척하는 아파트 단지로 막혀 있다.

강남의 경우, 이 같은 문제의 시작은 최초에 토지공사에서 토지 매각 시 돈을 더 받기 위해서 도로를 만들지 않고 건설사에 큰 덩어리로 땅을 매각한 데 있다. 그렇게 한 이유는 만들지 않은 공공 도로만큼의 땅을 건설사에 더 팔 수 있기 때문이었다. 땅을 매입한 건설사는 당연히 세대수를 최대한으로 만들어 내기 위해서 단지 내로 시민이 관통할 거리를 만들지 않는다. 다만 아파트 주민만을 위한 단지 내 도로만 만들었다. 이렇게 해서 만들어진 두꺼운 아파트 단지는 한강으로의 접근을 막는 서울의 '만리장성'이 되었다. 이를 해결하기 위해서는 서울시가 기존의 상업가로와 한강을 연결하는 걷고 싶은 공공 도로를 만들어 주고, 새로 만든 길 끝에는 토끼 굴을 만들어서 둔치로 연결되게 해 주어야 한다. 그리고 그 길 주변으로 적어도 한 줄의 상점들이 들어서면 더욱 좋을 것이다. 그게 어렵다면 인도를 넓게 하고 가로수를 심으면 된다. 이것이 가장 효율적으로 한강으로의 접근을 쉽게 만드는 방식이다. 이 같은 방식의 성공적인 예가 최근 젊은이들 사이에서 가장 '핫'한 신사동 가로수길이다. 가로수길의 상업가로 축은 자연스럽게 미성아파트 단지와 현대고등학교, 시민공원 사이의 길과 토끼 굴을 통해 둔치로 이어진다. 현대고등학교와 시민공원은 공적인 시설로, 사적인 아파트 단지를 관통하는 것보다는 좀 더 외부인에게 오픈된 느낌을 주는 길을 만들었다. 게다가 이 길은 주변 아파트 단지의 폭이 600미터가량 되는 것과 비교해서 300미터밖에 안 돼서 도보로 5분 이내로 관통할 수 있는 짧은 폭을 가진 부분이다. 가로수길이 성공한 가장 큰 이유는 한강으로의 접근성이 좋은 거리라는 점이다. 한강으로의 접근성을 높이는 방법은 아파트 단지를 때려 부수고 고층 건물을 만드는 것보다 아파트 단지를 관통하는 공공의 거리를 만드는 것이 더 효율적이다. 이는 현재 반포를 필두로 해서 재개발되고 있는 한강 주변의 아파트 단지에 모두 적용되어야 할 이슈라고 생각한다.

아파트와 돼지

인류 역사를 살펴보면 수도 없이 많은 문명이 번성했다가 사라지는 과정을 거쳤다. 어떤 문명은 오랫동안 지속돼 가면서 선조의 지혜를 계승 발전하여 더 훌륭한 문화로 발전하기도 하고, 어떤 문화는 짧은 기간 번성했다가 사라지기도 했다. 우리가 잘 아는 모아이섬의 거석 문화는 짧게 번성했다가 사라졌던 문화의 대표적인 예다. 그럼 어떻게 해야 하나의 문명이 시련을 견디고 살아남을 수 있을까?

역사학자들의 연구를 살펴보면 과거의 문명들이 살아남는 데는 식량 확보가 최우선으로 해결할 문제였다. 기근을 못 넘기면 그 종족은 모두 죽어 없어지게 된다. 연구에 의하면 기근을 넘기기 위한 방식으로 좀 불편해도 그들은 멀리 떨어진 여러 장소에 분산해서 농사했다고 한다. 다른 기후대와 다른 작물을 나누어 농사함으로써 한 지역에 피해가 와도 다른 지역의 작물로 살아남기 위한 위기 대처 방식이다. 현대의 주식 투자자들이 다양한 업종에 분산 투자하는 것과 마찬가지다. 그 외에도 각 문화는 식량을 오랜 시간 저장하는 기술을 발전시켜 기근을 넘기기도 했다. 우리나라의 김치와 각종 젓갈도 대표적인 식량 저장 기술 중 하나다. 또 다른 식량 저장 기술은 가축을 키우는 것이다. 고대의 농부들이 돼지를 키운 것은 남는 식량을 오랫동안 보존 가능한 식량으로 바꾸는 기술이다. 소비 후에 남는 감자나 고구마를 돼지에게 먹이고 수년 후 기근 때 돼지를 도살해서 식량으로 전용하는 것이다. 우리나라에 보신탕을 먹는 풍습도 이와 비슷하게 부족한 단백질 공급원 문제를 해소하기 위해서 만들어진 하나의 문화라고 할 수 있다. 식량이 풍족할 때는 먹다가 남은 음식을 개에게 먹이면서 보안용으로 개를 이용하다가 단백질이 필요한 순간에 개를 보신용으로 먹었다. 보통 힘든 노동을 하는 농번기를 앞두고 이런 일을 행했다. 요즘 같으면 경악할 일이다. 하지만 그 당시 사람들은 요즘 우리처럼 치킨을 배달시켜 먹거나 동네 식당에서 냉동 삼겹살을 먹을 수 없었다는 점을 고려해야 한다.

과거에 식량은 곧 생존이었다. 현대 사회에서는 돈이 그 역할을 한다. 과거에 식량 저장의 한 방편으로 돼지를 키웠다면 현대에는 돈을 저장하는 방식으로 부동산을 산다. 부동산도 돼지나 발효식품처럼 부패하지 않기 때문이다. 돼지가 기근을 넘기는 방식이 되듯이 현대인들에게 돈이 부족한 시기를 넘기는 방식은 부동산을 처분하는 것이다. 그중에서도 우리나라 문화에서 아파트는 환금성이 가장 높기 때문에 돼지의 역할을 한다. 대부분의 중산층 국민은 은퇴 후 아파트를 처분해서 돈의 기근 시기를 넘긴다. 우리가 대출받아 아파트를 사고 매월 대출금을 갚는 것은 옛 선조가 자신의 식량을 아껴서 돼지를 키우는 것과 별반 다르지 않다. 그런 면에서 돼지와 아파트는 다르지만 같은 기능을 하는 사촌지간이라고 할 수 있다. 현재 고령화되고 있는 한국 사회를 생각하면 수많은 아파트 돼지가 도살을 기다리고 있다고 느껴진다.

아파트와 재개발

우리는 도시 재개발을 이야기할 때마다 항상 기존의 건물을 철거하는 것부터 먼저 생각하는 것 같다. 어쩌면 우리 국민은 과거의 것들은 모두 없애야 할 대상으로 여기는 듯하다. 새마을 운동을 하던 시절에는 과거의 유산인 초가집이 철거되어야 할 대상이었다. 40년이 지나서 우리는 다시금 불과 한 세대 전에 지은 강남의 강변 아파트들과 강북의 달동네 양옥집을 철거하지 못해서 안달 난 사람들처럼 보인다. 근대사에서 과거의 것들을 철거하고 새로운 것으로 만들어서 몇 번의 성공을 한 우리나라이기에 이러한 사고를 갖는 것도 무리는 아닌 것 같다.

아시다시피 우리의 도시는 유럽의 유서 깊은 오래된 도시에 비해서 건축적으로 아름답지 못하다. 여러 가지로 그 이유를 설명할 수 있을 것이다. 하지만 가장 큰 이유는 오래된 건축물이 없어서다. 건축은 사람의 수명보다 오랫동안 지속된다. 오랜 시간을 거치면서 비로소 건축은 사람의 삶을 담아내고, 사람 냄새가 배어나는 '환경'이 되는 법이다. 그런데 애석하게도 우리나라에는 한국전쟁 이후에 새롭게 지어진 '젊은' 건축물들만 있을 뿐이다. 절대적 시간이 부족하니 시간이 만들어 내는 유서 깊은 도시가 안 만들어지는 것이다. 내가 유치원 시절 사생 대회에 나갔을 때의 경험이 생각난다. 그림을 그리다가 망쳐서 맘에 들지 않으면 울면서 망친 그림을 버리고 새 도화지에 처음부터 다시 시작했었다. 원하는 그림은 있는데 그것이 내 도화지에 그려지지 않는다고 계속 다시 시작했던 거다. 몇십 년 동안 멋있을 것으로 생각했던 아파트를 지어 댔다. 그런데 만들어진 도시가 유럽의 사진 속에 나오는 그림 같은 도시가 아니었다. 그러니 부수고 처음부터 다시 시작해야겠다는 재개발 방식은 새 도화지 달라고 떼쓰는 어린아이 같은 모습이 아닐까? 알고 보면 우리가 좋다고 그렇게 비행기까지 타고 가서 구경하는 파리도 수백 년 전 당시에 유행하던 집합 주거로 채워진 도시일 뿐이다. 지금 보기에 끔찍한 판상형(성냥갑 같은 형태) 아파트로 가득 찬 강남의 한강변도 백 년, 2백 년 지나고 나면 전 세계에서 비행기를 타고 구경하러 올 20세기를 대표하는 도시가 될지 누가 알겠는가? 2백 년 후에는 3D프린터로 만들어 내는 플라스틱 건물밖에 없어서 손으로 거푸집을 짜 콘크리트로 지은 1980년대의 아파트가 고풍스러워 보일 수도 있다. 미래 우리의 후손은 지금 우리가 백 년 전 원목으로 만든 한옥을 경외의 눈으로 쳐다보듯이 지금의 콘크리트 건축을 흠모할지도 모른다. 그렇기에 우리가 지금 살고 있는 아파트는 철거해야 마땅한 환멸의 대상이 아니라 약간은 인내심을 가지고 바라봐야 할 보존의 대상일지도 모른다. 실제로 30년이 넘은 아파트 단지에 가 보면 나무들이 건물을 가릴 만큼 자라서 그렇게 흉측해 보이지도 않는다. 오히려 자연의 힘이 위대하다는 것을 느끼게 해 주는 좋은 예처럼 보인다. 지금의 아파트가 아무 문제가 없다고 말하는 것이 아니다. 아무리 흉측한 것들도 시간이 지나면 시대를 대표하는 아름다움이 될 수 있다는 점을 말하고 싶은 것이다. 때때로 시간은 사춘기의 가슴 아픈 실연의 기억도 아름다운 추억으로 만들어 준다. 건축물 역시 그렇다.

자율 주행차와 아파트 재건축

현재 아파트 재건축이 필요한 가장 큰 이유는 주차장 문제다. 실례로 압구정동 구현대아파트 단지는 주차 부족이 심각하다. 이곳 주민들은 지하 주차장이 절실해서 재건축을 간절히 원한다. 하지만 여러 가지 이유로 재건축은 요원해 보인다. 하지만 자율 주행차가 현실화되면 재건축이 필요 없을 수도 있다. 15년 후 자율 주행차가 일상이 되면 그 많은 주차장은 필요 없어질 수도 있다. 그때는 오히려 주차장보다 자연 지반에 큰 나무가 심긴 아파트 단지가 훨씬 더 가치가 높아질 수 있다. 보스턴의 비컨 힐Beacon Hill 같은 경우 백 년도 더 된 오래된 건축물로 이루어진 동네지만, 보스턴 코먼 공원 옆이라는 입지상의 이유로 아직도 고급 주거 단지의 상징으로 남아 있다. 기술 변화는 건축물의 가치를 재설정한다. 과거 6층짜리 집의 다락방은 하녀들이 살았지만, 엘리베이터가 설치되자 꼭대기 층은 부자들이 사는 펜트하우스가 되었다. 향후 인공지능이 건축과 도시에 유입될 때 어떠한 공간 가치의 변화가 있을지는 아무도 모른다. 개인적으로 기대되는 부분이다.

기술 이외에도 단순히 '시간'이 지나면 가치가 변하기도 한다. 이 책이 처음 쓰인 10년 전보다 지금(2025년)은 우리나라 국민이 1970년대 지어진 건축을 바라보는 인식이 긍정적으로 바뀌었다. 그 이유는 사람이 바뀌어서다. 베이비붐 세대에게 1970년대는 못사는 시대로 기억되지만, MZ세대들에게는 경험해 보지 못한 신기한 시대다. MZ는 태어나자마자 맞이한 나라가 잘사는 대한민국이었다. 이들은 IMF의 어려움도 역사의 이야기일 뿐이고, 월드컵 이후의 시대만 기억한다. MZ세대는 마당 있는 주택과 골목길보다는 아파트 단지나 빌라에서 태어나고 자라난 '아파트 키드'다. 그러다 보니 두 세대 이전에 지어진 건축물들은 다양성의 관점에서 흥미로운 가치가 된다. 시간이 흘러 2세대 이상만 지나게 되면 건축물의 가치도 새롭게 재평가된다. 그런 시간의 힘을 우리 국민은 이제야 느끼기 시작했다고 볼 수 있다. 무조건 60년을 버티면 건축물도 '빈티지'가 되면서 없던 가치가 생겨난다. 배추와 고춧가루가 발효되면 김치라는 높은 가치가 만들어진다. 그것이 시간이 만드는 '발효'의 가치다. 건축도 발효가 된다. 건축의 가치를 결정하는 사용자의 세대교체가 이루어지기 때문이다.

집 크기

우리는 지금 집을 생각하면 흔히 거실, 침실, 부엌, 식탁이 있는 공간을 상상한다. 아파트 광고를 보면 이 방들의 위치를 어떻게 배열했고, 얼마나 많은 수납공간이 있는지를 앞다퉈 자랑한다. 하지만 지금은 이처럼 자연스럽게 받아들이는 거실이라는 것도 과거 조선 시대 때는 없던 공간이다. 우리는 거실을 생각하면 소파가 있고 가족이 모여서 TV 시청하는 모습을 떠올린다. 하지만 불과 50년 전만 해도 식탁에 앉아 밥을 먹는 장면은 보통 사람들에게는 없던 풍경이다. 방 안으로 밥상을 차려서 들여오면 그 주변으로 둘러앉아서 밥을 먹다가 상을 내가면 다시 침실이 되는 가변적인 방의 공간이 식탁을 대신했다. 그러던 것이 어느 순간부터 집에는 식탁 놓일 자리가 필요해지고, 가스레인지와 전자레인지와 양문형 냉장고가 있어야 부엌이 완성되는 풍경이 되었다. 새로운 가전제품 때문에 사람들은 더 큰 부엌이 필요해졌다. TV와 소파가 없었다면 아마 집에 거실도 필요 없었을 것이다. 오래전에 존 F. 케네디의 생가를 방문한 적이 있다. 놀랍게도 케네디 생가는 지금의 30평형대 아파트보다 작은 규모였다. 케네디 가문은 당시에도 미국에서 손꼽히는 부유한 집안이었다. 그런데도 부엌은 지금의 15평형대 아파트 부엌을 연상케 하는 작은 것이었다. 당시의 케네디와 비슷한 재력의 부자가 살고 있는 현시대의 집과 그 크기를 비교하면 열 배도 더 차이가 날 것이다. 연구 결과에 따르면 지난 50년간 미국 중산층 집의 크기는 두 배 가까이 커졌다고 한다. 50년간 사람의 몸이 커진 것은 아니다. 오히려 가족 구성원의 수는 줄었다. 그런데 왜 집은 이렇게 계속 커져 갔을까? 가만히 살펴보면 커져 버린 집의 공간은 물건으로 채워져 있다. 우리가 아침에 일어나서 눈만 뜨면 이 세상의 TV, 라디오, 신문 같은 모든 매체에서 더 많은 물건을 소유해야 더 행복해진다고 말한다. 그리고 우리는 그 물건을 사기 위해서 열심히 일한다. 그리고 또 그 많은 물건을 넣기 위해서 더 큰 집을 구해야 한다. 그리고 더 큰 집을 사기 위해서 더 많이 일해야 한다. 그야말로 인간의 삶과 자연을 수탈하는 악순환이다. 10년 후에는 새로운 발명품이 나와서 그 물건을 넣을 다양한 종류의 방들이 더 필요해질지도 모르겠다. 이대로 간다면 우리 자녀들은 더 힘들게 살 것 같다.

가족애를 위한 아파트 평면 만들기

한옥은 중정형식의 마당을 중심으로 사랑채와 안채가 있고, 안채를 구성하는 안방과 건넌방 사이에 대청마루가 있는 것이 보편적인 구성이다. 밥은 보통 부엌에서 상을 차려 안방으로 가지고 와 앉아서 먹었다. 식탁이라는 것이 따로 없고, 이부자리를 펴면 침실이 되고 상을 들이면 식탁이 됐다. 이러한 형식에서 수백 년을 살던 한국인들이 아파트를 지었을 때도 전체적인 틀은 여기에서 크게 벗어나지 않았다. 우리가 사는 아파트의 보편적인 평면도는 현관문을 열고 들어가면 방이 있고, 더 들어가면 부엌과 식탁을 놓는 자리가 나오고, 그 앞에 거실이 위치한다. 그리고 더 들어가면 방이 두 개 나온다. 이러한 전형적인 쓰리베이[18] 아파트의 구성은 한옥에서의 마당이 거실이 되고, 대청마루 부분이 식탁을 놓는 자리가 된 것과 비슷하다. 따라서 조선 시대 때 각종 농사일의

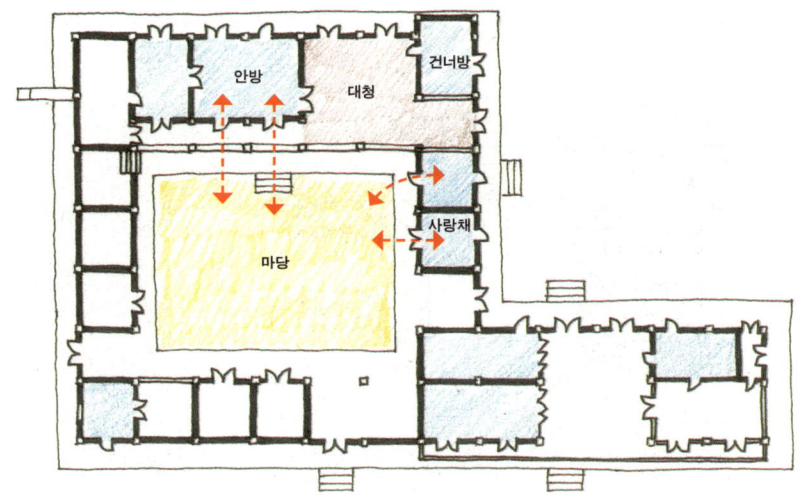

중정형식 마당을 중심으로 한 한옥 구조

작업장이 되었던 마당에 지붕을 씌운 것이 거실이 되었다고 보면
된다. 이렇듯 평면적으로 보면 아파트 구성과 한옥은 지극히 비슷
해 보인다. 하지만 관계의 눈으로 이 공간을 살펴보면 크게 다른
부분이 있음을 알 수 있다.

기존의 한옥은 대문을 열고 들어가면 사랑채가 있고 옆으로 비
켜서 마당으로 들어간 후 대청마루로 올라가서 한 번 방향 전환
을 하고 안방이나 건넌방으로 들어간다. 그리고 안방이나 건넌방
에 들어가 앉아서 창문을 바깥으로 열어젖히면 마당을 볼 수 있
게 된다. 경우에 따라서 툇마루로 나가게 되면 외부 공간인 마당
을 툇마루에 앉아서 즐길 수 있다. 툇마루 공간은 우리나라 건축
에서 아주 중요한 중간적인 성격을 띠는 공간이다. 그 이유는 처
마 아래에 위치하기 때문이다. 처마 아래에 있다는 것은 비가 올

툇마루(위)와 발코니

때 비를 피할 수 있는 공간이면서 동시에 신발을 신지 않고서 바깥바람을 쐬러 나갈 수 있는 공간이라는 뜻이다. 고로 외부와 내부의 중간적인 성격을 띠고 있는 공간인 것이다. 현대 시대에서 아파트의 발코니도 이런 중간적인 성격이지만, 신을 신고 나가야 한다는 점에서 툇마루와는 약간 성격을 달리한다. 게다가 발코니에는 높은 난간이 경치를 가로막고 있다. 거실 소파에 앉아서 밖을 바라보면 철재 난간만 보인다. 따라서 난간이 낮거나 없는 툇마루에 비해서는 외부 공간과 더 단절된 느낌의 공간이기에 툇마루가 가지는 내외부의 중간적인 성격이 부족하다.

다시 한옥으로 돌아가서 공간의 시퀀스를 살펴보자. 한옥에 들어온 사람은 외부 공간인 마당을 거쳐서 실내 공간인 집 안으로 들어갔다가 방 안에서 창문을 열면 다시 외부 공간인 마당과 밀접한 관련을 갖는 순환형 네트워크 구조를 띠고 있다. 하지만 아파트의 경우는 다르다. 아파트에 들어온 사람은 복도를 거쳐서 거실을 지나게 되고, 거실에서 방으로 들어가게 되면 창문은 모두 바깥을 바라보게 된다. 만약에 거실이 마당에 지붕만 씌워진 구성이라는 것을 알았다면 최초의 건축가는 안방에서 거실을 향해서 창문을 냈을 것이다. 그렇게 했다면 지금보다 심리적으로 더 넓게 느껴지는 아파트 평면이 되었을 것이다. 하지만 애석하게도 그렇게 하지 않았고, 창문을 거실이 아닌 바깥으로만 내었기 때문에 아파트에서는 일단 방에 들어가면 거실과의 관계가 단절되는 관계의 다이어그램[19]이 만들어진다. 이러한 공간 구성은 나뭇가지 같다고 해서 '수목樹木적' 관계라고 말한다. 굵은 가지에서 잔가지로 갈라져 나갈수록 나뭇가지는 나누어지고, 나누어진 나뭇가지

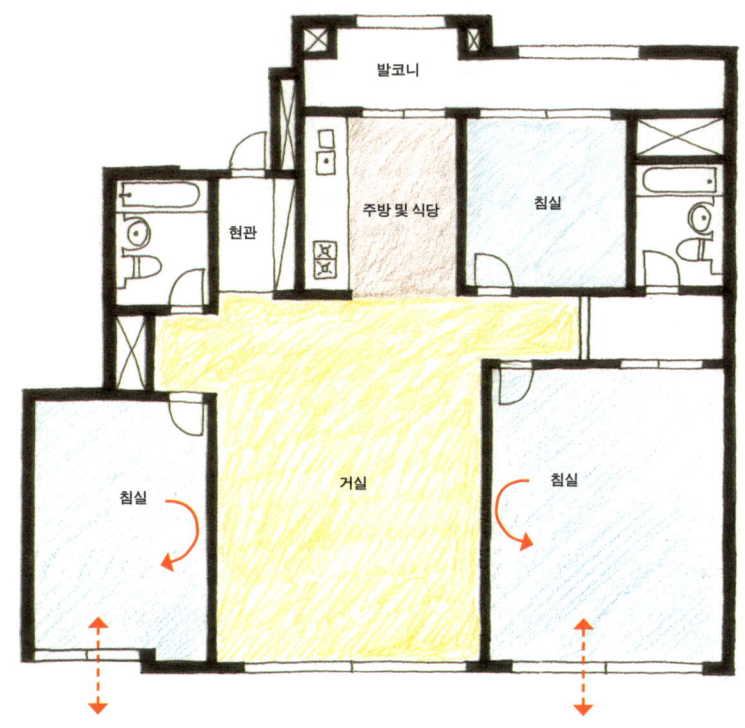

수목적 관계의 아파트 공간 구조

의 끝끼리는 다시 연결되지 않는다. 마찬가지로 아파트에서는 거실 복도에서 나누어져서 일단 방으로 들어가면 방끼리 연결되지 않고 분리된 공간 구성을 띠게 된다. 그래서 집에서 아이들이 자기 방에 들어가 방문을 닫으면 그대로 나머지 식구들과 단절되는 모습을 흔히 볼 수 있다. 이러한 수목적 관계의 공간 구성은 서구적인 사생활을 만드는 데는 효율적이다. 하지만 가족의 유대를 강화하기에는 좋지 않다. 만약에 우리가 사는 아파트에서 모든 방이 거실 쪽으로 창문이 나 있다고 머릿속으로 그려 보자. 그렇게 되면 얼마나 풍요로운 공간 체험이 될지 상상되지 않는가? 혹자는 그냥 문을 열고 있으면 되지 않느냐고 반문할 것이다. 하지만 창문과 문은 엄연히 다른 건축 요소다. 문은 바라보면서 동시에 들어갈 수 있다. 문은 프라이버시를 '0'으로 만드는 요소다. 하지만 창문은 서로 바라볼 수는 있되 건너갈 수는 없는 건축 요소다. 창문으로 연결된 공간은 적절한 사생활을 유지하면서도 느슨하게 관계를 형성해 주는 장치다. 부모는 안방에서 책을 읽고 있고 안방 창문을 통해서 거실 너머로 자녀 방의 창문을 통해 자녀가 공부하는 모습을 볼 수 있는 아파트, 이것이 내가 보고 싶은 우리나라 아파트의 풍경이다. 그런 모습의 집에서는 가족끼리의 대화가 끊이지 않을 것 같다.

발코니는 왜 필요한가

현대 사회에서는 자연이 점점 더 소중해지고 이런 자연을 사적으로 만날 수 있는 발코니 같은 외부 공간이 필요하다고 강조해 왔다. 그래서 내가 운영하는 설계 사무소의 모든 작품에는 용도에 상관없이 발코니를 만들려고 노력한다. 그중에서도 주거의 경우에는 더욱 그러하다. 하지만 발코니를 제안하는 디자인을 할 때마다 듣는 이야기가 있다. 우리나라에는 겨울이 길고 비도 자주 와서 실제로 발코니를 사용할 수 있는 날이 적고 쓸모가 없다는 것이다. 맞는 말이지만 틀린 말이기도 하다. 내가 말하는 발코니의 쓰임새는 실질적인 쓸모 외에도 심리적인 공간적 가치를 말하는 것이다. 나의 건축사사무실 5층에는 옥탑방을 만들어 놓고 바깥에는 잔디가 심긴 마당, 나무 테라스, 수*공간이 만들어져 있다.

나는 이 마당에 일 년에 열 번도 안 나간다. 한 달에 한 번도 안 나가는 꼴인 거다. 그렇다면 이 공간은 쓸모가 없을까? 두 가지 면에서 가치가 있다. 첫째, 이 옥상 마당 공간 덕분에 내가 있는 5층이 1층 주택처럼 느껴진다. 발코니 특히 폭이 넓은 발코니는 내가 머무는 공간이 땅에 있는 것처럼 느끼게 해 줄 것이다. 둘째, 그 마당은 '나는 언제든 마음만 먹으면 밖에 나갈 수 있다'라는 심리적 만족감을 준다. 우리는 보통 9시에 출근해서 6시에 퇴근한다. 하루에 아홉 시간가량을 실내 공간에 갇혀 지낸다. 이것이 직장 생활의 가장 어려운 부분이다. 하지만 사장은 언제든지 자기가 원할 때 잠깐 나가서 친구를 만나고 들어올 수 있다. 그렇다고 매일 근무 시간에 외출하는 것은 아니다. 그저 한 해에 몇 번이라도 필요할 때는 나갈 수 있다는 것이다. 이 점이 일반 직원과 사장의 차이다. 그 작은 자유의 차이가 큰 심리적 차이를 가져온다. 사장이 친구를 만나러 밖에 나가는 일이 일 년에 열 번도 안 된다고 해서 두 사람이 똑같다고 볼 수 있을까? 발코니도 마찬가지다. 일 년에 몇 번을 사용하지 않는다고 하더라도, 내가 원할 때 나는 언제든지 이 답답한 실내에서 탈출할 수 있는 선택의 자유가 있다는 점이 큰 차이를 만든다. 내가 발코니를 만들어야 한다고 강조하는 데는 실질적 용도의 장점도 있지만, 이러한 심리적 가치가 크다.

줄기세포 주택

건축계에는 흔히 노벨상에 비유되는 프리츠커상Pritzker Architectural Prize이 있다. 1979년 제1회부터 하얏트재단이 관리하고 있는데,

1차 심사를 거친 후에는 하얏트재단에서 제공하는 전용 비행기를 타고 전 세계를 다니면서 실제로 가서 건물을 본 후에 최종 수상자를 선정한다고 한다. 건축이라는 것은 인간이 하는 일 중에서 가장 큰돈이 들어가는 일 중 하나다. 그래서 여러 사람의 의견이 모아져야 하고 수많은 과정을 통해서 문화, 정치, 경제, 사회가 합쳐진 종합 예술이다. 그렇기 때문에 이 상을 받는 것은 단순히 한 건축가가 받는 상이라기보다 그 나라의 문화 수준에 주는 상이라고 보아도 무방하다고 생각한다. 한국은 지금까지 한 번도 수상한 적이 없는데, 우리보다 국민소득이 낮은 포르투갈도 알바로 시자^{Alvaro Joaquim de Melo Siza Vieira}라는 수상자를 배출했다. 그리고 충격적인 것은 이웃 나라 일본이 역대 9회에 걸쳐서 수상했다는 사실이다. 뭘 해도 일본과 비교하고 스스로 라이벌이라고 생각하는 우리나라 국민에게는 좀 충격적이지만, 그게 우리나라 건축의 성적표다. 스포츠 한일전에 패했을 때의 충격을 생각하며 비유하자면, 한일전 축구에서 9 대 0으로 진 것이라고 하면 이해가 좀 쉬울까? 심지어 중국도 2회 수상했다. 축구에서 일본에 9 대 0으로 지고, 중국에 2 대 0으로 지면 나라가 아주 난리 났을 거다. 하지만 건축계는 이미 그렇다.

우리나라가 이렇게 건축이 뒤처진 데에는 여러 가지 이유가 있지만 그중에서도 아파트가 가장 큰 원인이라고 생각한다. 일본은 지진이 많이 발생해서 고층 건물을 지을 때 내진 설계를 해야 한다. 그래서 고층 아파트를 지을 때도 우리나라보다 공사비가 더 들어간다. 그래서 전후^{戰後}에 대량으로 주거를 공급해야 하는 이유는 똑같았지만, 우리나라는 현재 국민 절반이 넘게 아파트에 살고

도쿄 근교 주택가

일본 사람들은 아직도 주택에 많이 사는 것이다. 또 다른 이유는, 지진이 발생했을 때 아파트 같은 철근콘크리트 건물은 금이 가고 큰 문제가 생긴다. 그런데 목조 주택은 지진이 나도 잠시 흔들렸다가 제자리로 돌아오면 아무 문제 없다. 따라서 일본인들은 저층 목조 주택을 선호한다. 몇천 세대가 들어서는 아파트 단지 하나는 대형 설계 사무소에서 몇 명의 건축가가 디자인하면 된다. 하지만 몇천 세대가 주택으로 공급되어야 한다면 수백 명의 건축가들이 참여할 수 있게 된다. 소규모인 주택은 대형 사무실의 조직으로 수행하기에는 수지 타산이 맞지 않는다. 따라서 주택은 소형 설계 사무소가 주로 맡아서 디자인한다. 주택 수요가 많은 일본에서는 소규모 건축 설계 사무소가 생존할 수 있는 시장이 형성될 수 있는 것이다. 수천 명의 건축주와 수백 명의 건축가가 함께 주택 디자인을 하다 보니 엄청난 다양성이 만들어졌다. 이 다양성은 일본

250

건축이 세계적인 건축물을 만들 수 있는 토양이 된다.

건축적으로 보면 주택은 모든 건축의 줄기세포 같은 건축물이다. 주택에서 방을 여러 개 만들면 호텔이 되고, 거실을 넓게 하면 컨벤션 센터가 되고, 마당을 키우면 경기장이 된다. 그래서 건축가들은 젊어서부터 주택을 많이 만들어 봐야 한다. 일본에서는 우리나라와 비교해 상대적으로 신진 건축가들이 주택을 만들 기회가 많다. 이러한 여건은 건축가들의 선수층을 두텁게 만든다. 마치 WBC 야구 대회에 나갈 때 우리나라는 최상 수준의 선수들로는 팀 하나를 꾸려 나갈 정도밖에는 안 되지만, 일본은 선수층이 두꺼워서 같은 수준의 대표팀을 서너 개쯤 만들 수 있다는 이야기와 비슷하다고 볼 수 있다. WBC 같은 단기전에서는 일본을 이길 수 있지만, 7차전까지 가는 시리즈 승부를 한다면 일본 야구를 이기기 어려울 것이다. 이러한 아파트 중심의 건축 시장 배경이 우리나라 건축을 죽이고 있다고 해도 과언이 아니다. 예전에는 아파트에만 뜨거운 물이 나오고, 춥지 않고, 주차가 가능해서 아파트로 이사 갔지만, 지금은 웬만한 신축 주택도 냉난방과 온수는 다 해결된다.

그렇다고 아파트를 버리고 모두 주택으로 이사 가자고 이야기하는 것은 아니다. 아파트는 고밀화된 도시 공간을 만들어서 상업을 발전시키는 장점이 있다. 다만 아파트의 획일성을 없애고 다양성을 높여야 한다고 얘기하고 싶다. 모두 똑같이 생긴 아파트만 있다는 것이 문제다. 집이 획일화되면 집의 가치 판단 기준은 집값밖에 안 남는다. 이는 두 가지 문제를 가져온다. 첫째, 가치관의 정량화다. 우리나라 중산층의 기준은 모두 정량화된 지표다. 대부분의 국민이 불행한 이유가 여기에 있다. 둘째, 아파트의 화폐화 현상이다. 환금성이 좋다 보니 온 국민이 아파트를 통한 재테크만 생각하고 산다. 획일화된 아파트는 단순히 건축가 양성의 문제나 아름답지 않은 경관의 문제에 그치지 않는다. 여러 가지 사회 문제의 뿌리가 된다.

두 마리 토끼를 잡는 법

2025년 현재 대한민국 대도시의 부동산 문제는 두 가지가 있다. 첫째, 집값이 너무 올랐다. 서울의 평균 집값은 10억이 넘은 지 오래다. 최근 들어 더 급격하게 올라서 정부는 강력한 대출 규제를 시행했다. 현재는 부동산시장이 정지된 상태다. 코로나 이후 공사비가 두 배 가까이 상승했다. 집값 상승이 멈춘 상태에서 공사비가 비싸지면 사업성이 나오지 않는다. 여기에 기존의 부동산 프로젝트 파이낸싱의 부실이 심해서 건축 시장이 멈춰선 상태다. 신규 건축이 진행되지 않으면 필요한 지역에 주택 공급이 이루어지지 않는다. 장기적으로 집값이 폭등할 위험이 있다. 게다가 모든 재건축은 허가받는 시간이 너무 오래 걸린다. 재건축 허가의 비효율성은 앞으로도 나아질 기미가 보이지 않는다. 둘째, 상업 시설의 공실률이 크다. 상거래의 절반이 온라인에서 이루어지고 있는데, 이는 상업 공간의 수요 급락으로 이어졌고 비어 있는 상가가 많아졌다. 설상가상으로 내수 경제가 안 좋으니 실질 수요도 줄어서 상업 공간은 남아도는 실정이다. 상업 공간은 남아돌고 주거 공간은 부족한 두 가지 문제를 한 번에 해결하는 일석이조의 방법이 있다. 상업 공간을 주거로 바꾸면 된다.

일반적으로 상업 시설은 기둥식 구조로 건축된다. 이 말은 내부의 벽을 부수거나 변형해도 된다는 이야기다. 기존의 상업 시설은 주거 공간으로 평면을 개조하기 쉽다. 남아도는 상업 시설을 주거로 리모델링하면 부족한 주택 공급 문제 해결에 도움이 된다. 이때 건축적으로 해결해야 할 두 가지 문제가 생긴다. 첫째, 하수도 공사를 해야 한다. 보통 주택에는 부엌과 화장실같이 물을 쓰는 공간이 많다. 여기서 버려지는 물을 내려보낼 공간이 필요하다. 일반적인 아파트에서는 화장실의 슬래브를 낮추어서 하수도관이 지나가게 하거나 아래층의 천장 공간에 설치한다. 상가의 경우에는 층별로, 세대별로 소유주가 나누어져 있는 경우가 많아서 빌딩 전체를 리모델링하는 동의를 받기가 어렵다. 따라서 부분적으로 공사해야 할 텐데, 이럴 때는 아래층 천장을 이용해서 하수도 파이프 공사를 하기가 어렵다. 따라서 자신의 층에서 바닥을 몇십 센티미터 들어 올려서 하수도 파이프를 위한 공간을 확보해야 한다. 보통 카페나 레스토랑에서 부엌 쪽의 바닥이 올라간 경우는 이러한 하수도 공간 확보 때문이라고 보면 된다. 다행히 상업 시설의 층고는 높다. 아파트의 층고는 2.7미터인데 반해, 상업 시설은 층고가 4미터 정도 된다. 따라서 바닥 면을 50센티미터 올렸다고 해도 기존의 아파트보다 천장고가 높은 주거가 만들어질 수 있다. 만약에 상가가 한 층 소유주들의 동의를 받고 이런 시공을 한다면 충분히 쾌적한 주거 공간을 공급할 수 있다. 뉴욕의 로프트가 대표적인 사례다. 이러한 시설들은 대체로 상업 시설에 가까워서 생활이 편리하고 천장고가 높아서 인기가 좋다. 이때 발생하는 한 가지 문제는 주차 대수다. 통상 법적으로 주거는 단위 면적당 더 많은 주차장을 요구하기 때문이다. 상업을 주거로 변형하면 주차장이 더 필요해지는 문제가 생긴다. 하지만 이 부분을 관청에서 법 개정을 통해 풀어 준다면 기존의 주차 대수를 가지고도 상업을 주거로 리모델링 할 수 있게 된다.

또 다른 문제는 1층을 주거로 바꿨을 때 지나가는 사람들이 집 안을 들여다볼 수 있어서 프라이버시를 침해당할 수 있다는 문제가 있다. 하지만 이 역시 디자인적으로 해결할 수 있다. 바닥이 조금 높아진 상태에서 창문의 턱을 조금만 높이면 행인들의 시야에서 자유로워질 수 있다. 보통 사람의 눈높이는 1.5미터 정도 된다. 그러니 창문턱이 인도보다 1.8미터만 높으면 내부가 잘 들여다보이지 않는다. 따라서 1층도 주거로 사용할 수 있다. 만약에 이때 남아 있는 자투리 외부 공간을 마당으로 개조해서 쓴다면 매력적인 1층 주거가 될 수 있다. 일반적인 근생건물의 1층은 필로티 주차장으로 되어 있다. 이때 근처에 있는 공영 주차장에 영구적으로 임대를 확보하고, 1층에 필로티 주차 공간도 주거 공간으로 개조하는 것을 법적으로 허용한다면 마당이 있는 바람직한 1층 주거 공간이 확보될 뿐 아니라 도시의 풍경이 더 좋아질 것이다. 이처럼 공실률이 높은 곳의 상업 시설을 주거로 개조만 해도 단기간에 많은 주택 공간을 공급할 수 있을뿐더러 현재 도시의 모습을 훨씬 더 바람직한 주상복합 형태로 개조할 수 있다.

현재 우리의 도시는 상업 지역과 주거 지역이 나누어져 있다.

반면 유럽의 도시들은 1층은 상업 시설이 있고, 2층부터는 주거로 만들어진 주상복합으로 되어 있다. 이런 경우 걸어갈 만한 거리 안에서 모든 것이 해결되기 때문에 자동차 사용량을 줄일 수 있다. 우리는 이번의 위기를 기회 삼아 기존의 도시 구조와 주거 환경을 업그레이드할 수 있다. 이에 필요한 각종 법규를 지자체별로 조금씩 조율한다면 빠른 주택 공급을 통해서 집값을 안정시킬 뿐더러 건설 경기를 부양하고, 높아진 공실률 문제도 해소할 수 있다.

뉴욕은 현재 상업 시설들을 적극적으로 주거 공간으로 바꾸는 중이다. 대형 사무용 빌딩은 유리창에서 엘리베이터 코어까지의 거리가 20미터 이상 되는 경우가 많다. 이런 건물을 주거로 변형하면 가운데 부분에 창문 없는 방이 많이 나오는 문제가 발생한다. 이를 해결하기 위해서 창가에서부터 'ㄷ(디귿)'자 모양으로 파내서 안쪽에 있는 곳까지 창문이 만들어지게 하고 이때 없어진 용적률은 상층부로 쌓아 올리는 증축을 통해 문제를 해결한다. 이때 시에서 할 일은 높이 제한을 풀어 주는 일이다. 이런 식으로 상업 지역 내의 빌딩 공실도 주거로 변경할 수 있다. 디자인은 문제 해결의 결과물이다. 시대가 바뀌면 공간의 쓰임새와 수요가 바뀐다. 이때 유연하게 진화하는 도시가 살아남을 것이다. 모든 생명이 그렇게 진화를 통해서 생존해 왔다. 도시도 마찬가지다.

제11장
왜 사람들은 라스베이거스의 네온사인을 좋아하는가

기호 해독

매년 우리나라 해외여행자 수는 사상 최대치를 경신하고 있다. 중국, 일본, 동남아, 미국, 유럽 등지가 우리나라 사람들이 해외여행을 가는 주요 지역이다. 그중 우리나라 국민이 미국 서부로 여행 갔을 때 빼놓지 않고 반드시 가는 곳이 라스베이거스다. 라스베이거스는 21세기의 소돔과 고모라라고 지칭될 만큼 도박이 합법이고, 가까운 지역에서는 매춘도 합법이다. 그러한 특별한 조건 외에도 우리가 라스베이거스에 가서 느끼는 또 다른 경험은 물도 없는 사막 한가운데에 그런 엄청난 도시가 인공적으로 만들어졌다는 점이다. 그리고 빼놓을 수 없는 또 하나의 경험은 밤을 잊고 현란하게 쏟아 내는 네온사인이 만들어 내는 장관이다. 관광객이 사랑하는 도시들은 모두가 다 하나 이상 브랜드화시킨 이미지들이 있다. 뉴욕은 타임스 스퀘어와 센트럴 파크, 파리는 에펠탑과 루브르 박물관, 런던은 빅 벤과 템스강을 내세워서 마케팅한다. 라스베이거스는 도박과 밤새도록 켜 있는 현란한 네온사인이 그 이미지다. 그러나 라스베이거스를 상징하는 현란한 네온사인 역시 결국에는 간판이다. 그렇다면 왜 우리나라 관광객들은 서울의 네온사인 광고판은 싫어하면서 해외의 간판에는 열광하는 것일까? 비슷한 예로 홍콩의 밤거리를 가 보아도 건물이 보이지 않을 정도의 간판들이 도시의 얼굴을 덮고 있다. 길거리 위까지 간판이 걸려 있어서 서울보다 더 심하다. 그런데 정작 관광객으로 해외에 나가게 되면 우리는 이런 홍콩의 뒷골목 간판들을 매력적인 그 지역의 특징으로 생각한다.

이러한 모순된 현상, 즉 자국 거리의 간판은 싫어하면서 외국에 나가서 보는 지저분한 간판에는 아름다움을 느끼는 현상은 어떻게 설명해야 할까? 이것은 문화의 사대주의 때문이 아니라 개인의 지식적 배경에 의해서 외부 환경을 판단하기 때문이다. 우리나라 관광객들은 라스베이거스에 가서 네온사인 간판에 열광한다. 그렇다면 미국인들도 그럴까? 적어도 나의 미국인 친구들은 라스베이거스의 네온사인 간판을 싸구려 장식이라고 싫어했다. 하지만 재미난 사실은 같은 친구들과 대만에 여행을 갔을 때 그곳 거리의 더 지저분한 간판은 좋아했다. 이 같은 경험으로 미루어 보아, 간판 경관에 관한 판단은 경험하는 사람이 그 간판을 정보로 이해하느냐 아니면 장식으로 이해하느냐에 달려 있다고 말할 수 있다. 다시 말해서 영어를 모국어로 사용하는 미국인들에게 라스베이거스의 네온사인은 정보로 인식되어 정보가 과부하 되는 상황이 된다. 하지만 같은 사람이 홍콩에 가서 한자로 쓰인 간판을 볼 경우엔 그것들은 모르는 글자이기 때문에 정보가 아닌 아르누보[20] 장식과 같이 느껴지게 되는 것이다. 마찬가지로 한국 사람이

라스베이거스의 네온사인 간판

서울 종로의 간판을 보았을 때는 지나치게 많은 정보로 혼란스러워하지만, 라스베이거스의 네온사인은 색깔 있는 조명으로 인식하는 경향이 있기 때문에 종로의 간판보다는 라스베이거스의 간판을 더 아름답게 느끼는 것이다. 이처럼 도시 경관의 많은 부분은 지극히 주관적인 관점에 의해서 가치가 평가된다. 특히나 풍경 속에서 사인sign물 같은 상징적인 요소들은 사람들 개인의 인지에 따라서 크게 차이를 갖게 된다.

정보로서의 건축

라스베이거스 간판의 사례처럼 건축은 주관적인 인식에 따라서 다르게 경험된다. 이로 미루어 보아 건축 공간은 사람이 머릿속에서 만들어 내는 산물이라 할 수 있다. 공간을 객관적이고 물리적인 것으로만 보기는 어렵다. 이렇듯 주관적인 관점에서 공간의 해석이 달라진다는 관점은 건축을 바라보는 우리의 시각에 큰 변화를 준다. 이는 다른 말로 하면 공간을 완전히 다른 객체의 사실이 아니라 주관적인 해석의 결과물이라고 보는 것이다. 과거에는 공간이라는 것을 하나의 물리적인 객체로 보았다. 뉴턴 같은 과학자는 시간과 공간을 따로 독립된 객체로 본 상태에서 만유인력의 법칙 같은 근대 물리학의 바탕을 이루는 법칙들을 고안해 냈다. 하지만 아인슈타인은 시간과 공간이 독립된 것이 아니고 하나로 연결된 개념인 '시공간'임을 증명해 냈다. 그리고 최근 들어서 브라이언 그린Brian Greene 같은 21세기 물리학자는 그의 책 『우주의 구조The Fabric of the Cosmos』에서 시공간이라는 것 자체가 실존하는 것이 아닌 우리의 의식에서 세상을 이해하기 위해 만들어 낸 개념의 틀일지도 모른다고 말한다. 이런 최신 물리학의 개념은 건축 공간을 주관적 인식의 산물로 바라보는 시각과 더 잘 어울리는 것 같다.

건축 공간을 주관적 인식의 산물로 보는 시각은 현대인에게 필요한 공간관이다. 왜냐하면 우리는 지금 인터넷 안에서 구축된 가상공간과 우리가 태초부터 살아온 현실 공간을 넘나들면서 살고 있기 때문이다. 1990년대에 인터넷이 상용화될 때 사람들은 이메일 체크와 몇 개 안 되는 홈페이지를 들여다보기 위해서 하루에 한두 시간 정도를 컴퓨터 안의 가상공간에서 보냈다. 24시간 중에서 한 시간을 보낸다는 것은 다른 말로 표현하면 전체 삶 중에 4퍼센트의 삶이 가상공간에서 이루어진다고 볼 수 있는 것이다. 한 시간이던 가상공간에서의 시간이 이제는 모바일 스마트폰의 상용화로 시도 때도 없이 잘게 쪼개져서 우리의 현실 속에 촘촘히 박혀 있게 되었다. 나는 보통 하루 여섯 시간 정도 스마트폰을 사용한다. 내 삶의 25퍼센트를 가상공간에서 보내고 있는 것이다. 이제는 가상공간과 현실 공간의 구분이 더 모호해져 가고 있다. 미치오 카쿠Michio Kaku 같은 과학자들은 콘택트렌즈나 안경을 통해서 우리의 망막에 직접적으로 가상 스크린을 투사하는 기술이 10년 이내에 상용화될 거라고 말한다. (2025년 현재 메타 AI 안경이 이와 비슷한 기술을 보여 주고 있다.) 이 기술이 사용되기 시작하면 사람들은 현실에서 바라보는 장면과 가상공간의 이미지를 겹쳐서 보게 되는데, 이때는 정말로 가상과 현실의 경계가 모호해질 것이다. MIT 미디어랩에서는 1990년대에 이미 안경에 인터넷 스크린을 장착하여 언제든지 인터넷에 접속할 수 있는 장치를 선보이면서 이런 경향을 예고한 바 있다.

가상과 현실의 이중적 삶을 사는 것은 사실 오래전부터 해 오던 익숙한 삶의 모습이다. 우리는 하루 중 7~8시간 정도 잠을 자면서 보낸다. 만약에 우리가 여덟 시간을 잔다면 이는 하루 24시간의 3분의 1에 해당되는 시간으로, 우리 삶의 3분의 1은 꿈의 공간에서 3분의 2는 현실 공간에서 보내게 된다. 이러한 현상은 옛 선현 중 장자가 얘기한 '호접지몽'이라는 사자성어에서 잘 설명된다. 장자가 자신이 나비가 되는 꿈을 꾸었는데, 그 꿈이 너무 현실적이라 내가 나비 꿈을 꾼 것인지 아니면 나비인 내가 사람이 되는 꿈을 꾸는 것인지 모르겠다는 이야기다. 이는 현실과 가상의 경계가 모호한 이야기를 통해서 우리가 사는 세상이라는 것이 주관적 인식으로 만들어진다는 것을 설명한다. 인터넷과 가상공간이 발달한 현대 사회에서 우리가 체험하는 공간이라는 것은 다른 어느 시대보다도 주관적인 인식에 근거를 두고 있다. 따라서 건축 공간이라는 것도 어느 하나의 확정된 물리적 조건으로 바라보면 안 된다. 대신 정보의 해석 때문에 달라질 수 있는 주관적 인식의 산물로 보는 것이 이 시대에 건축 공간을 바라보는 올바른 관점일 것이다.

왜 인터넷 '공간'이라고 부르는가?

공간이 정보라고 정의 내린 내 이야기에 동의하기 힘드신 분들이 있을 것이다. 그래서 여기서는 좀 지루할 수도 있지만 나의 1996년도 MIT 석사 졸업 논문을 풀어서 설명해 볼까 한다. 공간을 정보라고 느끼기 시작한 계기는 1991년도에 『타임』지에서 '사이버스페이스cyber space'라는 단어를 접하면서부터다. 사이버는 '가상' 혹은 '가짜의'란 뜻의 단어고, 스페이스는 아시다시피 공간이다. 사이버스페이스, 즉 가상공간이라고 부르는 이 단어가 지칭하는 것은 당시의 인터넷 공간이었다. 우리가 '현실적으로 볼 수도 없고, 머물 수도 없는 것을 왜 "공간"이라고 부를까?'라는 의문이 들었다. 1990년대의 인터넷 공간은 무척 단순했다. 주로 과학자들이 자신들의 이론을 설명하는 내용이 많았고 대다수의 웹페이지는 텍스트가 대부분이었다. 가끔 있는 파란색으로 칠해진 글자들은 '하이퍼링크'라고 불리면서 그 글자를 누르면 다른 텍스트가 있는 페이지로 넘어가는 것이 전부였다. 이런 상황에서 의문이 하나 들었다. 왜 모니터 안의 연속된 텍스트 페이지를 인터넷 공간, 즉 '공간'이라고 부를까? 공간이라 하면 사람이 존재할 수 있는 우리 일상의 공간이나 우주밖에 몰랐던 나에게는 의문이었다. 공간이 어떻게 인지되는지부터 생각해 봐야 했다. 그러다가 유럽 여행 중 우연히 17세기 화가 안드레아 포초Andrea Pozzo의 천장화 「성 이냐치오의 영광Gloria di Sant'Ignazio」을 보고 깨닫게 되었다. 포초의 그림은 르네상스 시대에 발전한 투시도 기법으로 그려졌는데, 천장 면에 그려졌음에도 불구하고 하늘이 열린 것 같은 착각을 일으키는 완벽한 그림이었다. 2차원 평면의 정보지만 내 뇌는 그 안에서 3차원 공간을 보았던 것이다.

N차원의 존재는 N-1차원 이하의 존재만 완벽히 이해할 수 있다. 몸을 가진 우리는 3차원의 존재다. 3차원 존재가 완벽하게 알 수 있는 것은 2차원의 평면, 1차원의 선, 0차원의 점일 뿐이다. 그런데 어떻게 우리는 3차원의 공간을 인식할 수 있을까? 우리가 3차원 공간을 파악할 수 있는 능력은 우리의 단기 기억력에서 나온다. 우리는 기억력을 통해서 다른 시간대의 장면 속에 있을 수 있다. 그래서 우리의 머릿속의 의식은 여러 시간대에 존재할 수 있는 4차원의 존재가 되는 것이다. 빛이 물체를 때리면 반사된 빛이 수정체를 통해서 우리의 눈으로 들어오고, 망막에 상이 맺히고, 그 상은 전기적 신호가 되어 뇌로 전달된다. 뇌는 그 정보를 연산해서 공간을 만든다. 현실은 뇌가 초당 200장 정도의 그림을 연산해서 만들어 낸 것이다. 자전거의 휠이 돌아가는 것을 보면 어느 순간 거꾸로 돌아가는 것처럼 보인다. 그 이유는 우리의 뇌가 연산하는 그림의 조합이 어느 순간 거꾸로 돌아가는 연속 그림이 되기 때문이다. 이를 보아서 우리의 뇌가 무한대의 이미지를 연산하는 것은 아님을 알 수 있다. 현실은 마치 우리가 만화영화

안드레아 포초의 천장화 「성 이냐치오의 영광」

를 볼 때 초당 16장의 그림을 연산해서 공간과 이야기를 이해하는 것과 마찬가지다. 그 그림의 숫자가 영화는 초당 24장이고, 현실은 200장일 뿐이다. 같은 원리로 모니터 안의 2차원 정보를 보면서 우리의 뇌는 공간을 만들어 낸다. 그래서 텍스트뿐인 화면의 연속 장면이 공간이 되는 것이다.

다음 의문점은 과연 '어떤 정보들이 우리의 공간을 구성하는가?'였다. 개인적으로 '보이드void, 심벌Symbol, 액티비티activity라는 세 종류의 정보로 만들어진다.'라고 결론 내렸다. 보이드는 물리적인 양이다. 정량적으로 측정 가능한, 실제 비어 있는 공간의 볼륨이다. 시대와 문화를 떠나서 객관적인 정보다. 심벌 정보는 간판, 조각품, 그림 같은 상징적인 정보다. 개인에 따라서 정보 해석의 차이가 있다. 마지막인 액티비티 정보는 사람들의 행동에 의한 정보다. 그 공간에서 일어나는 행위가 무엇인지가 공간에 영향을 미친다는 것이다. 이 세 가지 종류의 정보가 하나의 공간을 만든다. 따라서 당시의 텍스트만 있는 인터넷 공간은 세 종류의 정보 중에서 심벌 정보만 있는 공간이라는 결론이 나온다. 따라서 추후 인터넷이 발달하면서 보이드 정보와 액티비티 정보가 추가될 것을 예측할 수 있었다. 실제로 싸이월드 미니 홈피의 '마이룸' 같은 것이 보이드 정보가 인터넷 공간에 도입되기 시작한 것이고, 페이스북은 액티비티 정보로 만들어진 인터넷 공간이다.

이로써 공간이 정보라는 것은 이해가 되었다. 하지만 과연 '건축 공간은 사람과 어떻게 의사소통하는가?'에 대한 의문에 대한 답으로서는 완전하지 못했다. 그래서 세 가지 관계가 더 필요한 것이다. 알다시피 사람 간 소통의 기본은 문장이다. 그리고 문장은 단어와 문장 구성이라는 두 가지로 완성된다. 어려운 말로 시맨틱Semantic과 신택스Syntax라고 한다. 시맨틱은 단어 하나하나의 뜻을, 신택스는 우리가 영어 문법 시간에 배운 1형식부터 5형식까지 있는 문장 형식 같은 것을 말한다. 이렇듯 언어의 소통은 문장 구성이라는 그릇에 단어가 담겨 전달된다. 마찬가지로 건축 공간은 세 가지 종류의 관계라는 문장 구성에 세 가지 종류의 정보라는 단어가 담겨서 전달되는 것이다. 세 가지 종류의 관계들은 실제적(physical), 시각적(visual), 심리적(psychological) 관계다. 실제적 관계는 볼 수 있고, 그곳에 갈 수도 있는 관계다. 한강에는 다리가 있어서 강남과 강북은 실제적 관계가 된다. 시각적 관계는 볼 수만 있고 갈 수 없는 관계다. 한강의 다리가 끊어지고 배도 없다면 강북과 강남은 볼 수는 있지만 갈 수는 없는 시각적 관계가 된다. 심리적 관계는 볼 수도 갈 수도 없지만 머릿속으로 존재를 인식할 수 있는 관계다. 마치 계단식 아파트에서 같은 계단을 사용하지는 않지만, 벽 너머에 존재하는 702호와 703호처럼 말이다. 이처럼 세 가지 정보와 세 가지 관계라는 시각으로 건축 공간을 읽어 보기 바란다. 그러면 현실 공간부터 인터넷 공간까지 많은 부분이 이해되기 시작할 것이다.

동물로서의 인간, 동물 이상의 인간

인터넷 공간같이 우리의 일상에서 관념적인 건축 공간이 점차 많아진다고 해서 인간 고유의 현실에 발을 디딘 부분이 없어진다고 볼 수는 없다. 이는 마치 TV가 발달해도 오래된 연극이나 극장은 존속하는 것과 마찬가지다. 왜냐하면 건축에서 우리의 많은 부분은 수백만 년 동안 축적되어 온 동물적인 본능과 아주 밀접한 관련이 있기 때문이다. 과거에 앨빈 토플러는 『제3의 물결』을 통해서 미래에는 텔레커뮤니케이션[21] 기술이 발달하여 대부분의 사람이 도시를 벗어나 외곽에 전자 오두막(Electric Cottage)을 짓고 재택근무를 하면서 지낼 거라고 예언했다. 하지만 실제로 그런 일은 일어나지 않았다. 지금까지 그만큼의 텔레커뮤니케이션 기술이 발전 못해서 그런지는 모르겠으나, 내 생각에는 기술이 아무리 발전해도 대부분의 사람이 토플러의 전자 오두막에서 살 일은 없을 것 같다. 과거의 사례를 보면 텔레커뮤니케이션 기술이 발전할수록 물리적인 접촉과 이동 역시 늘어나게 되었던 것을 알 수 있다. 실례로 TV 매체와 인터넷의 발달로 사람들이 세계 곳곳을 거실에서 볼 수 있게 됐지만, 사람들은 'TV로 봤으니까 여행은 안 가도 되겠네.'라고 생각하기보다는 오히려 화면을 통해서 본 세상을 직접 가서 보기 위해 여행이 더 늘었다는 통계가 있다. 이외에도 텔레커뮤니케이션을 통해서 더 멀리 떨어진 사람들을 더 많이 알게 되고 그들을 만나기 위해 여행이 더욱 증가하게 되었다. 이 같은 현상은 JTBC의 〈내 친구의 집은 어디인가〉를 보면 알 수 있다. 방송 프로그램을 통해서 친해진 세계 각지에서 온 친구들이 서로의 고향 집을 방문하는 이 프로그램은 소통이 여행을 촉진한다는 것을 보여 준다.

이렇듯 사람들은 직접 만나야 할 이유가 더 많아졌다. 그중에서도 가장 중요한 동기는 이성과의 만남이다. 사람들은 이성을 만나기 위해서 사람들이 모이는 곳으로 간다. 주말 저녁에 홍대 앞에 가 보신 분들은 이 말이 무슨 말인지 알 것이다. 다른 이성들을 보기 위해서 혹은 자신을 보여 주기 위해서 젊은이들은 사람들이 많은 곳에 더 모이게 된다. 관음증(Voyeurism)과 나르시시즘 Narcissism은 인간의 본성이다. 이를 마케팅에 적극 이용하는 사람들이 나이트클럽의 '삐끼'들이다. 클럽 매니저들은 새로운 클럽을 오픈하면 아름다운 아가씨들에게 '패스포트'라는 것을 주어서 공짜로 술을 마실 수 있는 일종의 패스를 부여한다. 그렇게 하면 패스포트를 가진 아름다운 아가씨들을 보기 위해서 능력 있는 남자들이 모이고, 또 능력 있는 멋진 남성을 만나기 위해서 여성들이 또 모이는 마케팅의 선순환이 이루어진다. 좋건 싫건 이런 것들은 인간의 본능적인 성품이다. 나이트클럽 매니저들은 이런 특성을 잘 알고, 자신들의 사업에 적극 반영한다. 하지만 정작 사람을 위한 도시를 설계하는 분들은 많은 부분 인간이 가지고 있는 본능을 놓치고 디자인하며 실수하는 경우가 있다. 위에 말한 '재택근무를 하면서 가족들과 조용하고 행복하게 살 것'이라고 생각한 점역시 그런 실수 중에 하나라고 생각한다. 인간은 그렇게 고상하지만은 않다. 인간은 큰 전염병이 돌지 않는 한 계속해서 모이고, 붐비는 공간으로 모여들 것이다. (실제로 2020년 코로나19 전염병이 창궐했을 때는 재택근무가 실행됐고, 도시를 떠났고, 해외여행이 줄었다. 하지만 전염병이 끝나자 다시 원래대로 돌아갔다.) 가상 체험이 3D 입체 영상으로 보여도 사람들은 실제로 모일 것이다. 그 이유는 인간은 관계를 맺고, 짝짓기하는 동물이기 때문에 더 많은 사람이 모인 곳에서 좋은 인간관계를 맺고, 더 나은 짝을 찾을 가능성이 커지기 때문이다. 가만히 두면 여건이 허락하는 한 인구 밀도가 계속 높아지는 것은 당연하다. 역사를 살펴보면 상하수도 시스템 같은 전염병을 억제하는 시스템이 만들어질 때마다 도시의 규모와 밀도가 성장했는데, 이것을 통해서도 인간의 이러한 습성을 알 수 있다.

동물에게는 시각적인 것 외에도 냄새가 중요한 역할을 한다. 그래서 기술이 어떻게 발전하든 결국에는 냄새를 맡기 위해서 만날 것이다. 만나서 가까워지면 서로 터치하기 위해서 사람들은 더 모여서 살게 될 거라고 예상된다. 최근 들어서는 냄새를 전달하는 기술도 개발된다고 한다. 냄새가 해결되면 촉각을 위해서 모이게 될 것이다. 연애하는 커플들이 전화나 문자만 하고 만나서 서로를 만지지 않기 시작한다면 문제가 있는 것이다. 누구나 사랑하는 사람이 생기면 만지고 또 만져지고 싶어 한다. 터치는 인간의 본능이다. 아이폰이 큰 성공을 거둔 이유 중 하나는 이러한 만지고자 하는 본능에 충실한 터치폰을 만들어서다. 우리나라 LG도 프라다폰으로 일찍이 터치폰을 개발했지만, 애플은 스크린을 손가락 끝이 미끄러지듯이 움직이면서 조작할 수 있는 스마트폰을 만들었다. 애플은 인류 역사상 처음으로 애완동물처럼 쓰다듬을 수 있는 기계를 선보인 것이다. 사람들이 열광할 수밖에 없는 혁신은 본능적 욕구에 충실할 때 만들어진다.

이처럼 건축도, 기술도 인간의 본능에 충실한 쪽으로 발달할 것이다. 기술은 가상공간이라는 지극히 관념적인 공간을 만들어 냈지만, 실제로 필요로 하는 콘텐츠는 아직도 본능에 충실한 욕구를 만족시키는 쪽으로 발전하고 있다. 마찬가지로 건축에서도 계속해서 기술적인 발달은 있지만, 기본적으로 본능을 채워 줄 수 있

채광과 통풍을 만족시키는 건축물의 한 예인 프랭크 로이드 라이트의 '낙수장' 내부.
계곡 바람이 거실로 들어오게 설계되어 있다.

는 물리적인 공간이 필요하다. 인간의 동물적 본능을 무시한 채 디자인된 건축물은 좋은 건축물이라고 하기 어렵다. 인간은 주광성 동물이기에 채광과 통풍은 기본이다. 중학교 생물 시간에 배운 이 지식을 잊어버리고 디자인하는 사람들을 자주 본다. 햇볕이 들어오지 않고 통풍이 제대로 되지 않는 건축물은 아무리 보기에 아름다워도 좋은 건축물이 될 수 없다. 하지만 인간은 동물이면서 동시에 그 이상이기에 배부르고 따뜻하기만 하다고 해서 그것을 만족할 만한 건축물이라고 하기는 어렵다. 인간은 몸을 가지고 있는 존재지만 또한 영혼을 가지고 있기에 기능적인 건축물 이상의 것을 제공해야 좋은 건축물이 되는 것이다. 좋은 도시 경관이라는 것 역시 앞서 말한 인식에 근거를 둔 가치와 동물적 요구 사항 모두를 만족시켜 주는 것이 되어야 한다. 그래서 건축이 어려운 것이다.

클럽과 페이스북

얼마 전에 우리 집 둘째가 수련회에 가서 네 명의 식구가 세 명으로 줄어든 적이 있었다. 한 명이 빠졌는데도 집 안이 '평온'한 느낌이었다. 숫자로는 25퍼센트가 줄었는데 실제 느낌은 50퍼센트 이상 조용해진 듯했다. 변화의 가장 큰 부분은 첫째와 둘째가 싸우는 장면이 사라져서겠지만, 그 외에도 뭔가가 더 있을 것 같아서 생각해 보았다. 식구가 세 명이면 사람 간의 관계가 네 가지 나온다. 부부간, 엄마와 아이, 아빠와 아이, 엄마와 아빠와 아이. 그런데 여기에 둘째가 생기면 발생하는 인간관계는 열한 가지가 된다. 식구는 한 명이 늘었을 뿐인데 관계 조합의 경우의 수가 일곱 가지 더 생긴다. 사람은 한 명이 늘어나지만 사람 간의 경우의 수는 기하급수적으로 증가하는 것이다.

우리 동네에 새로 오픈한 클럽이 생겼다. 그 앞에는 주말이 되면 젊은 남녀가 문전성시를 이룬다. 이처럼 잘되는 클럽은 급속도로 입소문을 타고 더 잘된다. 그 이유는 무엇일까? 클럽에 가는 주된 이유는 새로운 이성을 엿보고 다양한 방법의 '즉석 만남'에 대한 기대다. 대부분은 1 대 1의 관계이기에 관계 경우의 수가 위의 가족의 예처럼 기하급수적이지는 않다. 하지만 만약 100명이 있는 클럽에 한 명만 더 들어가도 100가지 경우의 수가 더 만들어진다. 클럽은 '관계의 향연장'이다. 페이스북의 가입자 수가 급속히 늘어난 원리도 이와 비슷하다. 클럽과 페이스북의 성장은 짝짓기를 갈망하는 20대가 키운 것이다. 이렇듯 가상의 공간이든 현실의 공간이든, 어떤 공간에 사람이 늘어난다는 것은 생물학적으로는 자신의 짝을 다양한 무리 속에서 고를 수 있기 때문이다. 다양한 후보군에서 고를 수 있다는 것은 그만큼 유전자의 개선 가능성을 높인다는 장점이 있다. 반면에 제한된 공간에 너무 다양한 인간관계가 존재하게 되면 우리의 정신적인 스트레스는 더 늘어난다는 그림자도 있다. 21세기 들어서 우리는 SNS를 통해서 한 번도 얼굴을 보지 못한 사람과도 계속 '친구' 관계를 맺는다. 인류 역사상 가장 높은 '관계의 밀도' 속에서 사는 것이다. 어쩌면 우리는 30평 짜리 아파트에 수백 명이 함께 사는 것과 같은 스트레스받는 환경을 만든 건지도 모른다.

몸, 심리, 건축

건축에는 '모듈러'라는 용어가 있다. 근대 건축의 대가 중 한 명인 르코르뷔지에가 모듈러를 인체 크기와 연관해서 디자인하는 개념을 처음 도입했다. 한마디로 사람의 평균 팔다리 길이에 맞추어서 공간을 설계해야 한다는 것이다. 우리의 주변을 살펴보면 성인을 위한 평균 책상 높이는 72센티미터, 문짝 높이는 2미터, 팔을 뻗어서 물건을 올려놓는 선반 높이는 170센티미터, 계단 한 단의 높이는 최대 18센티미터 등이다. 이러한 것이 나오게 된 배경은 일단 산업 사회를 거치면서 '최소한'의 부피가 얼마인지 알아내 효율적인 공간과 재료를 활용하기 위한 것도 있다. 문의 높이가 과거 궁전에서는 훨씬 높았다가 일반 시민을 위한 근대의 주택에서는 모두 2미터 이하로 맞춰진 것을 보면 알 수 있다. 그리고 그 효율성의 근거는 사람의 신체 치수다. 이처럼 건축은 인식의 산물

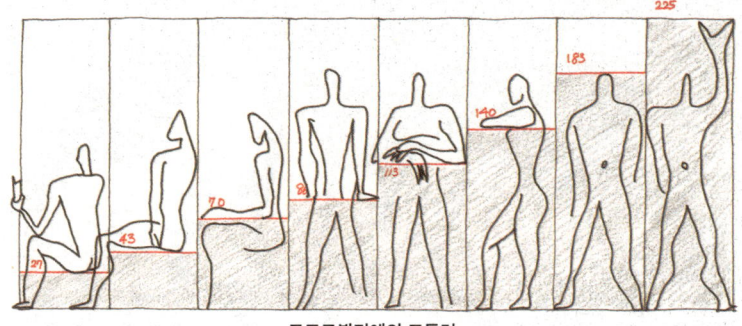

르코르뷔지에의 모듈러

이면서 동시에 사람의 몸과 밀접한 관련을 맺고 있다.

과학 서적 중에 스티븐 스트로가츠가 쓴 『동시성의 과학, 싱크 SYNC *Sync: How Order Emerges From Chaos In the Universe, Nature, and Daily Life*』라는 책이 있다. 싱크Sync는 한국말로 '동조'라고 해석된다. 이 책의 서두에 보면 동남아시아의 수만 마리의 반딧불이가 동시에 불을 밝히는 것으로 이야기가 시작된다. 우리가 엄마 뱃속에서 만들어져 죽을 때까지 뛰는 심장 세포도 동시에 수축하기 때문에 우리의 생명이 유지되는 것이라고 설명한다. 이처럼 자연 속에는 자연 발생적으로 같은 시간에 같이 움직이는 동조라는 보편적인 원칙이 숨어 있다고 과학자들은 말한다. 이런 사상은 카오스로부터 시작한 현대 과학의 흐름과 같은 맥락에 있다. 우선 카오스라는 이론은 자연의 모습에서 보이는 날씨 같은 불규칙한 패턴이 실제로는 단순한 공식에 의해서 만들어진다는 이야기다. 대표적인 예로 고사리 잎의 모양 같은 프랙털fractal을 든다. 프랙털은 같은 패턴이 스케일만 달리해서 반복된다는 것이다. 우리가 고사리 잎을 얼핏 보면 불규칙해 보이나 자세히 들여다보면 같은 모양이 스케일만 달

275

프랙털을 볼 수 있는 고사리 잎

리해 반복해서 나타나는 것을 알 수 있다.

　카오스에서 더 발전해 나온 것이 '콤플렉시티Complexity' 이론이
다. 지난 수천 년간 서양 과학은 끊임없이 작은 '최소 단위'를 찾
는 데 매진해 와서 양자역학의 경지에 이르렀다. 하지만 그러한
발견이 생명의 신비를 설명하는 데 아무런 도움이 되지 못한다는
것에 착안해서 만들어진 과학의 흐름이 콤플렉시티 이론이다. 우
리말로 '복잡계 또는 복잡성'이라고 번역된다. 과학자들이 20세기
후반에 미국의 산타페에 모여서 생명의 발생에 관해 논의하면서
만들어진 이론이다. 한마디로 요약한다면 불규칙의 상태에서 자
연 발생적으로 규칙이 나온다는 이야기다. 앞서 말한 싱크(동조)
가 이 콤플렉시티 이론과 같은 맥락이라고 볼 수 있다. 과학의 기
본 원칙 중 열역학 제2법칙인 엔트로피 법칙에는 완전히 반대되
는 이야기다. 엔트로피 법칙이란 한마디로, 가만히 놔두면 집이

점점 어질러지는 것과 마찬가지로 우주는 가만두면 점차 불규칙이 늘어난다는 것이다. 하지만 아이러니하게도 빅뱅 이후 천체는 안 부딪치고 돌아가는 규칙이 만들어졌고, 생명이 탄생했다. 엔트로피의 법칙을 거꾸로 가는 것이다. 과학자들은 이를 우주 전체로는 불규칙이 늘어나지만, 부분적인 곳에서는 규칙이 늘어나는 것이라고 설명한다. 싱크나 콤플렉시티 이론은 그런 부분적인 규칙성이 높아지는 것에 관한 이야기다. 장황하게 현대 과학 이야기를 한 것은 건축에서 이 동조 이론이 나타나는 대표적인 예가 있기 때문이다. 하이테크 건축가 노먼 포스터가 설계한 런던의 밀레니엄 다리가 그것이다.

이 다리는 런던의 재개발계획에 의해서 리모델링된 테이트 모던 미술관과 구도심인 세인트 폴 대성당을 연결해 주는 보행자 전용 다리다. 문제는 이 다리가 개관했을 때 발생했다. 수천 명의 사람들이 다리를 건너기 시작하자 얼마 지나지 않아서 다리가 흔들리기 시작했다. 이 다리의 구조를 맡은 회사는 오브 아룹Ove Arup이 만든 아룹Arup이라는 회사로, 우리가 잘 아는 시드니 오페라 하우스의 구조를 해결해 준 명실상부 세계 최고의 구조 설계 사무소다. 그런 회사가 구조를 검토한 다리가 사람이 좀 많이 지나간다고 흔들리다니 있을 수 없는 일이었다. 일단 다리를 폐쇄하고 몇 주간의 연구 끝에 원인을 찾아냈다. 문제는 사람이 걷는 것과 자동차가 굴러가는 메커니즘이 달라서 생겨난 현상이었다. 보통 다리는 자동차가 지나가는 데 초점이 맞춰져 있다. 그런데 자동차는 바퀴가 굴러가면서 앞으로 나간다. 따라서 자동차의 하중은 아래로만 향하게 된다. 그런데 사람은 걸으면서 왼발을 내디딜 때는 왼쪽으로 밀고, 오른발을 내디딜 때는 오른쪽으로 미는 힘이

런던의 밀레니엄 다리

있다. 이는 사람이 걸을 때 넘어지지 않기 위해서 걸음마를 하면서부터 체득한 방법이다. 우리가 스케이트를 탈 때 얼음을 좌우로 지치는 것을 생각하면 원리를 쉽게 이해할 수 있다. 문제는 여기에서 멈추지 않는다. 사람이 걸을 때 횡으로 미는 힘이 발생하게 되면 다리에 미세하게 진동이 발생하는데 이것을 주변 사람들이 느끼고 옆 사람 걸음걸이의 리듬에 맞게 따라서 움직이게 된다는 것이다. 과학에서 말하는 동조가 일어나는 것이다. 시간이 지날수록 더 많은 사람이 동시에 발을 맞추게 되고 그럴수록 다리의 움직임의 폭은 증폭되는 것이다. 마치 그네를 뒤에서 밀 때 나아가는 방향으로 조금씩만 힘을 더 주어도 더 높이 올라가듯이, 만약에 이 움직임에 사람이 계속해서 리드미컬하게 힘을 주면 다리가 붕괴할 수도 있는 것이다. 물론 다리가 무너지면 자기가 죽는데 그럴 군중은 없겠지만 이론상으로는 그렇다. 구조 회사인 오브 아룹은 다리가 좌우로 흔들리는 것을 잡아 주기 위해서 횡으로 자동차의 충격 흡수 장치와 비슷한 장치를 달았다. 이렇게 함으로써 좌우로의 진동이 커지는 것을 일차적으로 잡아 주게 되었고, 흔들림이 증폭되는 현상을 막을 수가 있었다. 어쨌든 이 밀레니엄 다리의 사건에서 보이듯이, 건축은 몸과 심리가 함께 작동하는 장치이자 현상이다. 몸과 심리가 함께 고려돼야 하는 건축은 그래서 더 어렵고 심오하다.

제12장
뜨는 거리의
법칙

코엑스 광장엔 사람이 없다

나는 삼성동 코엑스에 갈 때마다 1층의 텅 빈 광장을 보면서 참 답답하다고 생각한다. 코엑스는 호텔, 백화점, 오피스 타워, 공항 터미널, 대형 지하 쇼핑몰, 컨벤션 센터, 카지노가 합쳐져 있는 우리나라에서 가장 큰 종합 단지다. 하지만 이 많은 요소가 유기적으로 연결돼 시너지 효과가 만들어져야 하는데, 실상은 다 따로 놀고 있다. 따로 노는 건물들 사이에서 외부 공간은 횡하니 제대로 이용되지 못한 채 왕따당한 듯 보인다. 코엑스 앞의 도로는 차폭이 왕복 16차선으로 서울에서 가장 넓다. 그리고 지하철 삼성역과 테헤란로가 만나는 코엑스의 유동 인구는 엄청나다. 사람은 자원이다. 사람이 많이 온다는 것은 많은 이벤트가 형성되고, 그만큼 중심적인 '장소성'을 구축할 가능성이 크다는 것을 의미한다. 건축가들이 아무리 무대를 만들고 연출하려고 해도 사람이 오지 않으면 그 공간은 죽은 공간이 된다. 결국에는 사람이 공간을 완성하기 때문이다. 그런 의미에서 삼성동 코엑스는 흔히 말하는 사람이 많이 모이는 '목이 좋은 곳'이다. 그럼에도 불구하고 안타깝게도 현재의 코엑스에서 넘쳐나는 사람 에너지는 낭비되고 시너지 효과도 없다. 그 이유는 각각의 사람들이 각자의 빌딩에 갇혀서 나오지 않기 때문이다. 이렇게 여러 개의 건물로 만들어진 콤플렉스는 다른 목적을 가진 사람들이 대형 공간에 모여서 섞여야 한다. 아마도 원래의 계획은 모든 사람이 지하 쇼핑몰로 모여서 섞이라는 의도였던 것 같다. 하지만 이 부분에 의문점이 든다. 햇볕 잘 들고 통풍 잘되는 1층 광장을 두고 왜 굳이 지하실에 사람들을 모아 넣으려 했을까?

비슷한 실패 사례가 프랑스 파리의 라데팡스la Défense 광장이다. 파리시는 도심 내에 고층 건물을 금지하는 규제 때문에 사무 공간이 부족했다. 이를 해소하기 위해서 파리 외곽에 현대식 고층 건물 단지를 형성했다. 건축가는 원대한 꿈을 가지고 모든 자동차를 지하 차도로 통과하게 하고 지상층에는 대형 광장을 만들었다. 하지만 의도와는 다른 의외의 결과가 나왔다. 자동차만 다니게 만든 지하 차도는 어두워서 냄새나고 치안이 걱정되는 공간이 되었고, 활주로 같은 대형 광장에는 사람들이 드문드문 걸어 다닐 뿐이다. 건축가는 대형 건축물과 광장이 함께 있으면 광장이 붐빌 것으로 생각하고 계획안 속 투시도에는 사람이 가득한 광장을 그려 놓았을 것이다. 하지만 광장은 유기적인 갯벌 같아야 한다. 다양한 생태계의 먹이사슬이 없는 광장은 사막이 되기 십상이다. 파리의 라데팡스 광장이나 서울의 코엑스 광장은 상업의 생태계가 없는 광야일 뿐이다. (이 책이 나온 후 10년 동안 코엑스 광장에도 별마당 도서관이 지상층으로 연결되었고, 반대편에는 유명 카페가 들어오는 변화가 생겨나면서 많이 개선되었다. 하지만 유럽의 광

위: 코엑스 광장
아래: 라데팡스 광장

장에 비교한다면 아직도 외부 공간은 절대적으로 사용성이 떨어지고 있다.)

지하 쇼핑몰의 한계

코엑스 지하 쇼핑몰에 들어가면 거미줄처럼 짜인 도로망에 일단 짜증이 난다. 일반적으로 외부인이 한 도시에 애착을 갖기 시작하는 시점은 그 도시의 도로망을 완전히 이해하기 시작하면서부터라고 한다. 그 이유는 자신이 어느 지점에 있는지 인식이 안 되면 길을 잃기 쉽고 공포감을 느끼게 되며, 그러면 주변을 즐길 여유 없이 경계만 하기 때문이다. 실제로 뉴욕은 전 세계 여러 인종의 사람들이 모이는 곳이다. 그 어느 곳보다 사람들이 경계심을 느껴야 하는 도시다. 그런데도 분열과 갈등보다는 융합이 더 이루어진다. 그 배경에는 뉴욕이라는 도시의 격자형 구조가 한몫을 한다. 몇 번 스트리트에 몇 번 에비뉴라는 번지수만 있으면 처음 도시를 방문한 사람도 어디든 갈 수 있다. 전 세계에서 가장 쉬운 뉴욕의 주소 체계가 새로 이주한 사람이 쉽게 적응하는 데 큰 역할을 하는 것이다.

하지만 이처럼 격자형으로 되어 있는 도시는 자칫 지루하기 쉽다. 그것을 막아 주는 것이 엠파이어 스테이트 빌딩 같은 랜드마크와 센트럴 파크 같은 자연 그리고 이 모든 것을 하나로 엮어 주는 대각선으로 난 브로드웨이가 있기 때문이다. 보스턴의 경우에는 뉴욕과는 달리 오래된 도시여서 격자형이 아닌 복잡한 도로

뉴욕의 엠파이어 스테이트 빌딩(좌)과 보스턴의 존 핸콕 타워

망을 가지고 있다. 하지만 보스턴은 존 핸콕 타워와 푸르덴셜 빌딩이라는 두 개의 고층 건물이 현재 나의 위치를 알려 주는 나침반 역할을 한다. 특히 존 핸콕 타워의 경우에는 납작한 평행사변형 모양의 평면도를 가지고 있어서 바라보는 각도에 따라서 모양이 시시각각 변한다. 이런 랜드마크 건물만으로도 내 위치가 어디쯤인지 어렴풋이 파악된다. 역사가 수천 년인 유럽의 도시 같은 경우에는 도로망이 더 거미줄처럼 엮여 있다. 그래서 도시 속에서 길을 잃기 십상이다. 하지만 로마나 파리 같은 도시들은 뉴욕보다 더 많은 랜드마크 건물과 조각상, 분수들이 곳곳에 포진해 있다. 그래서 우리는 도시 전체의 이미지를 풍성하게 해 주는 방식으로 길을 잃는 공포심을 대체하게 되는 것이다. 그리고 무엇보다도 이 모든 체험은 햇볕이 잘 드는 길들로 연결된다. 이런 도시들에서는

어느 골목길에서나 하늘을 볼 수 있고 신선한 공기를 마실 수 있다. 반면 코엑스 광장의 복도들은 지루하지 않게 거미줄처럼 그려졌을지 모르나 우리의 시야에 들어오는 것은 하늘이 아니라 2.7미터 높이 천장의 형광등이다. 멀리 보여서 우리에게 이정표를 제시해 줄 높은 랜드마크 건물도 없다. 안타까운 것은 코엑스에는 무역센터를 비롯하여 여기저기에 랜드마크 건물들이 있음에도 쇼핑몰에서 이용되지 못한다는 점이다. 만약에 코엑스의 쇼핑몰이 지하에 있지 않고 적당하게 하늘로 오픈된 거리에 만들어졌다면 골목골목을 다니면서 골목길 사이로 보이는 무역센터를 바라보면서 기분 좋게 차를 마시고 쇼핑할 수 있었을 것이다. 적어도 천창이라도 뚫었어야 한다. 코엑스몰 일부를 외부 공간으로 개방하자고 하는 제안에 혹자는 이렇게 답변할 것이다. "지상으로 나오면 겨울에 추워서 장사가 잘 안되지 않을까요?" 일리가 있는 말씀이다. 하지만 모든 사람이 적당한 온도에서만 쇼핑한다면 서울의 명동이나 신사동의 가로수길 가게는 한여름과 한겨울에도 왜 사람이 많을까?

날씨가 변한다는 것은 불편한 요소가 될 수도 있지만, 건축에서는 그 같은 변화가 부정적이라기보다는 긍정적인 다양성의 요소로 받아들여질 수 있다. 우리나라같이 사계절이 뚜렷한 날씨는 일 년 365일, 같은 날이 하나도 없다. 같은 거리라고 하더라도 날씨에 따라서 다르게 인식이 되어서 찾아갈 때마다 다른 얼굴의 거리를 만날 수 있는 것이다. 하지만 코엑스몰에 가면 일 년 열두 달 같은 풍경이다. 그것은 상업가로에서는 별로 바람직하지 않은 모습이다. 한결같다는 것은 장점이 될 수도 있고 단점이 될 수도 있다. 조금만 수정하면 외부 공간의 장점과 실내 쇼핑몰의 장점을

상호보완적 시너지 효과를 내는 뉴베리 거리(위)와 보스턴의 푸르덴셜 센터(쇼핑몰) 내부

모두 확보한 거리가 만들어질 수도 있다. 현재의 지하 쇼핑몰을 그대로 두고 중간 중간에 성큰 가든을 만들어서 외부의 자연이 지하실로 들어갈 수 있게 해 주고, 지상층에 만들어진 광장 및 쇼핑 거리와 유기적으로 연결시켜 주면 된다.

이와 비슷한 사례가 보스턴에 있는 뉴베리 거리와 푸르덴셜 쇼핑몰이다. 뉴베리 거리는 역사가 깊은 옥외 거리다. 우리나라의 북촌이나 인사동 거리에 비유될 만하다. 그리고 그 거리에서 한 블록 떨어져서 평행하게 위치한 푸르덴셜과 코플리 쇼핑몰은 실내 공간으로 몇 개의 호텔과 백화점이 연결돼 만들어졌다. 관광객들은 뉴베리 거리를 보다가 비가 오거나 추우면 푸르덴셜 쇼핑몰로 들어간다. 반대로 쇼핑몰에 있던 사람들이 답답하면 뉴베리 거리로 나와서 거리를 걷는다. 이 둘은 상호보완적으로 시너지 효과를 가져오고 있다. 우리가 코엑스 지상층에 보행자 쇼핑 거리를 만들어서 지하의 쇼핑몰과 유기적으로 연결되는 네트워크를 만든다면 서로 상생할 수 있을 것이다. 한전 부지에 현대기아차 사옥이 들어오면서 이 같은 계획들이 함께 이루어지기를 소망해 본다.

죽은 광장 살리기

유럽의 성공적인 광장에는 두 가지 법칙이 발견된다. 하나는 랜드마크가 될 만한 건축물이 있거나, 둘째로 광장 주변으로 가게들이 위치해 있다는 점이다. 성 베드로 광장은 주변의 가게는 적지만 워낙에 강력한 랜드마크인 성 베드로 대성당이 있고, 로마의 나보나 광장은 대단한 성당은 없지만 주변의 가게가 활성화되어 있

위: 성 베드로 대성당과 광장
아래: 로마의 나보나 광장

고, 무엇보다도 천재 조각가 베르니니가 조각한 4대강 분수를 비롯하여 총 세 개의 분수가 있다. 판테온 앞 광장의 경우에는 랜드마크 건축물과 주변 가게들이 조화를 이루는 적정한 규모의 활성화된 광장이다. 결국 우리가 만들어야 하는 것은 건축물이 아니라 장소다. 장소가 만들어지려면 사람이 모여야 하고, 그러기 위해서 사람이 모일 목적지가 될 만한 가게나 랜드마크 건물이 필요하고, 사람이 정주할 식당이나 카페가 필요한 것이다.

서울시는 세종로에 어렵게 광화문 광장을 만들었다. 하지만 정작 이 광장은 주로 시위자들이 사용하고 있다. 이 같은 현상은 우리나라에 워낙에 자신의 의견을 피력할 만한 공간이 없어서 생겨난 것이기도 할 것이다. 하지만 정치적인 눈이 아니라 건축 구조를 바라보는 눈으로 보면, 광화문 광장이 시위의 장소가 되는 데는 광화문 광장에서 마땅히 할 일이 없기 때문이다. 광화문 광장은 세종대왕상이나 광화문을 배경으로 사진을 찍기에 적당한 장소다. 하지만 바람 불고 자동차 소음이 심한 그곳에서 인증 사진을 찍는 것 외에는 딱히 할 일도, 갈 곳도 없다. 특별한 거리를 만들려는 의도로 유럽처럼 돌로 포장을 한 도로는 자동차의 소음을 더욱 크게 만들 뿐이다. 광장은 만들었지만 별다른 콘텐츠가 없는 빈 공간이기에 시위라는 행위가 채워지게 되는 것이다.

넓은 공간을 가지고 있되 특별하게 할 일이 없던 공간 구조를 가진 곳이 또 있다. 예전에는 여의도 광장이 그랬고, 북경의 천안문 광장이 그렇다. 이 두 광장은 여유롭게 차를 마시거나 밥을 먹는 정주할 곳이 딱히 없이 넓기만 한 광장의 대표적인 곳이다. 그래서 예전에는 여의도에서 백만 명씩 모이는 정치 집회가 있었고,

천안문 광장에는 그 유명한 천안문 시위가 열린 것이다. 우리나라는 여의도에 공원을 만들어서 여의도 정치 집회는 없어졌지만, 대신 이제는 시청 앞 광장이 그 역할을 한다. 시청 앞 광장 역시 주변으로 차도만 지나가고 광장 주변에 가게가 없는 곳이다. 그래서 행사 때마다 임시 매점 판매대를 세워야 한다. 우리나라의 광장이 정치적인 목적으로 사용되는 것이 문제라기보다는 제대로 된 광장이 없다는 것이 문제다. 혹자는 우리나라에는 광장 문화가 없다고 이야기하기도 한다. 하지만 과연 그것이 맞는 말일까? 예전에 장터가 열릴 때는 사당패들이 공연하고, 시장을 보러 온 사람들이 구경하고 놀았고, 김홍도의 그림을 보아도 씨름하면 주변에서 아이들이 엿을 파는 등 여러 가지 광장 문화가 있었던 것이 보인다. 이로 미루어 보아 예전에는 자연스럽게 있던 광장이 자동차로 인해서 속도감 있는 길로 나누어지게 되면서 그런 문화가 없어진 것이다.

세종로 역시 과거 흑백 기록 사진을 보면 광화문 앞, 광장처럼 넓은 공간에서 사람들이 해태상 앞을 자유롭게 활보하는 것을 볼 수 있다. 하지만 산업화를 거치면서 전면이 경복궁으로 막혀 있음에도 불구하고 빈 땅이니 과거에는 발전의 상징이었던 자동차 도로만 엄청나게 넓게 깔아서 광화문 앞은 모두 도로가 되었다. 제대로 도시 계획을 했다면 광화문으로 큰 차선이 모이게 하지 않고 주변으로 우회하게 디자인했을 것이다. 그나마 최근 들어서 차선 몇 개를 줄여서 광화문 광장을 복원했지만, 주변으로는 세종문화회관, 정부서울청사, 미국 대사관, 대한민국역사박물관을 비롯한 대형 건물들만 있다. 광화문 광장이 더욱 사랑받는 장소가 되려면 세종문화회관 앞과 미국 대사관 앞길에 1층에 앉아서 정주

광화문 광장 주변에 식당과 카페가 들어선다면 이런 모습일 것이다.

하면서 광장을 여유롭게 바라볼 수 있는 식당이나 카페가 생겨야
한다. 그렇게 될 때 세종로는 파리의 샹젤리제 거리처럼 바뀔 것
이다.

신사동 가로수길

지난 몇 년간 소위 가장 '뜬' 거리는 신사동 가로수길인 듯하다.
가로수길은 십 년 전만 하더라도 몇 개의 유명하지 않은 갤러리
가 있는 압구정동에서도 인기가 없던 거리였다. 1992년부터 시
작된 오렌지족 열풍으로 압구정동 로데오 거리가 주목받을 당시
에도 신사동 가로수길은 변두리에 불과했다. 그러던 가로수길이
어떻게 발전했는지 과정을 살펴보면 '뜨는' 거리의 법칙을 알 수
있다.
　신사동 가로수길은 이름처럼 가로수가 아름답게 있는 거리도

아니고, 인도 폭이 좁아서 걷기도 어려운 거리일 뿐이다. 그런 가로수길이 지금의 보행자들이 찾는 거리가 된 데는 한강시민공원으로 가는 토끼 굴의 위치가 바뀐 것이 결정적 이유였다. 일반적으로 지하철역과 자연 요소, 이 두 요소를 연결하는 1.5킬로미터 정도 길이의 거리는 걷고 싶은 거리가 된다. 대표적인 사례가 미국에서 가장 고풍스러운 고급 쇼핑 거리인 보스턴의 뉴베리 거리다. 뉴베리 거리의 서쪽 끝에는 지하철역이 있고, 1.5킬로미터 정도 걸어가면 동쪽 끝에는 보스턴 코먼이라는 도심형 공원이 있다. 이 둘을 연결하는 뉴베리 거리는 원래 주택가 거리였다가 지금은 화랑 및 각종 명품 가게들이 들어선 쇼핑 거리가 되었다. 사람들은 지하철을 이용해서 한쪽에서 쏟아져 나오고 그 사람들은 공원을 향해서 걸어가면서 거리를 즐긴다. 일반적으로 가고 싶은 목적지 없이 걷는 사람들은 피곤하다. 하지만 쉴 수 있는 공원을 향해서 걷는다면 얘기는 다르다. 신사동 가로수길도 마찬가지다. 가로수길은 지하철 3호선 신사역에서 나와서 1.1킬로미터 정도를 걸으면 한강시민공원에 도착한다. 하지만 이런 조건에도 불구하고 과거에는 인기가 없었다. 그 이유는 한강시민공원으로 가는 토끼 굴이 숨겨져 있었고 열악했기 때문이다. 기존의 토끼 굴은 미성아파트 뒤편에 있었는데, 도로 폭도 1차선으로 어둡고 주로 빗물이 고여 있었다. 이 연결 통로는 우범 지역으로 보였을 뿐 아니라 동네 아파트 주민들만 아는 굴이었다. 그런 토끼 굴이 한강 르네상스를 하면서 보차분리되고 왕복 차선으로 바뀌면서 쾌적하고 안전한 환경이 되었다. 위치도 가로수길에서 연결된 축선상으로 이동하게 되었다. 지금은 데이트하는 연인들과 일반 주민들이 끊임없이 가로수길과 한강시민공원 사이를 오가는 것을 볼 수 있다.

걸어오는 사람들은 신사역에 내려서 가로수길에서 식사와 쇼핑을 하고 한강시민공원에 가서 쉬다가 다시 돌아간다. 자동차를 가지고 오는 데이트족들은 한강시민공원 주차장에 차를 세우고 가로수길로 걸어간다. 신사동 가로수길의 경우처럼 자연과 대중교통, 이 두 가지 요소를 연결하는 거리는 사람들이 찾는 좋은 거리가 된다. 토끼 굴의 위치를 몇십 미터 옮기는 계획은 아주 작은 일이었다. 하지만 이 계획은 정확한 혈맥에 침을 놓으면 숨넘어가는 환자도 살리는 명의의 침처럼 가로수길 기의 순환을 살리는 신의 한 수였다. 이 방법을 이용해서 서울을 걷기 좋은 도시로 만드는 방법을 제안해 본다면, 서울에는 지하철역이 많다. 그중에서도 지하철 2호선은 서울을 한 바퀴 도는 순환선이다. 만약에 2호선 지하철역과 역 사이에 공원을 하나씩 배치한다면 서울은 걸어서 한 바퀴를 돌 수 있는 도시가 될 것이다. 물론 한 바퀴를 걸어서 도는 사람은 없겠지만, 걷게 된다면 옆 동네와 경계가 모호해질 것이다. 사람은 걸을 때 경계가 모호해진다. 경계가 모호해질 때 사람들은 하나의 공동체로 융합되고 하나의 공동체가 되는 것이다.

삼성 핸드폰과 케이팝

최근 들어 성수동에 가 보면 외국인 관광객이 아주 많다. 이는 10년 전 홍대 앞에서 많이 보이던 외국인의 분위기와는 사뭇 다르다. 10년 전 홍대에 있던 외국인은 20대 원어민 선생님들이 잠깐 홍대 앞에 놀러 온 분위기였다면, 지금은 다양한 인종의 남녀노소가 있어서 진짜 대한민국에 호기심을 가지고 온 손님이라는 느낌이 든다. 왜 이렇게 많은 외국인이 한국을 찾는 것일까? 나는 넷플릭스 덕이 크다고 생각한다. 내가 만든 권력과 시선의 원칙이 있다. 사람의 시선이 모이는 곳에 서 있는 사람이 권력을 가진다는 것이다. 5천 년 전 인류는 주변 사람들의 시선을 모으기 위해서 지구라트 신전 같은 수십 미터 높이의 건축물을 만들었고, 그 꼭대기에 제사장이 서 있었다. 그렇게 주변 수천 명의 사람이 제사장을 쳐다보면서 종교 권력이 강화되었다. 근대 학교에서는 운동장에 구령대를 만들었고 교장 선생님이 그 위에 서서 훈시하셨다. 조회 시간에 운동장에 줄지어 서 있는 학생들이 높은 구령대 위에 서 있는 교장 선생님을 쳐다볼 때 교장 선생님의 권위가 만들어지는 것도 지구라트와 같은 원리다. 현대 사회에서 가장 많은 사람의 시선을 받는 사람은 매스 미디어에 노출되는 사람들이다. 아이돌, 인스타 팔로워가 많은 사람, 유튜브 팔로워 많은 셀럽이 이 시대의 권력자들이다. 당연히 넷플릭스 드라마에 많이 노출되는 공간도 권력을 가진다. 1990년대에 나는 미국 드라마 〈베벌리힐스 90210〉을 보면서 L.A.에 대한 로망을 키웠고, 시트콤 〈프렌즈〉를 보면서 뉴욕에 대한 로망을 키웠다. 이와 마찬가지로 지금의 세계인들은 넷플릭스를 통해 한국 드라마를 보면서 한국에 대한 로망을 키우게 되었고, 직접 방문까지 하게 된 것이다. 장소성이라고 하는 것은 '실제'도 있지만, 미디어에 의해서 만들어진 '이미지'가 더 중요하다. 미디어를 통해서 만들어지는 정보와 이미지가 훨씬 더 많고 빠르게 전파되기 때문이다. 로마는 그 자체로도 멋있는 건축과 도시지만, 세계인의 머릿속에 로마의 이미지는 그레고리 펙과 오드리 헵번이 나오는 영화 〈로마의 휴일〉이 만든 것이 더 크다.

그렇다면 세계인은 왜 한국 드라마를 보는걸까? 어떤 문화평론가는 한국 드라마는 서구권 드라마에서는 찾기 어려운 가족의 가치와 따뜻한 감성이 느껴져서라고 설명한다. 한국 드라마가 동남아시아, 인도, 이란에서 유독 큰 인기가 있는 이유를 설명해 줄 수 있는 견해다. 그런데 가족애가 나오지도 않는 케이팝K-pop은 왜 인기가 있는 것일까? 케이팝이 인기가 있는 이유는 미국 문화에 팽배한 '정치적 올바름'에 대한 반사 이익으로도 설명할 수 있을 것 같다. BTS나 블랙핑크 같은 케이팝 아이돌들은 1990년대 마이클 잭슨과 마돈나의 후손이라 할 만하다. 우리나라 아이돌은 아름다운 외모와 춤으로 성적 매력을 극대화하고 있는 반면, 미국의 대중문화는 정치적 올바름으로 인해 보편적 아름다움과 성적 매력을 터부시하는 경향이 생겼다. 하지만 인간의 유전적 본능은 그대로다 보니, 그 수요가 케이팝으로 옮겨 가게 된 부분도 있는 것이 아닌가 생각된다. 이처럼 K-컬쳐의 성공에 대한 설명은 여러 가지가 있을 수 있다. 그중 하나는 서사가 있기 때문일 것이다. 대한민국은 짧은 시간에 후진국에서 선진국으로 올라선 매력적인 성공 신화를 가진 나라다. 그러다 보니 개발도상국 국민에게는 선망의 대상이 된 부분도 있다. 그렇다면 서구의 선진국 국민은 왜 한국 문화를 동경하는 것일까? 나는 그 이유 중 하나가 삼성 핸드폰 때문이라고 생각한다. 첨단 제품을 만드는 나라의 문화를 동경하는 사례는 역사를 통해서 자주 찾아볼 수 있다.

16세기 17세기의 최첨단 제품은 '도자기'였다. 도자기는 그 시절 최첨단 세라믹 제품으로, 요즘으로 치면 2000년대 초반의 아이폰 같은 것이라 할 수 있다. 당시 유럽은 주석으로 만들어진 무겁고 어두운 색상의 그릇을 사용했는데, 도자기는 가볍고, 밝고 예쁜 그림이 그려져 있는 제품이었다. 유럽의 부자들은 너도나도 도자기를 가지고 싶어 했고, 도자기 최대 수출국은 중국이었다. 영국의 부자들은 도자기에 그려진 중국식 정원을 보고 이를 흉내 내서 자신의 정원에 정자 같은 모양의 퍼걸러pergola를 짓고, '차이나'라고 불리는 찻잔에, 중국에서 수입한 '티tea'를 마셨다. 이렇게 중국 스타일을 따라 하던 문화적 현상을 '시누아즈리'라고 했다. 중국 이후 일본도 유럽에 도자기를 수출했다. 일본은 도자기를 수출할 때 '우키요에'라는 대량 생산된 컬러 목판화 그림을 포장지로 사용했다. 부자들이 도자기를 가진 후 버려진 포장지는 고흐 같은 화가의 손에 들어가서 작품에 영향을 끼쳤다. 지금도 암스테르담에 지어진 고흐 박물관에 가면 고흐가 소장했던 우키요에 그림이 전시되어 있는데, 그 건물은 일본에서 지어 주었다. 이처럼 첨단 제품을 생산하는 나라는 동경의 대상이 되고, 사람들은 그 나라의 문화를 흠모하게 된다. 우리나라는 저가 제품을 생산하는 나라의 이미지였다. 그러다가 1999년 당시 최고 시청률을 기록하던 미국 NBC 아침 방송에 각국의 핸드폰을 비교하는 실험이 진행되었다. 노키아, 모토로라, 삼성의 제품들이 나왔는데 그중 삼성 핸드폰만 물에 빠뜨린 다음에도 통화가 되는 모습이 전파를 탔다. 이때부터 한국은 첨단 제품을 만드는 나라가 되었다. 이후에 얇은 국산 LED TV들이 줄줄이 출시되었다. 첨단 제품이 먼저고 문화는 그다음이다. 20세기 후반 미국의 대중문화가 전 세계를 장악한 이유는 단순하다. 미국은 원자폭탄과 달 착륙선을 만드는 첨단 기술을 가진 나라였기 때문이다. 지금 같은 K-컬쳐가 유지되려면 대한민국의 첨단 제조업을 유지해야 한다. 문화 강국으로

남고 싶다면 의대보다는 공대와 기초 과학을 전공한 사람이 대접
받는 사회를 만들어야 한다.

성수동 부동산 가격은 왜 오르는가

10년 전에 친구가 서울 어디의 부동산이 오를 것 같냐고 물어본
적이 있다. 그래서 성수동에 건물을 사라고 조언했다. 하지만 당
시에도 이미 연예인들이 구매하면서 가격이 많이 오른 상태여서
그 친구는 망설였다. 그런데 지금은 그 당시보다 네 배는 더 올라
서 강남보다도 비싸졌다. 왜 성수동의 부동산 가격은 계속 올랐을
까? 상업 시설의 가격은 임대료 수입에 비례한다. 일반적인 가게
와 오피스의 임대료로 계산한다면 지금의 성수동 부동산 가격은
터무니없다. 그런데도 지금의 가격이 된 이유는 성수동은 전통적
인 임대 방식이 아니라 '팝업 스토어'라는 새로운 방식으로 임대
하기 때문이다.

한때 신사동 가로수길의 건물 가격이 많이 올랐다. 당시에는
'플래그십flagship 스토어'가 유행했기 때문이다. 플래그십 스토어란
직역하면 '깃발을 단 배의 가게'라는 뜻으로 가장 중요한 모함母艦
이 되는 가게라는 의미다. 유동 인구가 많은 곳에 점포를 내서 우
리 브랜드가 이런 가치를 가진다는 것을 보여 주는 광고성 점포
다. 그 기업의 브랜드를 상징적으로 보여 주는 가게이기에 실제
매출은 중요하지 않다. 10년 전 가장 핫플레이스는 신사동 가로수
길이었고, 유동 인구가 많은 그곳에 플래그십 스토어를 열다 보니

임대료가 비싸도 매출에 상관없이 너도나도 입점했다. 그렇게 올라간 임대료는 빌딩 가격에 반영되어 천정부지로 오르게 되었다. 2025년 현재는 '팝업 스토어'의 시대다. 팝업 스토어란 몇 주 혹은 몇 달만 한시적으로 가게를 열었다가 접는 것을 말한다. 잠깐 사람의 시선을 끌 만한 흥미로운 콘셉트의 장소를 만들어서 행사처럼 유지하다가 사라지는 형식이다. 단기 임대하다 보니 임대료가 높아도 유동 인구가 많은 곳에 만든다. 성수동 연무장길의 팝업 스토어 월세는 3억까지도 한다. 한 달에 3억이면 1년이면 임대료 수입만 36억이다. 건물을 구매할 때 얻은 대출금을 빠르게 갚을 수 있는 구조가 된다. 그러니 빌딩 가격에 반영되어 가격은 일반적인 예상을 뛰어넘어서 오르게 되는 것이다. 그렇다면 기업들은 왜 비싼 돈을 들여서 팝업 스토어를 만드는 것일까?

사람들이 이제는 TV를 잘 보지 않기 때문이다. 과거에는 기업이 자신의 제품을 홍보하기 위해서 비싼 돈을 내고 TV 광고를 했다. 그런데 지금은 사람들이 TV 대신 스마트폰으로 유튜브와 넷플릭스를 본다. TV 광고를 더는 보지 않는다. 기업은 자신을 노출할 다른 방식을 찾아야 했다. 이때 등장한 것이 페이스북이나 인스타그램 같은 SNS다. 집값이 천정부지로 뛰니 청년들은 이 도시에서 자신의 공간을 소유할 수 없게 되었다. 그래서 이들은 자신의 공간을 가상공간 속 SNS에 만든다. 나의 인스타그램은 나를 표현하는 공간이다. 그런데 이런 공간을 만들려면 사진이 필요하다. 때마침 스마트폰마다 성능 좋은 카메라가 달렸고, 찍은 사진을 실시간으로 올릴 수 있게 되었다. 이제 필요한 것은 세트장이 될 만한 장소다. 그래서 이들은 멋진 카페를 열성적으로 찾아다닌다. 몇천 원만 내고 커피를 사면 카페를 세트장처럼 빌려 사진을 찍고 내 SNS에 올려서 공간을 구축할 수 있기 때문이다. 이때 찍은 사진은 '디지털 벽돌'이 된다. 성수동의 수많은 팝업 스토어가 그런 공간을 제공해 준다. 따라서 성수동은 '디지털 벽돌 공장'이라고 할 수 있다. 그렇다면 기업이 수억 원의 돈까지 들여 가면서 비싼 임대료와 제작비를 들여 팝업 스토어를 만드는 것은 수지타산이 맞을까? 결론부터 말하자면 '그렇다'. 과거 보통 황금 시간대인 저녁 시간에 TV 광고를 한 달 동안 내보내는 데는 억 단위의 돈이 들어갔다. 고급스러운 광고를 제작하려면 연예인 출연료와 촬영까지 해서 억 단위의 돈이 더 들어갔다. 총 10억은 훌쩍 넘는 액수다. 그런데 두 달간 팝업 스토어 임대료 6억에 인테리어 공사비 3억을 들여도 9억이다. 팝업 스토어를 만들어 놓으면 젊은이들이 사진을 찍어서 자신의 SNS에 올려놓는다. 이렇게 만들어진 많은 정보는 바이러스처럼 퍼져 나가는 '바이럴 광고'가 된다. 성수동 부동산 가격의 폭등은 스마트폰이 만든 현상이다. 반대로 말한다면 스마트폰 다음으로 인터넷과 인공지능에 접속할 수 있는 혁신적인 제품이 새로 나온다면 지금의 SNS 문화는 바뀌고 또 다른 부동산 지도의 격변이 만들어질 수 있다.

왜 성수동에 팝업 스토어를 만들까

여기서 또 하나의 의문이 든다. 기업들은 왜 기존의 젊은이들이 많이 모이는 홍대 앞이 아니라 성수동에 팝업 스토어를 만들까? 우선 SNS를 열성적으로 하는 사람들이 모여야 하는데, 그들은 어른보다 상대적으로 돈은 없고 시간은 많은 대학생일 것이다. 그런데 서울의 많은 대학교가 지하철 2호선 주변으로 포진해 있다. 따라서 팝업 스토어는 젊은이의 접근성이 좋은 2호선 지하철역 주변에 만들어야 한다. 그렇다면 왜 홍대 앞이 아니라 성수동일까? 성수동이 공장 지대여서다. 기존의 성수동은 서울 외곽에 침수가 잘 되던 지역이다. 그래서 주거보다는 공장 지대로 사용됐었다. 성수동은 300평 정도의 중규모 필지 크기가 있는 공장 부지다. 공장 부지다 보니 트럭들이 다닐 수 있게 도로도 격자형으로 반듯하게 조성돼 있다. 팝업 스토어는 빠르게 공사 차량이 들어와서 철거와 설치를 하고 빠져야 한다. 홍대 앞은 작은 필지와 거미줄같이 복잡한 골목길이다 보니 팝업 스토어 공사를 하기에 불편하다. 반면 공장 차량이 드나들던 성수동은 편리하다. 대형 공장에서는 큰 전시도 기획할 수 있다. 성수동 시대의 시작을 알리게 된 사례는 '대림창고'라는 전시 문화 공간이었다. 이곳은 원래 정미소가 있던 곳이었는데, 정미소 기계를 들어낸 자리에 전시 공간을 만든 것이다. 이처럼 항상 각 도시의 문화 공간으로 힙한 장소는 공장 지대였던 곳이다. 뉴욕의 소호가 대표적인 사례다. 런던, 베를린, 북경 모두 마찬가지다. 마지막 이유는 성수동은 땅이 평지여서다. 성수동은 서울에서 찾기 힘든 평평한 땅이다. 평지는 보행자가 모든 방향으로 걷기 편해서 상업 지구로 성공하기에 유리하다. 과거 도산공원 주변 로데오 지역도 평지였기에 인기 상업 지역이 된 것이다. 반면 경사진 경리단 길은 빨리 잦아들었다. 해방촌에서도 가장 인기 있는 지역은 '신흥시장'인데, 이곳이 해방촌에서 유일하게 평지 구간이어서다. 땅이 기울어져 있으면 내리막은 편하지만, 오르막으로는 걷게 되지 않는다. 자연스럽게 경사지의 유동 인구는 평지보다 한 방향의 유동 인구만 있게 된다. 내리막을 빠르게 걷다 보면 가게를 지나치기 십상이다. 이런 이유로 가로세로 모든 방향으로 평지로 된 지역이 상업 지역으로 성공할 가능성이 크다. 이를 풍수지리적으로 풀면 '물을 부어서 물이 흐르는 곳에서는 장사하지 말라'라는 말로 요약된다.

세운상가와 샹젤리제: 건축가들이 흔히 하는 두 가지 실수

세운상가는 1966년, 김현옥 14대 서울시장 시절 윤락 업소가 난무하던 종로와 퇴계로 일대를 재개발하면서 착공한 종로 3가와 퇴계로 3가를 공중 보도로 연결하는 주상복합 건물이다. 이곳은 한때 교수, 연예인, 고위 공직자들이 주거 시설에 입주하고, 국내 유일의 종합 가전제품 상가가 있던 곳이다. 하지만 이후 강남 개발로 사람들이 떠나고, 용산 전자상가로 전자 제품 관련 업종이 떠나면서 슬럼화되었다. 내 세대에게 세운상가는 전자 부품을 사서 간단한 납땜을 통해 무전기나 라디오를 만들 수 있는 키트를 사던 곳, 혹은 음란 서적들을 팔던 곳으로 기억된다. 나는 감히 세운상가까지는 못 가고 '용기 있는' 친구가 사 온 음란 서적을 학교에서 빌려 본 기억이 있다. 이렇듯 남학생들에게 세운상가는 음란 서적 메카이기도 했다. 세운상가로 향하던 사람들의 발길이 끊긴 이유는 예상치 못한 도시 개발 등 몇 가지가 있지만, 건축가들이 흔히 하는 두 가지 실수가 숨겨져 있기도 하다. 하나는 공중 보도를 만든 일이다. 세운상가를 설계한 건축가 김수근은 공중 보도를 거닐면서 서울의 주변을 조망하는 거리를 만들겠다는 개념을 가지고 시작했다. 하지만 공중 보도가 활성화되면 지상의 도로가 죽게 되고, 지상의 도로가 활성화되면 공중 보도가 죽게 된다. 두 개의 도로를 경쟁하게 만드는 거리의 디자인은 둘 중 하나가 죽은 거리가 되는 문제가 있다. 둘째는 도심 속 축 선상에 건축물을 만든 점이다. 흔히들 건축가들이 실수하는 것 중 하나가 중요한 축을 발견하면 그 축 위를 따라서 선을 긋고, 그 선을 벽으로 만들어서 건물을 짓는 것이다. 세운상가가 대표적이다. 그렇게 되면 두 지역은 연결되지 않고 오히려 막힌다. 사실 중요한 축이 있다면 그 축을 따라서 비어 있는 거리를 만들어야 한다. 그 대표적인 성공 사례가 파리의 샹젤리제 거리다.

샹젤리제는 행정관 오스만이 파리를 리모델링하면서 만든 거리다. 샹젤리제 거리를 따라서 걸으면 사람들의 시선은 자연스럽게 과거 왕궁이었던 루브르 박물관부터 시작해서 콩코르드 광장을 거쳐 나폴레옹이 만든 개선문과 신도시 라데팡스까지 연결되는 축으로 이어진다. 이 역사의 축을 따라서 비워진 공간을 통해서 사람들은 연결된다. 만약에 그 축 선상에 세운상가처럼 건축물을 만들었다면 시각적 연결이 막히게 된다. 시각적 연결이 없으면 아무런 관계도 없게 된다. 관계가 없다면 도시는 단절된 부분만 쌓여 있는 정신없는 건물들의 '더미'가 되는 것이다. 그런 면에서 과거 세운상가를 철거해서 종묘와 남산을 연결하는 녹지 축을 만들겠다는 계획은 도시적 스케일에서 상당히 설득력 있는 계획안이었다. 물론 여기에는 근대 건축 문화유산인 세운상가를 없애는 것을 반대하는 건축적 스케일의 논쟁이 있을 것이다. 하지만 더 큰 그림에서는 서울이 국제적인 도시로 발돋움하기 위해서 진행됐으면 좋았을 것이라는 아쉬움이 남는다.

과거 오스트리아 수도 빈은 다른 모든 중세 도시가 그렇듯 외부에서 오는 적을 막기 위해 도시를 성곽으로 둘러쌓았다. 하지만 전쟁의 양상이 성벽을 포위하는 공방전 방식에서 대포를 이용한 포격전으로 바뀌면서 성곽은 더 이상 의미가 없어지게 되었다. 이에 합스부르크 왕가의 오스트리아 황제 프란츠 요제프 1세Franz Joseph I는 성을 철거하겠다는 과감한 결단을 내리게 된다. 그는 성곽이 있던 자리에 도시를 둘러싼 링 모양의 공원을 만들고 주변 곳곳에 박물관, 미술관, 공연장 등 새 시대에 맞는 건축물을 지었다. 덕분에 도시 곳곳은 공원으로 연결되었으며 진정한 소통의 도시가 되었다. 빈은 이제 링슈트라세Ringstraße라는 공간을 빼고는 생각할 수 없는 도시가 되었다. 비슷한 사례로 보스턴 도심을 가로지르던 고가 고속도로를 철거하고 그 자리에 공원을 조성한 센트럴 아터리Central Artery 프로젝트가 있다. 서울에는 청계고가도로 철거와 청계천 복원 사업이 있다.

만약에 세운상가를 부수고 그 자리에 경의선 숲길 같은 선형의 공원을 만든다면 어떨까? 공원을 산책하면서 공통의 추억이 만들어지고 그 공원 주변으로 형성된 상권은 도심의 새로운 활력을 제공할 것이다. 남북 방향으로 만들어진 공원은 햇볕도 잘 들 것이고, 종로부터 퇴계로까지 연결하면서 시너지 효과를 가져올 것이다. 이 녹지가 남산과 남대문까지 연결된다면 강북의 새로운 녹지 네트워크가 만들어지게 된다. 세운상가 내 시설은 공원 주변의 새로 지어질 건물로 이주하면 될 것이다. 세운공원을 만드는 건설

1968년 준공 당시 세운상가

비용은 주변 건물의 용적률과 높이 제한을 풀어 줘서 기부금 납부 형식으로 조달하면 된다. 물론 세운상가를 근대 건축 유산으로 보존해야 한다는 의견도 많다. 일리가 있는 말이다. 건축에 완전한 정답은 없다. 하지만 때로는 미래 세대를 위해서 비우는 작업도 필요하다. 도시를 성공시키는 공식은 어렵지 않다. 선형의 공원을 더 많이 만들어 1층 가로를 활성화해 사람을 더 걷게 만들면 된다. 걸을 때 비로소 경험은 연속되고, 도시는 융합되고, 우리는 하나 된다. 오스트리아 빈이 오래된 성곽을 부수고 공원을 만든 것이 성곽을 유지한 것보다 더 나은 결정이었다고 믿는다. 그러지 않았다면 빈은 지금처럼 근대 국가의 주요 도시가 아니라 또 하나의 중세 도시로 남아 있었을지도 모른다. 우리도 이제 이런 고민을 해 봐야 하지 않을까?

시간은 공간

일본 전통 건축물의 진입로는 아주 꼬불꼬불하다. 대표적으로 도시마다 있는 봉건 영주의 성 진입로는 복잡하게 틀어져 있다. 성문을 열고 들어가면 앞에 벽이 가로막고 있다. 옆으로 틀어서 들어가 좀 더 걷다 보면 또다시 벽이 막고 있어서 방향을 바꾸어야하는 식이다. 이렇게 일본의 건축이 복잡한 진입로를 가지고 있는이유는 두 가지로 설명된다. 우선 보안상의 문제 때문이다. 과거일본은 봉건 사회여서 항상 옆 마을과 전쟁이 끊이지 않았다. 언제 적군이 쳐들어올지 모르는 불안한 사회였기 때문에 성이나 마을은 적의 침입을 막기 위해서 발달했다. 심지어 어떤 영주의 성은 밤에 오는 닌자의 침입을 막기 위해서 마루를 밟으면 소리가나게 만들어져 있다. 밟아도 소리가 나지 않는 마루판이 징검다리처럼 놓여 있어서 그 위치를 아는 주인만 소리가 안 나게 걸을수 있게 하였다. 주인이라도 밤중에 일어나 화장실에 가다가 실수로 소리 나는 마루를 밟으면 그 길로 호위 무사의 칼에 죽게 되는 것이다. 복잡한 진입로의 또 다른 이유는 건축 이론가 귄터 니치케Gunter Nitschke의 이론으로 설명될 수 있다. 니치케에 의하면 미국처럼 공간이 넓은 곳에서는 시간 거리를 줄이는 쪽으로 건축이발달하고, 일본같이 공간이 협소한 곳에서는 시간을 지연시켜서공간을 심리적으로 커 보이게 한다고 한다. 따라서 미국은 시간거리를 줄이는 고속도로가 발달했고, 일본은 좁은 공간을 넓게 느끼게 만들기 위해서 진입로를 복잡하게 만들었다는 것이다. 실제로 일본 전통 찻집에 가 보면 두세 평 남짓한 방에 들어가기 위해서 열 번 넘게 진입로가 틀어져 있는 것을 볼 수 있다. 그렇게 함

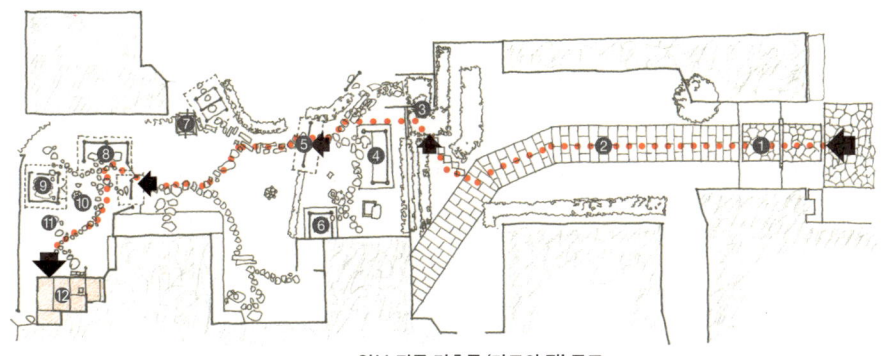

일본 전통 건축물 '다도의 집' 구조
① 앞마당 ② 다도의 집 방문자 동선 ③ 바깥 정원으로 향하는 문 ④ 대나무 쉼터
⑤ 고개를 숙이고 들어가는 문 ⑥ 화장실 ⑦ 우물 ⑧ 대나무 쉼터 ⑨ 화장실 ⑩ 석등
⑪ 정화의 공간 ⑫ 다도의 집

으로써 전체적인 집이 실제보다 훨씬 크게 느껴지게 된다. 우리나라도 좁은 공간에서 살아야 하는 경우에 속한다. 좁은 집을 좀 더 넓게 느끼게 하려면 전체 공간이 한눈에 들어오지 않게 설계해야 한다. 좁다고 집의 모든 벽을 다 터 버리면 오히려 더 좁게 느껴지게 된다. 여기저기 돌아다니면서 머릿속으로 전체 공간을 그려 보게 하면 공간이 실제보다 넓게 느껴진다.

나이가 들수록 시간이 빨리 간다는 이야기를 많이 하신다. 이같은 현상은 나이가 들수록 기억력이 나빠져 기억할 일들이 별로 없어서 그만큼 시간이 길게 느껴지지 않기 때문이라고 한다. 반대로 어렸을 때는 기억력이 좋아서 하루만 생각해도 기억할 일이 많고 그만큼 시간이 꽉 찬 느낌으로 느리게 흘러가는 것처럼 느껴진다고 한다. 이를 뇌 과학자들은 나이가 들수록 뇌 시냅스 사이의 정보 전달 네트워크 기능이 느려지면서 정보를 프로세스 하는 능력이 떨어지게 되고, 그만큼 기억을 만들어 '내는 능력도 떨어지기 때문이라고 설명한다. 이처럼 더 많은 이벤트는 심리적으로 기억할 것이 많다는 것을 의미하고, 더 많은 기억은 같은 시간을 더 길게 느끼게 만든다. 그리고 시간이 길게 느껴지면 공간은 더 크게 느껴지게 된다. 같은 원리에 의해서 공간을 크게 느끼게 하려면 시간을 길게 느끼게 해야 하고, 시간을 길게 느끼게 하려면 기억할 사건을 많이 만들어 줘야 한다. 기억할 사건이 많게 하려면 많은 감정을 느끼게 해 주어야 한다. 왜냐하면 우리는 사건들을 느낌과 감정으로 저장하기 때문이다. 철학자 강신주의 말처럼, 기억할 감정이 많다는 것은 인생이 그만큼 풍요롭다는 것을 의미한다. 이벤트가 많이 일어나는 거리에 사람이 많이 모이고 성공적인 거리가 되는 이유가 여기에 있다. 뜨는 거리가 되려면 다양하고 많은 감정을 느끼게 해 줄 이벤트들이 필요하다. 그것이 쇼윈도의 다양한 상품이거나 혹은 식당에 앉아서 밥을 먹는 사람들의 다양한 모습이거나, 마주 걸어오는 사람들의 다채로운 모습이거나 어떠한 것이든 좋다. 건축가는 이런 이벤트들이 자연스럽게 일어나게 할 수 있는 무대 장치를 디자인하는 연출가다.

덕수궁 돌담길

우리는 앞서 걷고 싶은 거리가 되기 위해서는 이벤트 밀도가 높은 거리여야 한다고 배웠다. 그리고 그러기 위해서는 가게의 입구가 자주 있어야 한다고 했다. 그리고 또 하나, 공간의 속도가 느려야 한다는 점도 걷고 싶은 거리의 특징이라고 배웠다. 그렇다면 이 둘의 원칙을 모두 만족해야만 성공적인 거리가 되는 것일까?

덕수궁 돌담길을 보면 꼭 그렇지는 않다는 것을 알 수 있다. 덕수궁 돌담길 혹은 정동길이라고 불리는 이 길에는 가게가 많지 않다. 오히려 다른 거리에 비해서 너무 적다. 정동의 블록 안쪽의 조용한 거리인 정동길은 덕수궁 정문 왼쪽에서 시작해서 서울시립미술관을 지나 정동극장, 이화여자고등학교, 예원학교를 지나 경향신문까지 이어지는 길이다. 길의 마지막에 횡단보도를 건너면 경희궁과 서울역사박물관까지 볼거리가 준비되어 있다. 과거에는 덕수궁 돌담길을 걸으면 헤어진다는 이야기가 있었다. 그 이유는 현재의 서울시립미술관이 과거에는 가정법원이 있던 자리이기 때문에 덕수궁 돌담길에 연인이 걸어가면 가정법원에 이혼하러 가는 사람으로 오해해서 그런 말이 생겼다고 한다. 지금은 연인들이 진도를 나갈 때 걷는 강북의 대표적인 데이트 코스다.

그렇다면 이 길이 왜 걷고 싶은 거리로 자리한 것일까? 확실하게 말할 수 있는 것은, 덕수궁 돌담길은 이벤트 밀도가 높은 거리는 아니다. 이 거리는 걷고 싶은 거리의 두 번째 특징인 속도가 느린 거리다. 서울시는 2004년도에 대대적으로 덕수궁 돌담길을 재정비한 적이 있다. 새로이 가로수 48주를 심고, 자동차가 인도로 넘어오지 못하게 하는 볼라드bollard를 120개 설치했다. 그 이전부터 일방통행인 1차선의 길 위에는 차량 통행량도 별로 없이 조용하고 느린 거리였다. 공간의 속도는 확실하게 느린 곳이다. 하지만 이 거리가 사랑받는 데는 공간의 속도 외에 다른 이유가 있다. 우선 이곳은 건축 유산이 거리를 꽉 채우고 있다. 앞에서도 이야기했듯이 덕수궁 옆부터 시작해서 걸으면 오른편에는 조선 시대의 건축 유산인 덕수궁 돌담이 있고 좌측으로는 시립미술관과 이화여자고등학교, 구 러시아 공사관 같은 구한말의 건축물이 있다.

우리나라에 이 정도로 조선 시대부터 근대 건축물이 밀집한 지역은 없을 것이다. 건물들도 띄엄띄엄 있어서 건물 앞의 조경도 답답하지 않고 좋다. 이러한 오래된 건축물과 자연이 거리의 공간을 채색하고 있는 풍요로운 거리다. 하지만 이것만으로는 설명이 부족하다. 좀 더 실질적인 이유는 무엇일까? 그것은 아마도 담장과 보안이라고 말할 수 있을 것 같다.

이곳은 예로부터 외국 대사관이 많은 곳이다. 구한말에 러시아 공사관이 있었고, 지금도 러시아 대사관과 미국 대사관 공관이 자리 잡고 있다. 그 이유는 과거 외교관들은 인천항을 통해서 들어왔는데, 인천에서 출발하는 기차가 한강철교를 건너서 서대문을 종점으로 두고 있었기 때문이라고 한다. 서대문에서 외국인들이 내렸고, 자연스럽게 서대문 근처에 대부분의 영사관과 대사관이 자리를 잡은 것이다. 대사관 관련 시설들은 보안이 중요한 공간이라서 담장을 높게 쌓는다. 덕수궁 돌담길 역시 마찬가지다. 담장 옆을 연인과 함께 걸으면 일단 다른 사람에게서 오는 시선이 담장 쪽으로는 차단된다. 이벤트 밀도가 높은 거리는 구경거리를 원하는 사람이 걷는 거리라면, 담장 옆을 걷는 사람들은 조용하게 방해받지 않고 남들 눈에 띄고 싶지 않은 연인이 선택하는 거리다. 게다가 담장 옆을 걸으면 연인들이 속삭이는 소리가 벽에 반사되어서 둘의 이야기가 잘 들린다. 특히나 정동길같이 차량이 없는 곳은 더 잘 들린다. 더 은밀한 곳을 원하는 커플은 덕수궁과 미대사관 공관 사이의 길을 택하면 더없이 좋다. 이 길은 좌우로 담장이 있어서 더 조용하고, 통과 차량도 더 적다.

덕수궁 돌담길

그렇다면 이 담장 길이 주택가의 다른 담장 길과 다른 점은 무엇일까? 일단 이 길은 보안이 철통같다. 여타 다른 골목길은 조용히 걷기에는 좋지만, 주변의 담장이 덕수궁 돌담길처럼 아름답지도 않고 정원이 간간이 보이지도 않는다. 게다가 조용하고 후미질수록 은밀하긴 하지만 그만큼 위험하기도 하다. 그런데 정동길에는 여러 대사관 관련 시설 덕분에 안전하다. 담장으로 프라이버시가 확보되고, 연인이 속삭이는 소리도 잘 들리고, 간간이 여유로운 마당도 보이고, 무엇보다도 안전한 거리가 정동길이다. 다른 여러 가지 요소가 갖추어진 거리는 찾을 수 있겠으나 마지막 안전한 거리라는 부분은 덕수궁길만이 가지고 있는 웬만해서는 대체 불가능한 요소다. 여기서 알 수 있듯이 뜨는 거리가 되는 또 하나의 요소는 '안전'이다. 대부분의 거리에서 안전은 쇼윈도의 불빛과 사람들의 눈으로 만들어지지만, 정동길처럼 대사관 보안이라는 이유로 만들어지기도 한다.

제13장
제품 디자인 vs
건축 디자인

제품과 건축

세상의 디자인은 둘로 나뉜다. 그 기준은 사람이다. 모든 디자인은 디자인하는 대상이 '사람보다 큰가' 아니면 '사람보다 작은가'로 나누어질 수 있다. 예전에 세계적인 미술가 애니시 커푸어Anish Kapoor의 전시회를 본 적이 있다. 거기에는 오목한 은색 반사체 표면에 보는 사람을 비추는 작품이 있었다. 쉽게 말해서 그냥 알루미늄 숟가락 같은 작품이었다. 어려서 한 번이라도 숟가락에 얼굴을 비추면서 놀아 보지 않은 사람이 누가 있겠는가? 하지만 똑같은 숟가락에 얼굴이 거꾸로 비추이는 원리를 애니시 커푸어는 큰 조각으로 만들어서 예술 작품으로 승화했다. 일상의 흔한 원리가 스케일이 큰가, 작은가에 따라서 그냥 숟가락일 수도 있고 유명한 조각품이 되기도 한다. 스케일은 이렇게 중요하다.

흔히 건축을 디자인이라고 이야기하면서 여타 디자인 분야와 같으리라 생각하시는 분들이 계시다. 그래서 휴대 전화 디자인을 잘하는 사람이 건축 디자인도 잘할 거라고 생각하는 분들도 있다.

하지만 그건 착각이다. 모든 디자인은 사람의 몸 크기와 밀접한 관련이 있다. 따라서 내 손 안에서 사용하는 휴대 전화를 디자인하는 방식과 여러 명이 들어가서 다양한 행위를 해야 하는, 사람보다 훨씬 크고 사람보다 오래 지속되는 건축물을 디자인하는 방식은 달라야 한다. 이러한 명백한 이유가 있음에도 불구하고 건축가 중에서도 제품 디자인하듯이 건축물을 디자인하는 사람들이 있다. 마찬가지로 제품 디자인을 하던 전문가가 같은 방식으로 건축 디자인 혹은 도시 경관 디자인을 하는 경우를 볼 수가 있다. 이런 분들은 건물의 외관만을 중요하게 생각하는 건축 디자인을 하는 사람들이다. 그중에서도 새들이나 볼 수 있는 조감도적인 시각에서 디자인하는 건축가들은 더 문제다. 비근한 예로 자하 하디드가 디자인한 동대문디자인플라자가 그러한 예다. 실제로 내부 공간적으로 어떠한 체험을 하게 될지는 생각하지 않고 외부에서 보이는 곡선의 형태에만 지나치게 집착한 건축 디자인이다. 물론 외관만으로도 감동적인 좋은 작품도 있다. 시드니의 오페라 하우스는 내부적 음향이 문제가 되고 기타 시설들이 부족하여 오페라 하우스로서 제 기능을 하지는 못하지만, 호주를 상징하는 건축물로서 손색이 없다. 하지만 이런 것은 특별한 경우다.

기본적으로 건축은 밖에서만 바라보는 조각품과는 다르다. 건축은 밖에서 바라보는 시선도 있지만 안으로 들어가서 안에서 밖을 바라보는 환경을 디자인하는 것도 중요한 요소다. 우리나라의 전통 건축은 안에서 밖을 바라보는 관점을 중요하게 여긴 건축이다. 병산서원이나 소쇄원 같은 건축물은 외부에서 바라보는 것보다는 마루에 앉아서 바깥 경치를 보는 것을 더 중요하게 고려해

위: 안동시 풍천면에 있는 병산서원
아래: 전라남도 담양군에 있는 소쇄원

서 디자인했다. 이처럼 좋은 건축은 내부에서 외부를 바라보는 시각도 중요하기 때문에 휴대 전화나 옷을 디자인하는 식으로 디자인해서는 안 된다. 중요하기 때문에 다시 한번 강조하지만, 건축은 인간이 안에 들어가서 사용해야 하는 것이다.

이 단순한 원리를 잊고서 건축하시는 분들이 종종 보인다. 얼마 전 유명한 산업디자이너가 크리에이티브 디렉터로서 완성한 건물을 방문한 적이 있다. 외관상 재료가 주는 색상의 느낌은 좋았다. 그런데 문제는 단순히 예쁜 집을 지으려다 보니 용적률을 다 찾아 쓰지도 못했고, 창문이 안 열려서 통풍되지 않았으며, 몇 개의 창문은 눈높이보다도 높게 달려 있었다. 디자이너의 책상에 가 보니 찰흙으로 만든 400분의 1 스케일의, 손바닥 위에 올라갈 만한 크기의 작은 건축 모형만 있었다. 그 모형에는 창문이 예쁘게 그려져 있었다. 곁에서 본 모습대로 창문을 달다 보니 안에서는 바깥 경관을 볼 수 없을 뿐 아니라 통풍을 위해서 열 수도 없는 창문이 생겨난 것이다. 이분이 한 실수는 바로 건축을 작은 오브제로 접근했다는 데 있다. 보통의 제대로 된 건축가라면 웬만한 크기의 건물을 짓기 전에 최소한 50분의 1 스케일의 모형은 만들어 본다. 왜냐하면 그래야 실제로 지어지는 건물과 스케일 감의 차이를 최소화할 수 있기 때문이다. 최근 들어서는 컴퓨터 소프트웨어가 발달해서 거의 실시간으로 내부와 외부를 넘나들면서 투시도로 미리 볼 수가 있다. 이렇게 하는 이유는 조금이라도 더 실제와 비슷한 시뮬레이션을 통해서 완성됐을 때의 모습을 보기 위함이다. 하지만 아무리 노력해도 실제로 지어졌을 때의 느낌과 똑같은 경우는 본 적이 없다. 특히나 스케일감이 주는 느낌은 경험으로 밖에는 알 수가 없다. 십 년만 지나면 가상현실 고글을 쓰고서 공간을 둘러보고 난 후에 건축하는 날이 올 것이다. 그런 시절이 와도 재료가 주는 촉감, 냄새, 잔향 같은 물성의 느낌을 전달하기는 어려워서 한계가 있을 것이다. 그만큼 건축 공간이 주는 감동은 여러 가지 현상의 조합을 통해서 만들어진다. 건축은 인간의 몸보다 큰 것을 디자인하는 것이다. 그래서 인간의 몸보다 작은 물체를 디자인하는 것과는 다르게, 안에서 밖을 바라보는 사용자의 시점을 중요하게 생각하면서 디자인해야 한다.

자동차와 건축

그렇다면 사람의 몸보다 큰 자동차는 어떠한가? 자동차는 사람의 몸보다 크니 건축과 같은 디자인 방식을 사용해도 좋다고 볼 수 있을까? 대답은 '아니다'다. 자동차 디자인과 건축 디자인은 크게 세 가지 점에서 큰 차이가 있다. 첫째, 자동차는 이동하는 반면 건축은 이동하지 않는다. 이 점은 커다란 차이를 만든다. 다시 말해서 자동차는 주변 환경과 별다른 연관성을 맺지 않는다. 하와이에서 사용하는 자동차를 북극에 가지고 가서도 사용할 수 있다. 하지만 건축물은 어떠한가? 하와이에 있는 주택을 북극에 가져가서 사용하면 추워서 살 수가 없다. 이러한 극단적인 예가 아니더라도 남향을 바라보는 대지에 지어진 집을 북향으로 놓인 대지에 옮겨다 놓아도 사용하기 어렵다. 다시 말해서 건축물은 대지의 주변 환경에 맞는 조건에 맞추어서 디자인되어야 한다. 건물이 들어서는 대지는 전 지구상에서 같은 조건을 가진 장소가 하나도 없다. 땅의 기울기도 다르고 주변의 건물이나 자연환경도 다르다. 게다

321

가 사용자의 용도도 제각각이다. 건축은 이러한 다른 조건에 맞추어서 맞춤형으로 디자인 해결책이 나와야 한다. 그러면 독자는 물을 것이다. "대지가 다 다른데 왜 모든 건물은 이렇게 비슷비슷하게 지어졌나요?" 맞는 말씀이다. 그 질문에 대한 대답은 건축가가 실력이 없어서다. 이러한 동일하게 찍어 낸 건물은 마치 연애할 때 상대방과 상황에 따라서 다른 연애편지를 써야 하는데, 몇 가지 타입의 연애편지를 가지고 계속 베껴서 쓰는 것과 비슷한 일이다. 건축가들이 그렇게 하는 이유는 적은 설계비 때문이기도 하다. 대량 생산을 하게 되면 설계비가 적어질 수 있다. 그런데 시장에서는 설계비를 제대로 주지 않으니 같은 건물 디자인을 줄 수밖에 없는 것이다. 하지만 설계비를 제대로 받아도 대지에 맞는 좋은 건축을 할 수 있는 건축가는 흔치 않다.

건축은 이렇게 땅의 조건에 맞추어서 다르게 디자인이 되어야 하지만, 자동차는 한 장소에 구속받지 않고 여기저기 돌아다니기 때문에 주변 환경보다는 사용자의 편의성과 밖에서 바라보는 외관의 수려함이 더 중요하다. 반면, 항상 이동하는 자동차와는 달리 건축물은 한 번 자리를 잡으면 움직이지 못한다. 따라서 어느 장소에 위치하고 어느 방향으로 건물이 배치되느냐가 중요하다. 그래서 우리는 건물을 '앉힌다'라는 표현을 쓴다. 이렇게 주변 환경과의 조화를 중요시하는 관점이 발전해서 조상들은 풍수지리라는 개념을 만들었다. 풍수는 내가 위치한 곳에서 어떻게 보느냐를 중요시한 '일인칭 관점에서 바라본 관계의 미학'이다. 그래서 자동차 디자인에는 없는 풍수지리가 건축에는 있다.

두 번째로 자동차와 건축물의 다른 점은 수명이다. 건축물은 보통 다른 어떤 디자인보다도 오랫동안 지속된다. 부실 공사가 아닌 이상 대체로 사람보다 수명이 길다. 유럽에 가면 수백 년 전에 지어진 건물에 아직도 인테리어만 고치고 살고 있지 않은가? 몇몇 골동품 가구들이 사람보다 수명이 길긴 하지만 대부분의 디자인 제품은 사람보다 수명이 짧다. 이것은 큰 차이를 만들어 낸다. 앞서 도심의 팔림프세스트에서 설명했듯이 건축물은 사람보다 수명이 길어서 여러 시대에 걸쳐 다른 사람의 영향들이 누적되어 나타나기도 한다는 점이다. 때에 따라서는 건물의 용도가 완전히 달라지기도 한다. 달라진 기능에 맞춰서 건축물에 부분적인 수정이 가해지고 부품이 교체되기도 한다. 예를 들어서 튀르키예 이스탄불에 있는 성 소피아 대성당은 처음에는 기독교 성전으로 건축되었지만, 지금은 이슬람 사원으로 바뀌어서 사용된다. 그래서 초기에는 없던 기도 탑이 새로이 건축돼서 첨가되어 있다. 이러한 오래된 시간의 누적이 하나의 건축물에 중첩되어 나타나기도 해서 어떤 면에서 건축은 한 개인의 창작물이라는 가치를 뛰어넘어 한 사회의 결과물이 되기도 하는 것이다. 이렇듯 자동차와 건축물은 이동하는가, 정주해 있는가, 사람보다 수명이 짧은가, 사람보다 수명이 긴가에 따라서 각기 다른 특징을 갖게 된다. 그러한 차이점은 오롯이 건축 디자인 과정에 반영되어야 할 중요한 덕목이 되는 것이다.

세 번째로 다른 점은 건축물은 환경에 영향을 주고 그 영향을 다시 받는다는 데 있다. 건축물은 빈 땅 위에 지어진다. 빈 공간을 건물로 채우는 것이다. 하지만 일단 건축이 되고 나면 그 건축물을 통해서 빈 공간이 프레임되기 시작한다. 한옥은 안채, 사랑채, 행랑채 같은 몇 개의 건물로 구성된다. 하지만 이 방들이 다 건축되고 나면 마당이라는 외부 공간이 구획된다. 그리고 이 마당은 다시 각각의 방에 영향을 미친다. 안방과 사랑방에서 창문을 열면 마당이 보이고 그곳을 통해서 조용하게 햇볕이 반사되어 들어온다. 같은 크기의 방이라도 마당의 유무에 따라서 방의 가치와 느낌은 달라진다. 이처럼 건축물은 어느 공간을 점유하게 되면 그 주변 공간을 변형시키고 다시 그 변형된 공간의 영향을 받게 된다. 그리고 그 영향을 받는 순환의 고리가 선순환될수록 좋은 건축물이다.

〈명량〉과 건축

몇 해 전 영화 〈명량〉의 흥행이 대단했었다. 상영관마다 이렇게 만석인 영화는 처음 본 듯하다. 극장에서 양옆에 앉은 중년 남성이 우시는 것을 보았다. 아마도 배 열두 척밖에 없는 환경과 자신을 괴롭히는 임금과 따르지 않는 부하에 욱여싸진 이순신의 처지에 동병상련을 느끼는 것 같았다. 나는 영화를 보면서 건축가로서 특히 관심이 가는 데가 있었다. 이순신 장군이 울돌목의 지세를 이용하는 부분이다. 장군이 좁은 해협과 빠른 조류를 이용해서 많은 적을 무찌른 전략은 좋은 건축물이 주변 환경을 이용하는 것과 비슷했다.

현대 사회에서 고층 건물은 피할 수 없는 선택이다. 고층 건물을 지을 때 가장 어려운 문제는 바람이다. 바람은 고층 건물을 꽈배기처럼 비튼다. 고층 건물에 있는 기둥의 상당수는 이러한 바람의 영향을 막기 위해 존재한다. 높이 올라갈수록 바람은 지면에 있는 물체의 저항이 없어지기 때문에 더 빨라진다. 그래서 건물이 높아질수록 바람의 문제는 더 심각해진다. 상하이에 가면 병따 개처럼 건물의 첨두 부분에 구멍이 뚫린 초고층 건물이 있다. 바 람의 저항을 줄이기 위해서 구멍을 뚫은 것이다. 그 건물은 이 구 멍 하나를 뚫어서 건물 내의 기둥의 숫자를 현격히 줄일 수 있었 다. 〈명량〉에서는 해협이 좁아서 물살이 빨랐다. 마찬가지로 두 개 의 고층 건물 사이 공간에서는 바람이 건물에 부딪힌 후 건물 사 이로 모여서 더 빠른 바람이 형성된다. 이러한 현상은 고층 건물 이 많은 현대 도시의 부정적인 현상이다. 그런데 바레인에 가면 이 원리를 좋게 이용한 건물이 있다. 바레인 세계 무역 센터Bahrain World Trade Center는 두 개의 고층 건물로 구성되어 있다. 그 두 건물 의 입면은 곡면으로 처리되어서 건물에 부딪히는 바람을 두 건물 사이로 흐르게 디자인했다. 그리고 그 길목에 풍력발전기를 달았 다. 이 디자인은 건물에 부딪힌 바람이 모여서 더 세지는 현상을

바레인 세계 무역 센터

이용하여 건물을 발전기로 만든 것이다. 어떤 초고층 건물은 상층부에 얇은 터널을 만들고 그 안에 터빈을 설치해서 풍력발전을 한다. 1990년대 어느 아이디어 공모전에서는 고속도로에서 자동차가 고속으로 지나가면서 일으키는 바람을 이용해서 발전시키는 보호 난간을 본 적이 있다. 이 같은 디자인 모두 주변 환경의 부정적인 조건을 창의적인 디자인을 통해서 긍정적 에너지로 전환한 훌륭한 예다. 이러한 디자인들은 울돌목의 조류를 이용하여 명량대첩에서 승리한 이순신 장군의 전술과 일맥상통한다.

유재석 같은 건축

변우석이나 원빈같이 잘생긴 연예인이 공공장소에 등장하면 사람들이 쳐다보고 사진 찍고 난리가 난다. 이렇듯 한 명의 사람에 불과하지만, 그 연예인의 외모가 주는 임팩트는 주변 환경에 크게 영향을 미친다. 반면에 어떤 사람은 존재감이 있는 듯 없는 듯 하지만, 그 사람으로 인해서 여러 사람이 편해지고 관계가 부드러워져서 조직에 꼭 필요한 사람이 있다. 그런 사람은 사람들끼리의 꼬인 관계를 풀어 주고 넘치는 에너지는 좋은 곳에 쓸 수 있게 잘 이끌어 준다. 아마도 〈무한도전〉의 유재석이 그런 사람일 것 같다. 박명수의 버럭 하는 말투나 노홍철의 거친 열정도 유재석의 완급 조절로 한 편의 재미난 프로그램으로 완성된다.

　뉴욕에 가면 타임스 스퀘어에 브로드웨이 뮤지컬 관람권을 할인된 가격에 살 수 있는 TKTS라는 매표소가 있다. 이 매표소의 디자인은 표를 파는 몇 개의 개찰구 위 지붕을 계단으로 처리한 단순한 형태다. 디자인은 단순하지만 지혜로운 계획안이다. 이 매표소가 위치한 곳은 타임스 스퀘어의 가운데 섬처럼 떠 있는 삼각형 대지다. 주변에는 연간 조 단위의 돈이 소요되는 광고들이 넘쳐난다. 그곳에 가면 마치 여기저기서 샴페인이 펑펑 터지는 파티장 가운데 서 있는 느낌을 받는다. 그러한 넘치는 에너지를 보기 위해서 전 세계에서 사람들이 모여든다. 매년 12월 31일 밤 자정에는 신년을 기념하는 볼 드롭이 세워지는 곳이 타임스 스퀘어다. 이러한 타임스 스퀘어에는 지금까지 모두 다 자신을 보여 주기 위한 광고들만 넘쳐났을 뿐이다. 마치 스트레이키즈, 장원영, BTS, 블랙핑크 같은 연예인 수십 명이 한 장소에 있는 시상식 레드카펫 위 같다고 보면 된다. 그런 장소의 한가운데에 있는 이 매표소는 지붕을 계단으로 만들어서 계단에 앉은 사람들이 그 많은 광고를 하나의 영화처럼 즐길 수 있게 해 주었다. 돈 한 푼 안 들이고 주변의 건물들이 쏟아 내는 엄청나게 공들인 네온사인과 영상들을 보는 극장이 탄생한 것이다. 이 디자인을 보면 대동강 물을 팔았다는 봉이 김선달이 생각난다. 공짜로 넘쳐나는 콘텐츠를 손쉽게 내 것으로 만들어 버린 것이다. 타임스 스퀘어는 쉴 데가 없는 곳이다. 모두 다 바쁘게 지나가야 하고 건너편에서 오는 사람을 피하면서 걸어야 하는 곳이다. 그곳에 유일하게 이 매표소가 편안하게 정주하고 주변을 둘러볼 수 있는 장소를 제공한 것이다. 이 매표소처럼, 좋은 건축은 대지 주변의 에너지를 이용하는 건축이다. 그러기 위해서는 건축물의 안에서 밖을 바라보는 체험자의 입장에서 디자인할 줄 알아야 한다. 우리의 도시에 새로 지어지는 주요 건축물들은 '나를 보라'라고 말하는 것들이 대부분이다. 이들은 밖에서 자신을 바라보는 사람들의 관점만으로 디자인된 건

다각도에서 본 TKTS 매표소

물들이다. 서울이라는 도시에는 자신을 뽐내는 건축물보다는 주변의 에너지를 좋게 바꾸어 사용할 줄 아는 유재석 같은 건축물이 필요하다.

그렇다면 그 건축물이 대지의 환경과 에너지를 잘 이용하는지 못하는지를 어떻게 알 수 있을까? 방법은 간단하다. 그 건축물을 그 땅에서 들어서 다른 장소로 옮겨 놓고 보면 알 수 있다. 예를 들어서 근대 건축의 대가 프랭크 로이드 라이트가 디자인한 낙수장Fallingwater이라는 역사상 가장 유명한 주택이 있다. 이 주택은 시골의 계곡 폭포 옆에 지어져서 집의 테라스가 폭포 위로 뻗어 나온 것으로 유명하다. 사람들은 이 테라스에서 폭포를 내려다보거나 아래로 이어진 계단을 통해서 계곡 시냇물에서 놀다 올라온다. 그렇다면 이 아름다운 주택을 청담동 한가운데로 옮겼다고 생각

프랭크 로이드 라이트가 디자인한 낙수장

해 보자. 그 집이 얼마나 생뚱맞아 보이겠는가? 계곡 경치도 없는데 발코니에서는 무엇을 할 것이며 그 많은 캔틸레버[22] 구조는 폭포수 위가 아니라면 무슨 소용이 있겠는가? 이 가상 실험은 프랭크 로이드 라이트의 낙수장이라는 주택이 얼마나 그 주변 계곡의 환경과 어우러져 있는가를 반증해 주는 실험이다. 실제로 라이트는 대지를 방문해 어디에 바위가 있고 어디에 나무가 있는지를 모두 머릿속에 담아 와서 나중에 건축주가 오기 전, 세 시간 만에 모든 도면을 그려 낸 일화로도 유명하다. 그는 대지가 가지고 있는 특징을 모두 소화해 자신의 디자인에 녹여 낸 것이다. 반면 우리가 잘 아는 한남동의 리움 미술관을 보자. 그 미술관의 건물들은 훌륭한 건축물들이다. 디자인도 개성 있고 시공도 훌륭하게 되었다. 하지만 이 건축물이 파리에 옮겨졌다고 생각해 보자. 아마 거기서도 계속 훌륭한 건축물로서 역할을 감당할 것이다. 이 말은 이 건축물은 주변의 환경과 연관을 맺고 있지 못하다는 반증이다.

리움 미술관

따라서 진정 훌륭한 건축 디자인은 어느 한 땅에서는 훌륭하게 작동하다가 다른 곳으로 옮겨졌을 때 이상하게 어울리지 않는 디자인이다. 그런 건물이 그 대지가 가진 에너지를 잘 이용한 건축물이라고 말할 수 있는 것이다.

위상기하학과 동대문 DDP

수학에는 전통적인 유클리드기하학과는 다른 위상기하학이 있다. 고무로 만들어진 A라는 도형을 늘려서 B라는 다른 모양의 도형으로 만들었다고 하자. 유클리드기하학에서는 A와 B는 다른 모형이지만, 늘려서 모양을 바꾼 도형은 같은 도형이라고 보는 위상기하학에서는 A와 B를 같은 도형으로 본다. 예를 들어서 위상기하학 관점에서 피라미드와 축구공은 같은 도형이다. 고무풍선으로 만든 피라미드에 빨대를 꽂고 바람을 불면 둥근 공이 되기 때문이다. 반면에 공과 도넛은 비슷한 둥그런 모양이지만 다른 도형이다. 도넛은 가운데 구멍이 뚫려있어서 아무리 바람을 불어도 도넛은 공이 되지 못하기 때문이다. 그런가 하면, 도넛과 머그잔은 같은 도형이다. 왜냐하면 머그잔에 빨대를 꽂아서 바람을 불면 컵의 안쪽, 물을 담는 움푹하게 들어간 부분이 점점 없어지면서 결국에는 머그잔 손잡이의 구멍 부분만 남아서 도넛 모양이 되기 때문이다.

과거 전통 건축물들과 비교해서 현대 건축물의 가장 큰 특징은 고층화를 통해서 고밀화되었다는 점이다. 이 건물들은 1층 위에 2층, 2층 위에 3층이 얹혀 있다. 건축가들은 이러한 형식의 공간 구성을 '팬케이크'라고 폄하해서 이야기한다. 그렇게 폄하되는 이유는 각 층간의 공간이 단절되어 있기 때문이다. 나누어진 층간의 공간은 자연스럽게 연결되지 않고 오직 계단과 승강기를 통한 이동만 허용될 뿐이다. 한마디로 이런 건물 안에서는 소통이 단절된 사회가 만들어진다. 만약에 우리가 3층에서 일하면서도 동시에 2층과 4층의 사람들을 바라볼 수 있다면 시각적인 소통이 이루어진다. 그런데 보통의 상가 건축에서는 그렇지 못하다. 그래서 최근의 건물 중에는 층간의 소통을 극대화하기 위해서 마치 주차장 건물처럼 건물의 슬래브 자체가 경사가 져서 아래층이나 위층으로 연결된 건축물도 나오고 있다. 이러한 시도들은 위에서 설명한 위상기하학적으로 새로운 건축 공간을 만들기 위한 노력의 일환이다. 경사면으로 층간이 연결된 건축물들은 팬케이크 단면을 가진 건물과는 위상기하학적으로 다른 것이기 때문이다. 하지만 인간은 수평의 바닥면에서만 자유롭게 행동할 수 있기 때문에 이러한 경사면을 가진 디자인은 터미널이나 도서관 서고같이 계속해서 이동하는 공간에서나 적용할 수 있는 것으로, 일상의 생활을 담기에는 부적합하다.

이러한 위상기하학적 개념을 가지고 동대문디자인플라자(DDP)를 살펴보자. 자하 하디드가 설계한 DDP는 세계 최대 규모의 비정형 건물임을 자랑한다. 3차원 곡면은 직선이 주지 못하는 우아한 감동을 선사한다. 주변과 어우러지지 못한다는 비평도 듣지만, 콘텍스트를 따라 하는 것만이 훌륭한 건축물이 나오는 유일한 방법은 아니니 큰 문제는 아니라고 생각한다. 더군다나 DDP 주변 환경은 아름답지도 않다. 그 콘텍스트를 따라 했다가는 더 큰 문제가 생겼을 것이다. 완전히 다른 것을 한 것이 다행이라는 생각도 든다. 지금도 동대문에 가면 지저분한 골목 사이로 보이는 은색의 DDP는 아주 멋지다. 아마도 2백 년이 지나면 주변의 모든 건축물은 다시 지어지고 DDP만 살아남을 것이다. DDP 내가 종종 즐겨 찾는 장소다. 그런데도 나의 관점에서 DDP는 대단한 디자인이라는 생각은 들지 않는다. 다만 DDP의 장점은 디자인보다는 시공의 완성도다. 하디드의 건축은 3차원으로 휘어져 있는 곡면을 부드럽게 표현해 주어야 하는데, 그녀의 다른 건축물보다 동대문의 이 건축물 곡면이 더 훌륭하게 만들어졌다. 이 모두가 자동차 금형 기술을 건축에 접목한 덕분이다. 그럼에도 불구하고 위상기하학적인 측면에서 보면 DDP는 다른 상가 건물과 다를 바 없는 팬케이크 건물이다. 껍데기만 풍선처럼 조금 부풀려지고 구멍도 뚫리기는 했지만, 대부분의 공간은 상가 건물과 동일하게 1층 위에 2층, 2층 위에 3층이 포개져 있고 층간의 교류는 찾아보

동대문디자인플라자

기 힘든 건물이다. 가장 큰 단점은 주변에 넓은 공원을 조성해 놓고도 그것을 조망할 창문이 제대로 없다는 점이다. 좀 심하게 말하면 동대문의 DDP는 햇볕 안 들고 통풍 안 되는 상가 건물이다.

건축물은 자연의 겉모습을 모방해서는 안 된다. 대신 그 본질을 모방해야 한다. 동대문의 DDP는 이 명제를 제대로 수행하지 못하고 있다. 도심 속의 언덕을 만들고 싶다는 하디드의 개념은 서정적이다. 하지만 언덕은 실내 공간이 없다. 반면 DDP는 축구장 세 배 이상의 실내 공간이 있다. 밖에서 본 겉모습만 흉내 내다가 정작 안에서 밖을 보는 관점을 놓친 하디드의 한계가 보이는 부분이다. 건축가로서 가장 한심하다고 느껴지는 디자인은 자연의 외모를 흉내 내서 만든 디자인이다. 만약에 어떤 남성이 여성이 되고 싶어서 여장했다고 하자. 그 여장 남자는 겉모습만 여성을 따라했을 뿐 진정한 여성의 특징은 가지고 있지 못하다. 무언가가 다른 어떤 것을 모방한다면 모방하는 자는 이미 오리지널보다 못한 모조품이 된다. 그래서 짝퉁은 가치가 없는 것이다. 만약에 우리가 자연에서 무언가를 배워서 건축물에 적용한다면 그 겉모습이 아니라 그 본질을 적용해야 하는 것이다. 새와 새 인형과 비행기가 있다고 하자. 하늘을 나는 새와 모양은 다르지만, 하늘을 나는 비행기가 새 인형보다는 더 새와 비슷하고 새로부터 배운 게 있는 것이다.

그래비티

영화 〈그래비티〉를 보았는데, 그 영화를 본 친구가 재미난 이야기를 했다. 영화 속의 인물이 무중력 상태에 있을 때 더 불편해 보인다는 것이다. 보편적으로 중력은 우리를 힘들게 한다. 지구는 우리를 계속해서 잡아당기고 있다. 그래서 우리는 나이 먹을수록 살이 처지고 늙게 된다. 엄마 양수 속에서 무중력 상태같이 헤엄치던 우리는 태어나면서부터 중력을 이기는 법을 배우게 된다. 처음에는 기다가 점차 익숙해져서 걷고, 급기야 뛰기까지 한다. 어린아이들은 틈만 나면 달리기 시합을 한다. 이는 아마도 달리기가 태어나서 수년간 노력해서 익힌 것이라 너무나 자랑스러워서인지도 모르겠다. 어느 문화평론가는 어른과 어린이의 차이점을 가까운 거리를 갈 때 뛰면 어린이, 걸으면 어른이라고 말했다. 완전히 공감된다.

중력은 우리의 삶 자체를 어렵게 한다. 하지만 영화 〈그래비티〉를 보면 무중력의 상태가 얼마나 힘든지 알 수 있다. 어느 한 방향으로 가려 할 때 작용과 반작용의 법칙 때문에 여간 힘든 것이 아니다. 지구로 귀환한 순간 한 방향으로 당겨지는 중력이 있었기에 무중력 상태보다는 조절 가능한 삶이 시작된다. 중력과 마찬가지로 시간도 한 방향으로 흐른다. 시간은 과거에서 현재로 그리고 미래로만 흐른다. 인간은 그것을 거꾸로 거스를 수가 없다. 하지만 시간을 마음대로 앞뒤로 돌릴 수 있다 하더라도 마치 무중력 상태에서 일상의 생활이 힘들 듯이 단점도 많을 것 같다. 인간이 하는 작업 중에서 중력의 영향을 가장 많이 받는 작업은 아마도 건축일 것이다. 건축에서 중력은 인간이 건축을 시작하는 순간부터 극복해야 할 힘든 과제이자 적이다. 하지만 영화 〈그래비티〉에서 중력이 있었기에 주인공이 걸을 수도 있고, 더 많은 일을 할 수 있었던 것처럼, 중력이 있었기에 건축은 여러 가지 감동을 줄 수 있다. 이런 제약은 다른 산업디자인에서는 찾기 힘든 건축 고유의 제약이다. 우리가 휴대 전화를 디자인하면서 중력을 고민하지는 않지 않는가? 다이빙 선수가 다이빙 보드에서 떨어지면서 아름다운 자세를 취하듯, 건축은 중력을 어떻게 아름답게 극복하느냐를 통해서 다른 예술이 주지 못하는 감동을 전달해 준다. 에펠탑과 시드니 오페라 하우스 같은 건축물을 보면서 우리가 감동하는 이유가 여기에 있다. 제약은 언제나 더 큰 감동을 위한 준비 작업이다.

파리의 에펠탑(위)과 시드니 오페라 하우스

제14장
동과 서:
서로 다른 생각의 기원

바둑과 체스의 공간 미학

동양과 서양의 대표적인 게임은 각각 바둑과 체스다. 바둑은 검정과 흰색의 돌이 서로 먹고 먹히면서 빈 공간인 집을 짓는 게임이다. 이때 흰 돌과 검은 돌 하나하나의 기능은 모두 같다. 대신에 한 팀의 돌이 상대 팀의 돌로 둘러싸이면 안에 있던 돌을 잃게 된다. 바둑 게임의 규칙은 특정 바둑돌이 절대적인 힘을 가진 것이 아니라 상대적인 위치에 의해서 돌의 기능이 정해진다는 것이다. 반면에 체스는 하나하나가 다른 기능을 가지고 상대방 말들을 죽여서 결국에는 왕을 죽여야 이기는 게임이다.

체스의 원래 이름은 차투랑가Chaturanga다. 이 게임은 서기 600년 경에 인도에서 만들어졌는데, 625년경에 페르시아로 건너가게 되었고, 이후 700년경에 무어족이 스페인을 침공했을 때 페르시아인에 의해서 서양에 전파돼 지금의 유럽을 대표하는 게임인 체스가 되었다고 한다. 체스는 본질적으로 유목 민족의 전쟁을 기반으로 한 게임이다. 체스와 흡사한 게임으로 중국의 장기가 있는데, 장기는 말과 코끼리, 졸병, 대포 등이 나와서 전쟁하는 게임이다. 장기나 체스가 유목 사회의 전쟁을 기반으로 한 게임이라면, 바둑은 농경 사회의 문화에 기반을 둔 게임이다. 바둑은 마치 화전민이 경작지를 넓혀 나가듯이 빈 땅을 넓히는 땅따먹기 게임이다. 이 두 게임의 특징을 한마디로 표현하자면, 바둑은 상대적이고 체스는 절대적인 게임이다. 바둑은 빈 공간을 만들어 나가는 게임이고, 체스는 상대편을 죽이는 게임이다. 이러한 게임의 특징은 곧 그들의 문화적인 특징에 기인한다. 그리고 이러한 문화적인 특징은 건축 공간에도 투영되어 있다.

알파벳과 한자

편의상 유럽의 문화를 서양, 극동아시아의 문화를 동양이라고 하자. 이 둘은 전 지구상에서 지리적으로 가장 멀리 동떨어져서 발달한 문명으로, 그 특징이 상이하다. 동양과 서양 두 문화의 특징은 한자와 알파벳을 비교해 보아도 쉽게 알 수 있다. 한자의 경우를 살펴보자. 나무 목(木)자와 하나 일(一)자를 가지고 상대적 위치와 길이의 조합에 따라서 근본 본(本), 끝 말(末), 아닐 미(未)라는 글자가 만들어진다. 반면에 알파벳은 26개의 글자가 있고, 이들을 조합해서 글자를 만든다. 한자가 사방으로 글자가 확장되는 반면 영어의 단어는 항상 왼쪽에서 오른쪽으로 즉, 가로축 한 방향으로 알파벳 글자의 순서만 바꾸어서 만들어진다. 알파벳에서 볼 수 있듯이 서양 사람들은 이처럼 기본적인 최소 단위를 추구한다.

그리스 시대의 학자들은 물, 불, 흙, 공기가 세상의 만물을 구성하는 최소 단위라고 믿었다. 그래서 과학도 그리스 시대부터 근대까지 항상 최소 단위인 원자를 찾고, 원자보다 더 작은 양자의 세계까지 쪼개는 식으로 문명이 발달해 왔다. 알파벳 26자는 마치 화학에서의 원소 기호처럼 최소한의 단위인 것이다. DNA는 생명체의 설계도가 A, G, C, T의 네 가지 염기로 만들어진 암호문으로 되어 있다는 개념이다. 마치 26개의 알파벳이 순서 배열로 다른 단어를 만들어 내는 것과 같은 원리다. DNA라는 개념이 동양이 아닌 서양 과학자에게서 먼저 발견된 것은 우연이 아니다. 반면에 동양에서는 음과 양의 조화로 세상의 구성을 바라본다. 두 상반된 힘의 조화와 균형이 세상을 만든다고 보는 것이다. 건축의 경우 서양은 기하학적인 형태의 공간을 추구했다. 피라미드는 정사각형과 삼각형으로 만들어졌고, 로마 판테온의 평면과 단면은 모두 원의 형태를 가지고 있다. 반면 동양에는 기하학적 모양보다는 자연과 어우러지는 상대적 관계성을 더 추구했다. 우리의 풍수지리 이론에서 알 수 있듯이 그 생각의 근본은 상대성 속에서 가치를 찾는다.

그렇다면 과연 두 문화는 어떻게 그러한 특징을 갖게 되었을까? 흥미롭게도 중국을 비롯한 극동아시아와 그리스를 중심으로 한 서양의 문화적 기틀을 잡은 사상가들은 비슷한 시기에 탄생했다. 기원전 400년을 전후로 동양은 노자, 공자, 석가모니 같은 인물이 나왔고, 서양에는 피타고라스, 플라톤, 유클리드 같은 사상가들이 출현했다. 두 문화 모두 비슷한 시기에 그런 사상가가 태어난 것은 우연의 일치는 아닌 듯싶다. 재러드 다이아몬드 교수의 이론에 비추어 보면 두 지역 모두 그 시기쯤에 농경 사회가 성숙하게 자리 잡게 되었기 때문일 것이다. 농경 사회는 한 번 수확해서 다음번 파종할 때까지 먹거리 걱정 없이 빈둥거릴 시간이 많다. 그런 노는 시간에 지능적이고 철학적인 사고를 많이 하게 된 것이다. 인류학적으로 크로마뇽인 시대에 갑작스럽게 인간의 지능이 발달하게 되는데, 그것이 농경 기술을 습득하기 시작하면서였다고 한다. 그러한 비슷한 배경이 오랜 시간 동안 누적되어서 비슷한 수준으로 동양과 서양이 각자 성숙해졌을 때 이러한 사상가들이 나오게 된 것이다.

동양의 상대적 가치

동양은 노자를 비롯해 상대적인 사고에 기반을 가지고 비어 있는 것에 가치를 두고 발전했고, 서양은 절대적이고 수학적인 논리적 기틀 위에 문화를 발전시켰다. 먼저 동양을 살펴보자. 동양의 대표적인 사상가 중 한 명인 공자는 인仁과 예禮 못지않게 중용中庸을 최고의 가치로 여겼다. 그는 "여자가 구덩이에 빠졌는데 남녀유별을 지켜서 그냥 지나치는 것이 좋습니까, 아니면 여자의 손을 잡더라도 구해 주는 것이 좋습니까?"라고 제자가 질문하자 상황에 맞춰서 행동하라고 말한다. 이처럼 주변의 여건에 따라서 덕德이라는 것은 다르다는 상대적인 가치관을 보여 준다. 유교에서 말하는 최고의 가치인 효孝 역시 부모와 자식이라는 다른 두 존재 사이의 관계성 안에서 가치를 말한다. 한 사람이 상황에 따라서 아들이 될 수도 있고, 누군가의 아버지가 될 수도 있다. 마치 바둑

돌이 상대적인 위치에 따라서 그 힘이 달라지는 상대적 가치관과 마찬가지다. 반면 서양에는 십계명 같은 절대적인 선의 기준이 있다. 동양의 상대적 가치관과 서양의 절대적 가치관은 이렇듯 다르게 나타난다. 그 밖에도 동양은 비움에 긍정적인 가치를 둔다. 노자의 경우에는 그의 유명한 저서 『도덕경』 11장에서 "진흙을 이겨서 질그릇을 만든다. 그러나 그 내면에 아무것도 없는 빈 부분이 있기 때문에 그릇으로서의 구실을 할 수 있는 것이다. 지게문[戶]과 창문을 뚫어서 방을 만든다. 그러나 그 아무것도 없는 빈 곳이 있기 때문에 방으로 쓸 수 있는 것이다."(『노자 도덕경』, 남만성 옮김, 을유문화사)라고 말했다. 이 글의 내용을 살펴보면 물건의 유용한 기능은 비움에서 나온다는 것을 말하고 있음을 알 수 있다.

이렇듯 동양에서는 비워진 상태를 부정적인 상태로 보는 것이 아니라 가능성 100퍼센트의 긍정적인 상태로 바라보고 있다. 이러한 가치관은 도가사상을 반영한 일본의 '선의 정원'에서 잘 나타나고 있다. 선의 정원은 나무로 가득 채워져 있는 정원이 아닌 비어 있는 공간으로 이루어진 정원이다. 대표적인 예가 교토에 있는 료안지(용안사)라는 절에 있는 정원이다. 이 정원에는 나무가 없고 직사각형의 마당에 파도를 상징하는 줄무늬가 긁혀져 있는 모래사장 위에 열다섯 개의 돌이 놓여 있다. 재미난 것은 이 정원을 디자인한 사람이 정원을 바라보는 사람이 어느 각도에서 보든지 열네 개의 돌만 보이고 나머지 한 개는 숨겨지게 돌을 배치했다고 한다. 이렇듯 바라보는 사람의 상대적인 위치에 의해서 의미를 전달하는 일인칭 관점의 디자인이 동양적인 건축 디자인의 특징이다. 반면 동시대에 만들어진 서양의 정원을 보면 직사각형, 원, 사선 같은 기하학적인 형태에 맞추어서 정원이 구획되고 나무

료안지의 정원

가 심겨 있다. 이러한 디자인의 생각은 어디서 나오는 것일까? 그 배경을 살펴보면 노자, 공자, 석가모니와 비슷한 시기에 태어난 유클리드나 피타고라스 같은 서양의 사상가에게서 배경을 찾을 수 있다.

서양의 절대적 가치

서양의 사상가들은 절대 선을 추구한다. 우리는 고등학교 국민윤리 시간에 플라톤은 '이데아' 사상을 가지고 있었다고 배웠다. 이데아라는 것은 절대적인 선을 뜻하는 가치로, 실존하지만 우리는 직접 볼 수 없는 것이다. 플라톤은 동굴의 비유에서 동굴에 갇힌 인간은 동굴 속에 켜 있는 불로 인해 벽에 비친 그림자, 즉 실재 세계의 가상을 진리로 여긴다고 말한다. 그들의 사상에는 이데아 같은 절대적인 가치관이 있다. 따라서 서양의 기독교에는 이데아와 비슷한 절대적인 선의 가치를 반영하는 천국이 있는 반면에 상대적인 가치관을 가진 동양에서는 샹그릴라(중국 윈난성 디칭장족 자치주에 있는 현縣이다. 영국 소설가 제임스 힐턴의 소설『잃어버린 지평선*Lost Horizon*』에서 지상에 있는 '이상향'으로 등장한다)나 무릉도원이 있을 뿐이다. 무릉도원은 한 어부가 배를 타고 가다가 길을 잃어서 복숭아꽃이 아름답게 핀 곳을 발견하고 갔는데, 복숭아꽃들 사이로 자그마한 집들이 한 폭의 그림처럼 펼쳐져 있고 그곳 사람들은 바깥세상과 단절된 채 평화롭게 살고 있었다는 마을이다. 이처럼 샹그릴라나 무릉도원은 모두 우리가 사는 세상과 동일한 세상 어딘가에 있다고 보는 것이지 우리가 죽어서 가는 곳

347

으로 보지는 않는다. 서양은 절대적인 가치를 갖는 세상이 있고, 그 신적인 선ᵁ을 수학적인 방식을 통해서 깨달을 수 있다고 믿는다. 수학을 선에 이르는 방법으로 생각하는 사상의 배경에는 피타고라스가 있다. 피타고라스는 과거에는 종교적 지도자와 수학자를 겸하던 사람인데, 이 사람의 믿음은 수를 통해서 세상을 이해하는 데 있다. 재미난 것은 플라톤은 소크라테스의 제자였는데 소크라테스는 수학을 무시했지만, 플라톤은 자신이 설립한 아카데미에 입학하는 사람의 입학 조건으로 기하학 같은 수학적 이해를 요구할 정도로 수학을 중요하게 생각했다. 그러한 배경에는 플라톤이 젊었을 때 그리스의 키레네에서 테오도로스로부터 기하학을 배웠고, 이집트 지역을 여행하면서 당시 그곳에서 만난 피타고라스의 제자들과 친분이 있었기 때문이라고 한다.

이래저래 수학은 서양 문화의 바탕을 이룬다. 우리가 지금 배우고 있는 기하학의 기본은 유클리드가 만들어 놓은 것이 아닌가? 그래서 이들은 선을 추구하는 데 있어서 수학적인 과정을 통해 도달하려고 한다. 그리고 그 영향으로 서양의 많은 종교 건축물은 하나같이 기하학적인 공간의 형태를 띤다. 대표적인 것이 로마의 판테온이다. 이 건물은 평면과 단면에서 모두 원의 형태를 띠고 있다. 몇백 년 지나서 지어진 이스탄불의 성 소피아 대성당 건물은 좀 더 복잡한 형태로 세 개의 원형 돔이 한 개의 큰 돔을 받치고 있는 형태를 띠고 있다. 기독교의 삼위일체설과 같이 3이라는 성스러운 숫자가 건축에 반영되었다고 본다. 이같이 수학을 중요하게 생각하는 가치관은 건축물에도 반영되었다가 이슬람의 영향으로 더욱더 증폭된다. 우리가 사용하는 숫자도 아라비아 숫

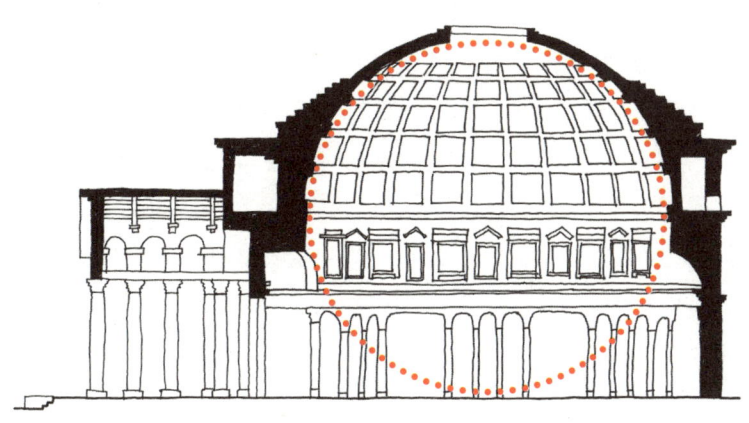

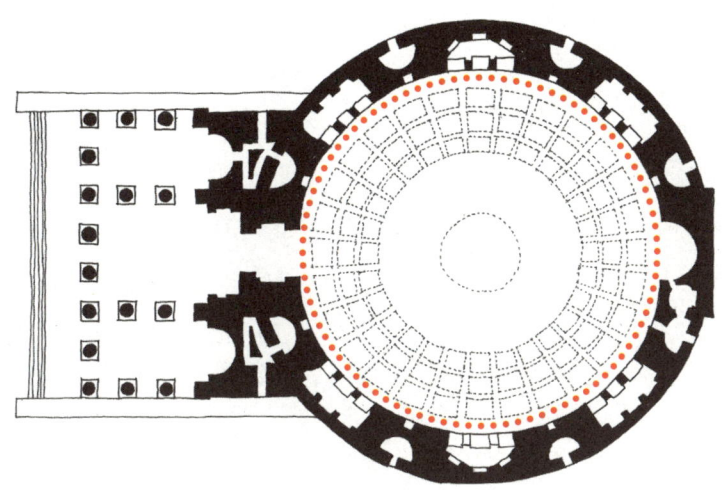

로마의 판테온 단면도(위)와 평면도

자가 아니던가. 아마도 이슬람은 예로부터 오랜 유목 생활로 소나 양의 숫자를 세면서 숫자에 대한 개념이 발달했을 것이다. 그뿐 아니라 동양과 서양 사이의 지리적인 위치에서 중계무역이 발달했을 거고, 당연히 수에 대한 개념이 다른 민족보다 앞섰을 것이다. 로마가 수도를 지금의 이스탄불인 콘스탄티노플로 옮기고 나서 지은 건축물이 성 소피아 대성당이었는데, 당시까지만 해도 천막이나 치고 살면서 양을 치던 이슬람 사람들로서는 돌로 지은 어마어마한 규모의 성 소피아 대성당을 보고 큰 충격을 받았을 것이다. 그래서 지금까지도 이슬람의 사원은 모두 성 소피아 대성당의 모습을 띠고 있다. 이태원에 있는 이슬람 사원도 똑같은 모양이다. 이후에 로마가 서로마와 동로마로 쪼개지고, 서로마는 일찌감치 망하고 동로마만 오랫동안 살아남았다가 서기 1453년에 망하게 된다. 이때 이슬람의 영향으로 발달한 수학을 경험한 동로마 제국의 학자들이 이탈리아반도로 망명을 가게 되었다. 이때 넘어온 동로마 출신 학자들의 영향으로 피렌체를 비롯한 도시국가에 르네상스의 바람이 불게 된 것이다. 갈릴레오 같은 과학자도 이런 역사적인 흐름에 의해서 만들어진 사람이다.

이런 일련의 과정을 통해서 서양은 계속해서 수학이 발달했고, 이러한 수학적 발달은 더 복잡한 수학적 형태의 건축물로 나타났다. 지금도 서양의 건축가들은 컴퓨터 프로그램의 알고리즘을 이용해서 아주 복잡한 디자인을 만들어 낸다. 얼핏 보기에는 다른 종류의 건축 같지만, 그 배경에는 수학에 근거한 필연적인 디자인이라는 수천 년 된 전통이 깔려 있다.

개미집과 벌집

집단으로 서식하면서 강한 사회성을 띠고 있는 대표적인 곤충으로 개미와 벌이 있다. 둘 다 여왕을 중심으로 일하는 계층이 있고 조직적인 사회성을 띤다. 그리고 그 사회성의 결집체로써 집을 짓고 산다. 이들 개미집과 벌집은 곤충의 집을 대표하는 쌍두마차다. 하지만 이 둘은 마치 남미식 축구와 유럽식 축구가 다른 것처럼 건축적으로 확연히 다르다. 일단 개미집의 경우는 복잡한 미로 같은 형태를 띠면서 골목골목으로 연결되어 있다. 마치 관계의 회로망을 보는 듯하다. 지역에 따라서 땅속에 있는 경우도 있고, 땅위로 솟아난 경우도 있다. 하지만 어느 개미집이나 그 외부 형태는 중요하지 않고 내부에 네트워크로 구성된 연결망이 중요하다. 방끼리의 관계가 중요한 건축인 것이다. 반면에 벌의 경우에는 벌집 모양이라고 불리는 육각형의 모듈러 구조를 띠고 있다. 육각형 모양의 방이 반복되면서 전체 벌집이 만들어진다. 반복되었을 때 구조적으로도 가장 안정적이면서 벌의 애벌레가 들어가서 살기에 공간의 손실이 적은 합리적인 선택이다.

개미는 동양처럼 관계 중심의 건축, 벌은 서양처럼 기하학 중심의 건축이다. 여왕 개체를 중심으로 사는 사회적 모습은 비슷하나 건축은 완전히 다른 형태로 만들어졌다. 이유는 아마도 날개가 없는 개미는 땅과 연결해서 집을 짓지만, 하늘을 날 수 있는 벌은 아무것도 없는 공중에 집을 짓기 때문일 것이다. 건축을 땅에서 시작하는 개미는 땅과의 연결로 인해서 관계 중심의 집을, 배경이 전혀 없는 공중에서 시작하는 벌은 기하학적인 집을 짓는다. 극동

개미집(좌)과 벌집

아시아 문화는 유교가 지배적이었다. 사후 세계보다는 현생을 더 중요하게 생각하고, 땅 위에서의 충忠이나 효孝 같은 관계를 중요시했다. 그래서 극동아시아 건축은 땅과 연결된 개미처럼 관계성이 중요시되는 건축의 성격을 띤다. 반면에 유럽은 이집트, 그리스, 기독교에서 사후 세계를 중시했고, 이데아의 세계 같은 눈에 보이지 않는 위로부터 오는 원칙을 중요시했다. 땅에 기초를 두지 않는 이러한 문화적인 특징 때문에 공중에 지은 벌집처럼 기하학적인 건축이 발달하게 되었다. 이것이 서양에서 피라미드, 황금비율, 판테온 같은 건축 문화가 나오게 된 문화적 배경일 것이다.

空間과 SPACE

지금까지 살펴본 바와 같이 공자, 노자, 석가모니의 영향으로 동양 문화의 가치 체계는 '관계'와 '비움'이라는 두 개의 키워드로 특징지을 수 있다. 이 같은 동서양의 다른 가치 체계는 공간을 뜻하는 두 개의 단어만 살펴봐도 쉽게 알 수 있다. 서양에서 공간을 뜻하는 단어는 'space'로, 이 단어는 동시에 우주를 뜻하기도 한다. 우주라는 영어 단어는 universe, cosmos, space 이 세 단어가 혼용돼서 쓰인다. 따라서 'space = cosmos'라는 결론이 나온다. cosmos라는 단어의 의미는 혼돈이라는 뜻의 chaos의 반대어로, 수학적 규칙을 가지고 있다는 의미로 쓰인다. 따라서 'space = 수학적 규칙'이라는 결론에 도달한다. 단어를 통해서 살펴보면 서양인의 의식 속에는 비어 있는 우주, 공간, 수학적인 규칙을 내재하고 있는 cosmos 등의 의미가 상호 연결되어 있으며, 공간을 '수학적 규칙을 가진 비어 있는 것'으로 바라보고 있는 것을 엿볼 수 있다. 이처럼 서양의 공간은 다분히 수학적인 분석에 의해서 만들어지는 반면, 동양의 공간은 비어 있다는 뜻의 '공(空)'과 사이라는 뜻의 '간(間)'이 합성된 단어다. 공간이라는 단어는 '비움'과 '관계'의 합성으로 만들어져 있다. 이렇듯 단어만 살펴보더라도 동양에서는 단순히 비어 있는 것 이상의 가능성을 보는 '비움'과 상대적 가치인 '관계'로 공간을 이해하고 있음을 알 수 있다.

한식 밥상과 코스 요리

문화의 차이는 게임, 문자, 건축에서만 나타나는 것이 아니라 사람이 사는 기본 요소인 먹는 것에서도 보인다. 요즘 한정식 식당에 가면 퓨전 형식의 한국 음식이 순서대로 서빙이 된다. 하지만 이러한 방식은 우리나라 고유의 밥상 차림과는 좀 차이가 있다. 우리나라는 예로부터 '상다리가 휘어지게 나오는 식 즉, 한 번에 모든 음식이 한눈에 들어오도록 쫙 깔려서 차려진다. 반면에 서양 음식은 전채前菜부터 후식까지 순서대로 음식이 나온다. 마치 알파벳으로 단어를 만들 때 왼쪽에서 오른쪽으로 순서대로 쓰인 것과 비슷하다. 이러한 것은 문화적인 차이에 따라서 다르게 나타나는 음식 문화의 형식일 것이다. 이렇듯 문화라는 것은 그 나라 고유의 민족적 패러다임을 반영한다. 그리고 그러한 패러다임은 경제적인 활동과도 밀접하게 관련되어 있다.

구글은 전 세계적으로 가장 성공한 포털사이트다. 그런데 우리나라에서는 고전을 면치 못하고 토종 포털사이트인 네이버에 밀리고 있다. 그 이유를 여러 가지에서 찾을 수 있겠지만, 홈페이지의 디자인도 그 이유 중 하나일 것이다. 구글은 흰색 페이지에 검색어만 찾을 수 있게 미니멀한 디자인으로 되어 있다. 반면에 네이버는 첫 페이지에 현재 나오는 주요 뉴스가 한 페이지 가득 펼쳐져 있다. 구글이 한 번에 하나씩 나오는 서양 코스 요리 같다면 네이버는 한 상 가득 차려 나오는 밥상 같은 구성이다. 한국인들이 네이버를 더 선호하는 이유 중 하나가 여기에 있다고 본다. 건축 디자인 역시 그 나라의 문화적 패러다임을 반영할 수밖에 없다. 서양은 논리적인 사고를 중요하게 생각한다. 따라서 사고방식이 선형적이다. 하나 다음에 둘 그다음에 세 번째 것이 나와야 한다. 이러한 사고방식은 수학의 발달과 기하학적 건축 공간으로 나타난다.

반면에 동양은 상호 관계를 중요하게 생각하는 상대적인 가치 체계를 가진다. 따라서 음식 하나하나의 맛도 중요하지만, 그 음식들과 다른 음식과의 관계도 중요하게 생각한다. 오죽하면 '음식 궁합'이라는 말이 생겼을까? 이렇듯 먹는 사람의 입맛과 그날의 기분에 따라서 차려진 음식의 순서가 어찌 보면 뒤죽박죽 섞이게 되어 있다. 우리는 밥을 먹고 된장찌개를 먹고 김치를 먹기도 하지만, 다음번 숟가락에는 김치 먼저 먹고 생선 요리에 젓가락이 가기도 하면서 총체적인 그날의 '밥상'이 완성된다. 먹고살게 된 다음부터 우리는 한국적이라는 문화적 정체성을 찾으려 노력하고 있다. 한국적이라는 것은 이런 우리의 일상적인 밥상 같은 것의 특징에서도 찾을 수 있다. 이러한 문화적 특징을 디자인에 반영하는 것이 단순히 처마 곡선의 모양 같은 겉모습을 모방하는 것보다 더 바람직할 것이다. 현대 사회는 그 어느 때보다도 복잡한 환경에서 살고 있다. 승강기의 발명으로 초고밀도의 도시에 살고, 휴대 전화와 인터넷으로 우리의 삶은 실타래보다도 복잡하게 얽혀 있다. 이러한 복잡한 환경에 더 잘 적응할 수 있는 사람은 코스 요리를 먹는 사람보다는 한꺼번에 차려진 밥상을 먹는 사람일 것이다. 우리나라가 과거보다는 미래가 밝은 이유가 여기에도 있다.

테이블과 마루

얼마 전에 친구와 냉면집에 갔다. 그 식당은 초입에 테이블로 된 좌석이 있고, 옆에 있는 방에는 앉아서 먹는 자리가 있었다. 어느 쪽 자리에 앉겠냐는 식당 종업원의 질문에 우리는 방으로 향했다. 아마도 처음 만나는 어색한 사람과 식사했다면 테이블에 앉아서 먹고 갔을 것이다. 하지만 친한 사이는 신을 벗고 올라가는 방으로 가게 된다. 신을 벗고 올라가는 방에서의 인간관계와 신을 신고 테이블에 앉아서 먹는 자리에서의 인간관계는 사뭇 다르다. 보통 동아시아 사람들은 신을 벗고 들어가는 좌식 생활을 주로 한다. 반면 서양에서는 신을 벗는 문화가 보편적이지는 않다. 침대에 가서야 겨우 신을 벗는다. 그 이유 중 하나는 강수량의 차이일 듯하다. 동아시아 사람들은 쌀을 주식으로 한다. 상대적으로 밀보다 강수량을 더 많이 필요로 하는 작물이다. 쌀을 주식으로 하는 동아시아는 주로 집중 호우가 내리는 지역이다. 따라서 우기에는 신발에 진흙이 많이 묻는다. 자연스럽게 방 안으로 진흙이 묻는 신을 신고 올라가지는 않았을 것이고, 신을 벗고 생활하는 건축 공간이 발전했을 거라고 상상된다.

우리는 신을 벗었을 때 심리적으로 더 가까워진다. 혹은 심리적으로 가까울 때 신을 벗는다. 왜 그럴까? 신을 벗는 공간은 신발이라는 내 몸을 싸고 있는 하나의 방어를 내려놓은 곳이다. 어떤 분은 일단 신을 벗으면 도망가기가 어렵기 때문에 무의식적으로 같은 편이라는 생각을 심어 준다고도 말한다. 또 다른 이유는 냄새일 것 같다. 아침에 일어나서 양치질하지 않은 상태에서 편하게 이야기를 나눌 수 있는 관계는 가족뿐일 것이다. 키스하는 연인도 그 정도까지의 관계로 발전하기는 어렵기 마련이다. 냄새를 얼마만큼 허락하느냐는 그 사람과의 친밀도를 측정할 수 있는 기준이 된다. 신을 벗고 올라간다는 것은 발에서 나는 냄새까지 허락하는 관계라고 말할 수 있을 것이다. 이런 원리에서 신을 벗은 방에서 이야기하는 것은 '우리'라는 생각을 더 갖게 한다. 그래서 접대할 때 테이블 위의 스테이크보다는 좌식인 일식집을 선호하는 듯하다. 마찬가지로 회식도 좌식에서 하는 것이 더 효과가 있을 것 같다.

장마와 건축

2013년에는 여름 내내 우기처럼 비가 오더니 2014년에는 반대로 가뭄에 가까운 마른장마였다. 한 나라의 기후, 특히 강수량은 건축에 큰 영향을 미친다. 그렇다면 장마가 있는 우리나라 날씨는 우리의 건축물을 어떻게 만들었을까?

유럽 여행을 가면 많은 건축물이 돌로 지어져 있음을 볼 수 있다. 반면에 우리나라가 속한 동아시아에서는 나무로 건축한다. 그래서 2천 년 전 로마의 건축물은 지금도 볼 수 있지만, 우리나라의 아름다운 목조 건축물은 전쟁 중 소실되어서 남아난 것이 별로 없다. 경주에 가도 석굴암, 첨성대, 탑 같은 돌로 만들어진 것만 진품으로 남아 있다. 이렇듯 두 개의 문화가 다른 건축 양식을 갖는 이유 중 하나는 강수량의 차이다. 밥상을 살펴보면 동아시아는 벼를, 유럽은 밀을 주요 식량으로 하고 있다. 그 이유는 강수량에 근거한다. 벼는 강수량 1,000밀리미터 이상에서, 밀은 강수량 1,000밀리미터 이하에서 재배된다. 벼는 비가 많이 오는 몬순기후에서 재배되며, 전 세계 벼 재배 면적의 90퍼센트가 아시아 대륙이다. 이는 기온이 높고 강수량이 많은 동아시아의 기후를 반영한다. 반면에 밀은 상대적으로 강수량이 적고 서늘한 기후에서 주로 재배된다. 동아시아는 몬순기후로, 집중 호우가 있는 곳이다. 비가

우리나라 전통 건축물

적게 내리는 유럽은 벽 중심의 건축을 하기에 적당한 딱딱한 땅을 갖고 있다. 반면 집중 호우가 있는 동아시아는 땅이 무르기 때문에 벽 전체를 기초로 하기 힘들다. 따라서 주춧돌을 놓는 스폿 기초를 사용해서 가벼운 나무 기둥을 써야 했다. 나무 기둥은 주춧돌 위에 올려서 나무 기둥뿌리가 빗물에 젖어 썩는 것을 방지했다. 동아시아에서는 집중 호우 때 빗물 배수를 위해 급한 경사 지붕을 쓴다. 흙으로 만든 벽이 비에 씻겨 내려가지 못하게 처마를 길게 뽑은 것도 큰 특징이다. 이 처마의 공간에 툇마루를 놓으면서 우리의 건축은 내부 공간과 외부 공간의 경계가 모호해지는 공간적인 특징을 가진다.

반면에 벽 중심의 유럽 건축은 공간이 벽으로 명확하게 구분되어 있다. 그래서 유럽 건축은 벽, 동양 건축은 지붕이라는 말이 나온 것이다. 이처럼 우리가 사는 건축의 대부분의 것들은 절반은 자연환경과 기술력, 건축 재료 등에 의해서 결정 난다. 그리고 고유의 문화적 가치관이 합쳐져서 독특한 건축물을 만든다. 하지만 최근 들어서는 전 세계인이 국적에 상관없이 스타크래프트를 비롯한 각종 게임을 한다. 그리고 무역의 발달로 손쉽게 먼 곳에서 생산되는 건축 자재를 사용할 수 있게 되었다. 고층 건물의 경우에는 전 세계가 철골 아니면 콘크리트로 건물을 짓는다. 결국에는 기후 외에는 모든 것이 비슷한 상황이 되어 가는 것이다. 자연 속에서 생물의 다양성이 사라지는 것은 궁극적으로 건강한 생태계의 붕괴를 초래하게 된다. 그 이유는 생태계가 변화할 때 한 가지로 통일된 체제는 변화에 실패했을 경우 전체의 멸망으로 이어지기 때문이다. 마찬가지로 전 세계가 하나의 스타일로만 전체적

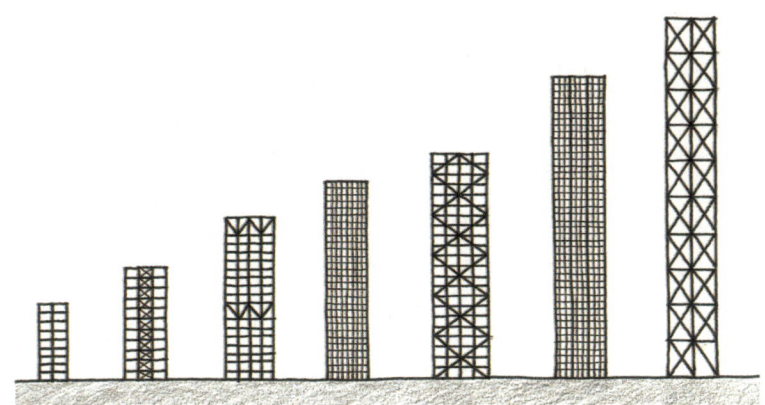

전 세계적으로 비슷한 고층 건물의 구조

으로 통일되어 간다면 급격한 변화에 적응하지 못하고 인류가 한 번에 '훅' 갈 수도 있는 것이다. 인류가 모두 똑같은 서구식 현대인의 삶을 사는 것은 인류가 살아남는 데 치명적이다. 인류의 존속을 위해서 다양한 삶의 패턴과 모습이 유지되는 것이 좋다. 같은 이유로 건축 역시 지역의 다양성을 지키기 위한 노력이 필요한 시점이다.

제15장
건축이 자연을
대하는 방식

성 베네딕트 채플: 자연과 대화하는 건물

스위스 작은 마을의 경사진 산기슭에 건축가 페터 춤토어Peter Zumthor
가 디자인한 '성 베네딕트 채플'이 있다. 이 교회는 경사 대지 위
에 지어져 있다. 전체적인 모양은 타원형 평면의 실린더가 언덕에
박혀 있는 형상을 띠고 있다. 내부로 들어가 보면 나무로 만들어
진 평평한 타원형의 예배당이 있다. 그리고 그 예배당 마루와 경
사 대지 사이는 비운 상태로 있다. 춤토어의 다른 작품과 마찬가
지로 이 교회 역시 건축 재료와 구법에서 높은 완성도를 보이는
훌륭한 작품이다. 규모면에서는 아주 작지만, 이 작은 교회는 인
간이 자연을 어떻게 대해야 하는지 잘 보여 주고 있다.

  인간이 자연을 바라보는 방식은 주로 세 가지로 나누어지는 것
같다. 마찬가지로 인공물인 건축물도 자연을 대하는 방식이 세 가
지다. 이를 경사 대지 위에 건축물을 구축하는 방식으로 설명해
보자. 첫째, 자연을 극복의 대상으로 보는 것이다. 흔히 우리나라

위: 성 베네틱트 채플 외관
아래: 베네틱트 채플 단면도. 1층만 예배당으로 사용하고, 마루와 경사 대지 사이는 비어 있다.

성 베네딕트 채플 내부

아파트 단지 재개발에 사용되는 방식이다. 대지의 경사를 극복의 대상으로 보고 거대한 축대를 쌓아서 평평한 땅을 만들고 그 위에 아파트 건물을 앉힌다. 대형 토목 공사가 필요하고 자연의 모습을 모두 바꿔 버리는 폭력적인 방식이다. 두 번째는 자연을 이용할 대상으로 보는 것이다. 이 방식은 첫 번째 방식보다 좀 더 영리하다. 경사 대지가 있다면 그 경사면을 이용한다. 예를 들어서 경사 대지에 교회를 짓는다면 대지의 경사면을 이용해서 교인의 좌석을 배치하고 강대상을 아래쪽에 두어서 편하게 설교를 들을 수 있는 기능적인 교회를 만드는 것이다. 자연을 이용하는 방식으로 재미난 건축을 할 수 있다. 세 번째는 자연을 동등한 대화의 상대로 보는 방식이다. 성 베네딕트 채플이 그러한 경우다. 이 교회는 경사 대지에 마루를 평평하게 만들었다. 그리고 벽체와 마루 사이에 틈을 만들었다. 그렇게 해서 땅과 교회 마루 사이의 비어 있는 공간을 통해서 음향의 공명을 만들어 내고, 인공의 건축물과 자연이 대화할 수 있는 디자인을 했다. 이렇게 한 이유를 건축가는 "땅의 소리를 들을 수 있는 교회"를 디자인하려 했다고 설명한다. 성 베네딕트 채플은 자연을 대화의 상대로 보는 건축물이다.

아마도 우리나라의 정자가 이러한 종류의 자연과 대화를 가능케 하는 건축물이 아닌가 생각된다. 정자는 물의 가운데 위치해서 주변을 바라볼 수 있게 되어 있다. 자연과 건축물 사이의 물로 확보된 빈 공간에서 인간이 사유할 수 있는 여유를 주는 건축물이라 할 수 있겠다. 이 같은 디자인은 자연을 극복할 대상으로 생각하지 않고, 이용할 대상으로도 생각하지 않고, 다만 자연을 대화의 상대로 보는 동등한 관계 설정이 있고서야 나올 수 있는 디자

경복궁 연못에 있는 정자

인이다. 인간관계에서도 그러하듯이 디자인에서도 자연환경을 동
등한 대화 상대로 보는 것이 가장 성숙한 디자인 방식이다.

두 주택

같은 주제를 가지고서 서로 다르게 풀어 나간 유명한 소형 주택
두 개가 있다. 하나는 미국의 필립 존슨이 설계한 '글라스 하우스'
고, 다른 하나는 일본의 안도 다다오가 설계한 '스미요시 주택'이
다. 글라스 하우스는 광활한 자연 속에 집의 벽이 모두 유리로 되
어 있어서 속이 훤히 들여다보이는 집이다. 너무 다 들여다보여서
화장실만은 동그란 벽으로 싸서 그 안에 집어넣었다. 하지만 집
안이 보인다고 문제 될 것은 없다. 왜냐하면 주변의 수십 에이커

글라스 하우스

의 땅이 모두 건축가이자 건축주인 필립 존슨의 땅이기 때문이다. 반면 도심 속에 있는 스미요시 주택은 침실, 화장실, 식당, 거실 같은 방들이 가운데 중정을 중심으로 배치된 아주 작은 집이다. 이 집에 사는 사람들은 이 방에서 저 방으로 건너갈 때마다 외부 공간인 중정을 거쳐야 한다. 비가 오는 날에 화장실에라도 가려면 우산을 들고 가야 한다. 노출 콘크리트로 지어져서 겨울에는 춥고 여름에는 덥다. 집주인 부부는 여름에는 너무 더워서 밤에 중정에 있는 다리에 직렬 건전지 두 개가 연결된 것처럼 일자로 누워서 자기도 했다고 한다.

건축은 수천 년간 끊임없이 험악한 자연환경으로부터 인간을 지키기 위해 자연과 인간을 분리하면서 발전되어 왔다. 하지만 이 두 집은 자연으로부터 분리된 인간을 다시 자연으로 돌려보내기

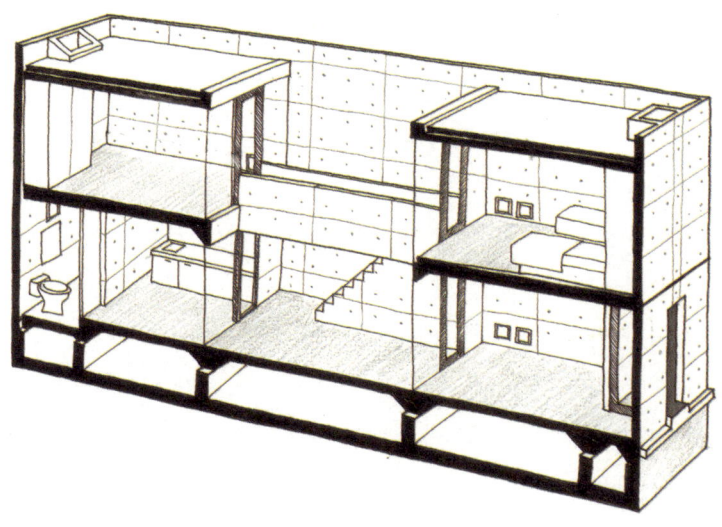

스미요시 주택

위해 고안된 디자인이다. 필립 존슨의 경우에는 집 전체를 유리로 만들어 주변의 자연을 바라보게 하였다. 때로는 나뭇가지의 그림자가 집 안으로 들어오기도 한다. 투명한 유리 벽은 벽이 아니라 창문이 되어서 인간과 자연을 시각적으로 연결해 준다. 한편 안도는 자연을 그저 바라만 보는 것만으로는 성에 차지 않았다. 그는 자연에 온몸을 던져서 몸으로 부딪쳐야 비로소 자연과 인간이 하나가 된다고 생각했다. 아마도 안도 다다오가 상대 선수와 몸이 많이 부딪히는 종목인 권투선수 출신의 건축가여서 이런 철학을 가진 게 아닐까 생각된다. 심지어 더운 날은 더워야 하고 추운 날은 추위를 느껴야 한다는 철학이다. 아마도 대부분의 건축주 같았으면 여름이 지나기 전에 중정에 지붕을 덮었을 것이다. 웬만한 성자가 아니고서야 그 집에서 살기 힘들다. 그러나 스미요시 주택의 주인은 성자였다. 지난 40년간 이사하지 않고서 살았으니 말이다.

아사히야마 동물원

일본 건축의 특징 중 하나는 제한된 3차원 공간 안에 보행자 동선을 복잡하게 집어넣어서 좁은 공간을 넓게 보이도록 만든다는 것이다. 10평이라는 공간이 한눈에 들어오면 좁아 보인다. 하지만 같은 크기의 공간이라도 한눈에 안 들어오고 여기저기 걸어 다니면서 다른 시점에서 체험하고 바라보게 하고 시간을 지연시키면 더 넓게 느껴진다. 이러한 특징은 전통 건축에서부터 시작해 현대에 와서 안도 다다오에 이르기까지 일관되게 나타난다.

일본 홋카이도섬 삿포로 근처에 '아사히야마'라는 시립 동물원이 있다. 이 동물원은 커다란 사파리가 있는 것도 아니고 대단히 희한한 동물이 많은 것도 아니다. 그런데도 일 년에 관람객이 300만 명 넘게 오는 세계적인 동물원이다. 한겨울에도 꾸준하게 사람들이 찾게 만드는 매력은 동물 축사의 건축 디자인에 있다.

보통 동물원에 가면 평원을 뛰놀던 동물들이 철책이 있는 수십 평 남짓한 좁은 공간에 갇혀서 그 안을 어슬렁거리고 있고, 사람들은 먼발치에서 그런 모습을 바라본다. 동물들은 좁은 공간에서 답답할 것이고, 사람들도 멀리서 조그맣게 바라보는 동물이 재미없다. 하지만 아사히야마 동물원은 건축 공간이 다르다. 동물을 위한 재미난 건축 공간을 만든 것이다. 이 동물원 축사에 가면 첫 번째 드는 느낌은 '좁은 공간이지만 동물들이 지루하지 않겠구나'이다. 마치 사람을 위한 일본 건축물에서 좁은 공간을 넓게 보이려고 다채롭게 이리저리 동선을 꽈서 공간을 만들 듯이 동물들의 동선도 그렇게 만들어 놓았다. 바다사자는 얕은 물에서 깊은 물로 갔다가 관람객들이 서 있는 투명 유리로 만들어진 바닥 밑으로 갔다가 관람실 가운데 놓인 투명한 아크릴 튜브를 타고 위로 올라가서 다시 처음 시작한 곳으로 가게 되어 있다. 이 모든 공간이 한 곳에서 다 보이지 않는다. 계속 이동하면서 보고 머릿속에서 재구성해 봐야 겨우 이해가 가능한 공간이다. 나름 한 공간 지각한다는 건축가인 내가 이리저리 돌아다녀 봐도 머릿속에 한 번에 잘 그려지지 않는 공간이었다. 하물며 나보다 기억력이 나쁜 동물은 더 어려울 것이다. 아사히야마 동물원에서 동물이 다니는 공간은 구석구석 높이와 폭이 다르고 동물의 공간과 인간의 공간

아사히야마 동물원의 수족관

이 서로 관입되어 있다. 그리고 이 모든 공간이 아주 작은 공간에서 이루어진다. 또한 이렇게 동물의 동선과 사람들의 동선이 꽈배기처럼 교합되어 있어서 동물을 위, 아래, 옆에서 다채로운 형태로 관찰할 수 있게 되어 있고, 사람들 역시 이전에는 체험해 보지 못한 깊이 있는 동물과의 교감을 할 수 있게 되어 있다. 샌프란시스코나 뉴욕 브롱크스의 동물원은 이 축사보다 몇 배 더 크다. 이곳들을 다 다녀 본 내가 느끼기에는 미국의 대형 동물원보다 아사히야마 동물원에서 훨씬 더 동물과 친숙해졌다는 느낌을 받았다. 한마디로 건축의 승리였다. 아사히야마 동물원에서는 좋은 건축 디자인이 좁은 공간에서 동물과 인간이 조화롭게 살 수 있게 해 주었다.

현재 인간은 좁은 지구에 약 80억 명이 살고 있다. 1950년도에 약 25억이었던 세계 인구가 75년 만에 세 배 이상으로 급증한 것이다. 동물도 인간도 살 곳이 더 없어지고 있다. 건축의 힘이 필요한 때다. 우리가 아사히야마에서 배운 지혜로 좁은 지구에서 인간과 동물이 아름답게 공존할 수 있기를 기대해 본다.

자연에 양보하는 잠수교

세계적으로 많은 관객을 모은 영화 〈어벤져스〉의 속편 촬영이 마포대교에서 진행되어 뉴스거리가 됐다. 서울의 한강 전체에는 총 32개의 다리가 있다. 감독은 여의도와 남산을 배경으로 쓰기 위해 마포대교를 선택한 듯하다. 한강에는 많은 다리가 있지만, 하나같이 너무 높고 길어서 도보로 건너기보다는 자동차나 지하철을 이용해서 건너기 마련이다. 교통수단을 통해서 높고 긴 다리를 빠르게 건너다 보니 강과의 교류를 체험하기 어려운 아쉬움이 있다. 건축물 중에서 인간의 삶을 가장 크게 변형시키는 건축물을 찾는다면 다리일 것이다. 태초에 땅은 하나였다가 비가 내리면서 시내와 강이 생기고 이들은 땅을 둘로 나누었다. 다리는 이렇게 물이나 골짜기로 나뉜 두 땅을 다시 연결하여 땅의 관계와 성격을 바꾼다. 비근한 예로 마포대교가 여의도에 놓이고 아무도 가서 살기 싫어하던 여의도는 서울의 맨해튼이 되었다.

서울에서 가장 마음에 드는 다리를 고르라면 잠수교를 꼽겠다. 잠수교는 전쟁 시에 폭격으로 다리가 끊어져도 손쉽게 공병대가 연결할 수 있도록 짧은 교각을 자주 놓는 방식으로 설계되었다. 따라서 한강의 어느 다리보다 수면에 가깝게 붙어 있다. 장마철에는 물에 잠길 때 저항을 줄이기 위해 난간도 만들지 않았다. 그래서 잠수교 위를 걸어 보면 물이 가까이에 있어서 마치 조선 시대 때 건축된 중랑천의 살곶이 다리를 걷는 듯한 휴먼 스케일을 느끼게 해 준다. 잠수교는 추후 유람선을 위해서 아치 구조를 만들어서 가운데를 들어 올렸다. 이 아치는 사람이 다리를 건널 때 물과의 거리가 멀어졌다가 다시 가까워지게 해 준다. 이러한 경험은 항상 일정 간격을 유지해서 지루하기만 한 다른 다리보다 더 낭만적이다. 잠수교는 진입부에서 강 건너편이 안 보였다가 아치의 꼭대기에 서면 높은 데서 내려다보게 되는 특별한 경험도 제공한다. 이뿐 아니다. 잠수교는 한강 수위가 올라가면 끊어진다. 거의 모든 건축물은 자연을 극복하고 그 위에 군림하려고 하지만, 잠수교는 자연에 져 주기도 한다. 마치 시골에서 물이 불어나면 없어

홍수가 났을 때 물에 잠기도록 설계된 잠수교(1층)와 2층에 위치한 반포대교

지는 징검다리와도 같다. 강물이 불어나면 사라지지만, 가운데 올라간 아치 부분은 남아서 "나 여기 있어요."라고 말하는 듯하다. 이런 경험이 잠수교를 더 멋지게 만든다. 지금은 2층으로 반포대교가 만들어져서 2층의 직선과 1층의 곡선의 대비 또한 아름답다. 아이언맨이 마포대교보다도 무지개 분수가 켜진 잠수교 안팎으로 날면서 악당들과 싸우는 장면이 더 멋지지 않을까 생각해 보았다.

시간의 이름

매년 11월 7, 8일경은 입동이다. 입동은 24절기 중 겨울의 시작을 알리는 절기다. 24절기는 농사일을 위해서 만들어졌다. 그래서 입동은 실제 겨울이라기보다는 겨울이 곧 다가오니 부지런 떨라는 의미에서 실제보다 좀 당겨져서 날짜가 정해진 것 같기도 하다. 그런데도 입동이라고 하면 확실히 '춥다'는 느낌이 들면서 어제와 똑같은 찬바람에도 괜스레 겨울이 온 듯한 느낌을 받는다. 하지만 같은 날을 11월 7일이라고 하면 아무런 느낌이 없다. 이처럼 시간을 사람의 체험과 연결한 절기는 숫자 달력보다 더 인간적으로 보인다. 미국 하버드대학교에 가면 각각의 건물에 '카펜터 센터', '건드 홀' 같은 이름이 부여되어 있다. 반면에 바로 옆에 있는 MIT에 가면 학교의 모든 건물이 동 숫자로 되어 있다. 절기와 달력은 이 두 대학교 캠퍼스의 건물 이름 차이와 비슷하다. 하나는 사람의 체험과 연결된 시스템이고, 다른 하나는 인격과는 상관없이 숫자로만 되어 있다. 절기는 시간의 이름이다.

장소에 이름을 지어 주는 것은 그 장소에 의미를 부여해 주는 것이다. 이름이 없다면 인간과 상관없는 '곳'일 뿐이다. 북위 37도 동경 129도 하면 아무런 느낌이 없지만, 같은 곳에 '정동진'이라는 이름이 부여되는 순간 바뀌게 된다. 〈모래시계〉의 고현정이 생각나고, 새해의 일출을 보면서 다짐해야 할 것 같은 기분이 든다. 시간이든 장소든 이름을 붙이는 것은 나와의 관계를 맺는 첫 단추다. 특이하게도 우리나라 지명들은 대부분 두 글자의 한자로 되어 있다. 사람 이름을 두 개의 한자로 작명해 주는 것과 비슷하다. 장소도 인격이라는 선조의 뜻이 있는 듯하다. 이름을 짓는다는 것은 비로소 사람에게 의미가 결정되는 중요한 사건이다. 그래서 우리는 아이가 태어나면 이름부터 지어 주고, 연애를 시작하면 자신들만의 애칭을 만들어서 붙이는 것이다. 그런데 지금 우리는 대부분 무슨 아파트 몇 동 몇 호로 된 주소지에 살고 있다. 어느 동네를 가나 같은 아파트 이름들이다. 장소의 정체성이 점점 상실되어 가는 것이다.

옹벽의 역사

우리나라는 초등학교 지리 시간에 배웠다시피 국토의 70퍼센트 가량이 산지로 되어 있다. 이 말은 대부분의 땅이 경사지로 되어 있다는 것이다. 정도전이 서울을 처음 도읍으로 정했을 때 가장 많이 본 것이 풍수지리의 대명사로 여겨지는 '배산임수'다. 겨울에 북쪽에서 불어오는 찬 바람을 막아 주는 산에서는 땔감을 구하고, 농사를 경제의 근간으로 하는 조선 시대에는 농사를 짓기 편하게 남쪽으로는 열려 있어서 햇볕이 잘 들고 농업용수로 사용할 수 있는 강이 흐르는 것이 가장 이상적인 도시의 모습이었을 것이다. 서울은 북악산과 남산 사이에 한양을 두었고, 더 외곽으로는 북한산과 관악산이 지켜 주고 있다. 이러한 산들이 있었기에 도시를 구성하는 에너지원인 나무가 확보되었다. 우리는 보통 발전소와 저수지가 눈에 안 보이는 곳에 있어서 느끼지 못하지만, 실제로 도시가 형성되려면 가장 필요한 것은 불을 만들 수 있는 에너지원과 마실 물이다. 서울 주변의 산들은 연탄이 공급되기 전까지 서울을 위한 에너지원 역할을 잘해 주었다. 덕분에 서울은 15세기 초 인구가 10만 명 정도였고, 구한말이 되어서는 20만 명 전후의 규모였다. 1785년 무렵 영국에는 5만 명이 넘는 도시가 런던을 비롯해 서너 개밖에 되지 않았다고 하니 조선의 한양은 꽤 큰 대도시였던 것이다.

서울은 이처럼 산으로 둘러싸여 있다. 그런데 문제는 이 배산임수의 컨디션이 인구 10만 명 정도의 도시에서는 큰 문제없이 작동하지만, 인구 1000만 명이 됐을 때는 어떻게 되겠는가 상상해 보자. 한마디로 평지만으로는 사람을 다 수용할 수 없고, 주변의 구릉지에서도 사람이 살아야 한다는 것이다. 이 같은 현상은 우리나라가 한국 전쟁을 거치면서 급격하게 피난민이 몰린 서울과 부산 지역에 '달동네'가 형성된 것을 보면 알 수 있다. 이러한 역사적·상황적 요인 외에도 1970~1980년대의 산업화를 통해서 인구가 급격하게 서울로 이전했다. 당시로서는 고층 건물을 지을 기술력이 없었기에 건물은 저층으로만 지어졌고, 이 때문에 자연스럽게 서울의 영역은 달걀 프라이처럼 펴져 나가게 되었다. 이렇게 됨으로써 기존에는 주거지로 사용되지 않고 땔감을 구했던 뒷산이 사람이 사는 주거지가 된 것이다. 이러한 현상은 우리의 겨울철 난방이 나무에서 연탄으로 바뀌던 시기와 시점을 같이 한다. 겨울철 땔감이 나무에서 연탄이 되고, 나무가 있던 자리에 무허가 주거들이 들어섰다. 내가 어렸을 적에 겨울철마다 나오는 단골 영상은 겨울을 준비하면서 언덕길에서 리어카 가득히 연탄을 실은 아저씨와 길게 줄을 서서 연탄 배달을 돕는 사람들의 모습이었다. 이렇게 자연 구릉지에 형성된 동네는 지금도 신림동, 사당동, 신당동 등지에 그 흔적이 남아 있다. 당시에는 현대자동차가 포니를 만들기 전이었다. 마이카 시대가 1970년대 후반에 시작되었으니 그전에는 주차 걱정이라는 것은 없었던 좋은 시절이다. 그래서 주거 단지가 형성될 때도 사람 중심으로 진행되었다. 집집마다 냉장고가 있지도 않았고, 있다고 해도 크지 않았던 시절이어서 동네 어귀마다 시장이나 식료품 가게가 있었고, 거기서 적은 양으로 장

관악산 부근의 난곡동(2000년)

을 봤기 때문에 장바구니를 들고 언덕을 걷는 것도 그렇게 큰 문제가 되지 않았다. 요즘같이 1~2주에 한 번씩 장을 보는 짐들을 자동차 없이 달동네에 가지고 들어간다는 것은 상상도 못 할 일이다. 하지만 달동네가 만들어지던 당시 삶의 모습을 담아내기에는 달동네의 공간 구성은 무리가 없었다. 달동네는 사람이 걸어 다니면서 자연 발생적으로 만들어진 곳이다. 그래서 더욱 사람에게 정감이 가는 공간이 만들어졌던 것이다.

1970년대부터 시작된 아파트의 공급은 주로 여의도와 강남의 한강 주변 평지를 중심으로 시작되었다. 이때에는 땅이 평지였기 때문에 별문제가 없었다. 그런데 초기의 평지 중심의 아파트가 다 지어진 후에도 아파트가 더 필요해지자 달동네를 없애고 경사지에 아파트를 짓기 시작했다. 여기서 비극이 시작된다. 앞서 생성된 달동네는 비록 상하수도, 전기 설비는 제대로 들어가 있지 않

379

앉지만 공간 구조는 사람 위주로 되어 있었다. 집의 크기가 작고 심지어는 방 하나의 규모밖에 되지 않았기 때문에 더욱 휴먼 스케일이었다. 그러나 아파트는 그렇지 못하다. 하나의 건물에 최소 수십 세대가 들어가는 대형 건축물이다. 길이도 수십 미터가 된다. 이렇듯 수십 미터의 건물이 평지에 들어갈 때는 큰 문제가 되지 않으나, 경사지에 들어가게 되면 어떻게 되겠는가? 커다란 평지의 땅이 필요해졌다. 당연히 토목기사들은 커다란 계단식 택지 개발을 하였다. 건물을 땅에 맞추지 않고 땅을 기존 건물 스타일에 맞춰 버린 것이다. 이것이 우리가 사는 땅에 어마어마한 콘크리트 옹벽을 보고 살게 된 배경이다. 만약에 건물이 단위가 작은 규모였다면 굳이 그렇게 몇 층 높이의 옹벽을 만들 이유가 없다. 하지만 아파트를 디자인하는 사람들은 편하게 디자인하기 위해서 땅에 건물을 맞추기보다는 건물에 땅을 맞춘다. 경사가 급한 땅일수록 그 옹벽의 높이는 더 높아진다. 달동네가 재개발되어서 들어가는 지역일수록 더욱 심하다.

옹벽과 동

이 같은 옹벽은 도시 미관상 큰 공해가 된다고 생각한다. 건축 요소적으로 봤을 때 벽은 단절을 의미한다. 하나의 공간이었다가 벽이 서면 둘로 나누어지게 된다. 옹벽도 벽이기 때문에 지역의 단절을 의미한다. 작은 계단으로 연결되어 있던 달동네의 공간은 넓은 지역이면서도 자연스럽게 바로 옆 지역과 연속적으로 연결된다. 사람 사이에 벽 없이 오갈 수 있다는 것은 자연스러운 커뮤니티 형성으로 이어진다. 하지만 지금은 아파트 동별로 옹벽이 나누어져 있다. 이들은 전체의 커뮤니티라기보다는 동별로 나누어진 사회다. 주소 역시 연속된 번지수가 아니라 앞에 커다란 카테고리인 'OO동'으로 구획된다. 아파트 단지 이름이 다르면 다른 커뮤니티가 되고, 그 안에서도 옹벽으로 또 나누어지고, 그 아래에는 동으로 나누어진다. 같은 동은 같은 평형대가 구성되기 때문에 집의 크기가 너무 적나라하게 드러나면서 더욱 사람 간의 보이지 않는 벽이 형성된다. 경사 대지와 아파트라는 건축 형식으로 야기된 옹벽은 사람들 간의 단절을 더욱 심화시키는 것이다. 땅의 모양을 변화시키는 것은 그것으로 그치는 것이 아니라 그로 인해서 사람들 간의 관계도 바뀌게 된다. 이것이 우리가 자연을 조심스럽게 다루어야 하는 이유다. 계단으로 연결된 달동네에 사는 것과 옹벽으로 나누어진 아파트 단지에 사는 것은 보기보다 큰 차이를

옹벽

381

만들어 낸다. 우리가 과연 편한 주차장을 얻기 위해서 잃은 것이 무엇인지 생각해 봐야 한다.

보이지 않는 벽

얼마 전 슬픈 뉴스가 있었다. 서울의 한 초등학교의 학생 수가 점차 줄어서 시골 도서에 있는 수준의 미니 학교가 되어 간다는 것이었다. 하지만 이상한 것은 바로 옆의 초등학교는 교실이 부족할 정도로 학생 수가 많다는 거였다. 배경을 살펴보니 이랬다. 초등학교의 경우 주소지, 즉 통학 구역에 따라서 다닐 학교가 자동으로 정해지는데 해당 학교의 통학 구역에 임대 단지가 포함돼 있었다. 아파트를 소유한 학부모들이 자신의 자녀를 임대 아파트에 살고 있는 가정의 자녀들과 같은 학교에 보내고 싶어 하지 않아서 주소지를 옆 학교의 통학 구역으로 옮기고 있기 때문에 학교의 학생 수가 점차 줄어든다는 것이다.

비슷한 현상은 박근혜 정부가 추진하고 있는 임대주택인 '행복주택'을 반대하는 주민들에게서도 보인다. 통상 집값이라는 것은 편리한 교통과 상업가로 같은 주변의 기반 구조와 밀접한 관련이 있다. 따라서 지하철역 주변의 집값은 비싸지게 마련이다. 그래서 소비자는 비싼 가격을 주고 교육 및 교통의 기반이 좋은 지역에 집을 산다. 하지만 이러한 교통이 편리한 지역에 있는 저류지나 군대 기지창^{基地廠} 같은 유휴지에 행복주택이라는 임대주택이 들어오려 하자 기존 주민들이 반대한다. 주민들은 그곳에 행복주택 대신 집값을 올려 줄 공원이 들어서기를 원한다. 안전성과 주차 문제 등을 이유로 들지만, 가장 중요한 이유는 같은 동네에 다른 소비 수준의 사람들이 사는 것이 탐탁지 않아서일 것이다.

님비NIMBY 현상이라는 말이 있다. 영어로 Not In My Backyard의 줄임말이다. 사회가 원활하게 돌아가려면 몇 가지 혐오 시설이 필요하다. 님비현상은 그런 시설들이 필요하지만, 내 뒷마당 즉 내가 사는 주변에는 없었으면 좋겠다는 생각에서 나온 말이다. 보통 방폐장(방사성 폐기물 처분장)이나 화장장이 들어오는 것을 반대할 때 사용하는 용어다. 하지만 이것이 최근 들어서는 임대주택까지 확장되어 버린 느낌이다. 사람들은 끊임없이 자신을 다른 사람과 차별화시키고 싶어 한다. 단순한 다름이 아니라 다른 사람보다 더 나은 존재로 구별되고 싶어 한다. 조선 시대에나 있었던 양반, 상놈의 구분을 다시 하고 싶어 하는 눈치다. 이런 현상은 결혼 정보 회사의 회원 등급을 보면 극명하게 드러난다. 눈살이 찌푸려지지 않을 수 없는 현실이 일어나고 있다.

예전에 유명 여배우가 재벌 집에 시집을 갔을 때 기존의 며느리들이 그 여배우와 선을 긋고 싶어서 다 같이 모인 자리에서는 영어로 대화했다고 한다. 그래서 그 여배우가 영어를 공부해서 사용하니 자기들끼리는 불어로 이야기했다는 소문이 있었다. 사실이라고 생각되지는 않지만, 이 이야기가 전해 주는 것은 인간은 끊임없이 신분 계층을 추구한다는 것이다. 계층이 만들어지면 시스템에 의해서 자신의 권리가 유지되기 때문이다. '나는 너와 다르다'라는 것을 의상으로, 말투로, 자동차로, 핸드백으로, 학교로, 사는 동네로 구분하고 싶어 한다. 이러한 본능이 우리의 발전을 채찍질하는 원동력이기도 하지만, 뭐든 과하면 탈이 나는 법이다. 한국 사회에서는 현재 지난 수십 년간 자본주의 원리에 의해서 형성됐던 주택 시장에 새로운 형태의 임대주택을 융화시켜 보려고 하고 있다. 그러자 기존 주민들은 보이지 않는 벽을 치는 것이다. 이것은 물리적으로 만들어진 옹벽보다도 더 심각한 벽이다. 우리나라에 브랜드를 가진 대형 아파트 단지가 성공할 수 있었던 배경에는 이러한 집단 차별화 의식이 한몫했다고 생각한다.

대한민국이 한반도 역사상 가장 경제적으로 성공할 수 있었던 원동력은 신분 사회 철폐에 있었다. 전쟁 이후에는 모두 못살았던 시절이니 차이란 있을 수가 없었을 것이다. 전쟁 난리통에 지역 간 사람의 이동도 사람들을 더 섞이게 만드는 계기가 되었다. 계층 간의 이동을 막는 벽이 없는 사회가 건강한 사회다. 그런 사회에는 혁명이 일어나지 않는다. 문제가 있어도 그것이 사회 시스템의 문제가 아닌, 나 자신의 문제라고 귀결되기 때문이다. 그러한 사회적 배경 덕분에 우리는 전례 없는 고속 성장을 할 수 있었다. 이 원리를 아는 미국은 혁명을 막기 위해서 끊임없이 이민자를 받고 '아메리칸 드림'을 심어 주려고 한다. 오프라 윈프리 같은 자수성가한 사람들의 이야기를 부각하여 드러내고, 각종 쇼에서 그들의 이야기를 보여 주는 것도 그런 배경이다. 이처럼 개인에게 자신의 행복에 대한 책임을 지우는 사회 분위기를 탓하는 최근의 신조어가 '피로 사회'다. 모두가 내 탓이라고 하는 사회도 모두가 시스템 탓이라고만 하는 사회도 바람직하지 않다. 둘 사이의 조화가 필요하다. 하지만 건축에서 일어나는 여러 가지 사회 현상을 보면 우리 사회에 계층 간의 이동을 막는 벽들이 과거보다 더 많이 생겨나고 있는 것을 알 수 있다. 사람들 간의 신분 계층을 나누려는 보이지 않는 벽들을 얼마나 효과적으로 제거할 수 있느냐에 우리 사회 미래의 성패가 달려 있다고 해도 과언이 아니다.

울타리

얼마 전 휴가차 동해에 갔었다. 탁 트인 동해의 경치는 일품이었다. 하지만 그 좋은 경치를 국도변의 보호난간과 중앙분리대, 정체를 알 수 없는 각종 울타리가 망치고 있었다. 우리나라 지방에 이러한 울타리들만 잘 정비돼도 자연경관이 세계적인 경쟁력을 가질 수 있을 것 같다. 자연 속에 도대체 왜 이렇게 많은 울타리와 난간이 난무하는 것일까? 이러한 너무 많은 울타리와 보호난간은 민주화, 산업화, 자본주의의 산물이다. 우리가 살고 있는 21세기는 인류 역사상 가장 많은 지주를 가진 시대다. 인구가 많은데다 자유민주주의 사회에서는 개개인이 땅을 소유하게 된다. 예전에 한두 명의 왕이나 만석꾼 지주가 가졌던 땅을 지금은 천 명도 넘는 사람들이 나누어서 소유하게 되었다. 무단 점유로부터의 소유권 보호가 중요해지면서 각자 울타리를 치게 되고, 하나의 자연은 인간에 의해서 갈기갈기 찢겼다. 도로 역시 빨라진 자동차로부터 사람을 보호하기 위해서 난간이 설치되었다. 우리보다 후발 주자로서 산업화와 민주화가 덜 된 캄보디아 같은 개발도상국에서는 차선 없이도 자동차들이 잘 다니고 자연에는 담장과 울타리도 더 적게 보인다. 현대 산업화 사회로 더 발전할수록 땅에 선을 긋는 일이 더 많아지는 것이다.

실제로 자연에는 아무런 경계가 없다. 자연을 나누는 것은 인간뿐이다. 국경선, 38선, 이스라엘 가자 지구도 그렇다. 건축에서 울타리는 벽이고, 벽은 단절을 의미하는데, 인간은 자연 속에 너무 많은 단절의 벽을 세웠다. 수백 년 전 영국 귀족들은 자신의 영토 영역을 나타낼 때 담장을 사용하지 않았다. 대신에 자신이 키우는 양들이 자신의 땅을 벗어나지 못하게 하려고 멀리서는 안 보이는 해자垓字 같은 웅덩이를 파서 울타리를 대신했다. 이를 하하haha 라고 한다. 이렇게 함으로써 영역은 구획하지만, 시각적으로 자연 속에 인공의 경계가 안 보이게 했다. 하하 덕에 자신의 영토가 무한하게 더 넓게 느껴지기도 하고 동시에 자연의 모습을 보전할 수도 있었다. 이런 디자인적 지혜가 우리나라에도 있으면 좋겠다. 우리의 강토가 하나의 자연으로 인식될 수 있는 새로운 경계 구분 디자인이 만들어지기를 기대해 본다.

한국의 정자: 자연과 대화하는 건축

우리나라의 전통 건축에서 나타나는 기법을 지금 현대의 건축과 도시에 적용하는 것은 사실상 불가능한 일이다. 왜냐하면 현대 도시의 밀도와 전통 건축의 밀도는 다르기 때문이다. 선배 건축가들의 강연을 들으면 전통 가옥인 '독락당'을 언급하면서 지금의 아파트 위주의 주거를 비판한다. 하지만 이는 불공정한 비교다. 독락당이 지어졌던 당시에는 건폐율, 용적률이 5퍼센트도 안 되게 건축하던 시절이다. 눈만 들면 자연이 보이는 건축물이다. 그 당시에 지어진 건축물들은 도심 속에서 콘크리트만 보면서 사는 우

경주의 독락당

리 눈에는 웬만하면 좋아 보인다. 하지만 만약에 우리나라 주거를 모두 독락당처럼 저밀도로 지었다가는 아마 한반도에 농사지을 땅은 하나도 남아나지 않을 것이다. 그렇기에 전통 건축의 기법을 단순하게 찬양하는 것은 위험한 일이다. 그렇지만 전통 건축에서 배워야 할 것들은 분명히 있다. 그런 면에서 우리나라의 정자 건축을 보면 자연을 대하는 성숙한 건축의 모습이 보인다. 정자는 선비들이 시를 짓고, 가야금을 뜯으며 기생들과 술을 마시던 곳이다. 지금으로 치면 밴드를 불러서 노래 부르고 아가씨와 술을 마시는 룸살롱 같은 곳이다. 지금의 부자들은 지하실 살롱에서 비싼 돈 내고 술을 마시지만, 옛 양반 선조들은 풍경 좋은 곳에서 마셨으니 그들의 삶이 훨씬 더 낫다고 봐야 할까?

옛사람들은 도를 닦았다. 도를 닦는 방식은 문화별로 다르게 나타나는데, 예를 들어서 일본은 차를 마시는 것을 '다도茶道'라고 부르고 좁은 방에 앉아서 뜨거운 물을 따르는 방식부터 찻잔을 몇 번 돌려서 입에 가져가야 하는지 엄청나게 복잡한 매뉴얼을 만들어 놓고 있다. 일본이 지금까지도 매뉴얼 국가로 불리는 전통이 여기서도 나타난다. 얼마 전에 쓰나미로 원자력발전소가 타격을 받았을 때도 매뉴얼에 없어서 대처를 못 했다고 하지 않던가. 이처럼 매뉴얼을 중시하는 이유는, 일본인들은 복잡한 매뉴얼을 따르는 것이 도를 닦는 것이라고 믿기 때문이다. 이러한 문화의 장점은 후대로 계승하기가 쉽다는 것이다. 훌륭한 건물을 짓는 것도 이러저러한 매뉴얼이 있어서 위대한 대목大木이나 장인이 세상을 떠나도 후대에 훌륭한 건축물을 대를 이어서 지을 수 있었다.

반면에 우리나라는 임기응변에 강한 국가다. 서까래만 보아도 일본은 정확하게 다듬어진 것만 사용하지만 우리는 나무 모양 그대로 휘어진 상태로 사용한다. 일본에서는 신사를 20년에 한 번씩 새로 짓고 예전 것은 없애는 형식을 취한다. 이때 신사의 기둥을 만들 때 사용하는 기둥은 북동쪽 기둥은 북동풍을 많이 받은 나무로 쓰고, 남서쪽 기둥은 남서풍을 많이 받은 나무를 재료로 기둥을 만든다. 그 이유는 목재가 변형되는 것을 최소화하기 위해서라고 한다. 일본은 이 같은 철저한 매뉴얼이 갖춰져 있는 반면, 우리나라는 나무가 휜 것은 휜 대로 사용한다. 흥미로운 것은 일본은 이 같은 자연스러움을 자신들이 따르는 극도의 매뉴얼보다 더 높은 경지로 본다는 것이다. 과거 일본 사무라이들에게 하사품으로 최고의 것은 조선 도공이 만든 찌그러진 찻잔이었다고 한다. 임진왜란 때 피랍되어 간 조선의 도공들이 만든, 우리나라 장터에서 쓰는 듯한 막 만들어진 찻잔이 일본인의 눈에는 경지에 이른 사람만이 만들 수 있는 자연스러움이라는 것이다. 마치 산업화와 대량 생산으로 매뉴얼이 넘치는 사회가 되어 버린 모더니즘의 끝자락에 사는 우리가 프랭크 게리의 찌그러진 형태의 디자인 건물에 열광하는 것과도 일맥상통하는 것이라고 보인다. 일본인들이 매뉴얼로 도에 이르려고 했다면 우리는 그보다 더 수준 높은 방법인 예藝를 통해서 도에 이르려고 했다. 그것은 서예, 시, 그림, 음악 등을 통해서 도를 닦는 정도의 높은 수준이었다. 이런 예술을 하기 위해서 선비는 자연 속에 있어야 했다. 자연에 둘러싸여 있음으로써 영감을 얻고 창작하겠다는 생각이다. 정자 건축은 이 같은 기능을 위해서 만들어진 공간이다. 그렇기에 단순히 술을 마시는 룸살롱과는 격이 다르다고 할 수 있다.

우리의 전통 건축을 살펴보면서 그 특징과 배울 점을 찾아보자. 일단 우리나라의 건축은 기둥 중심의 건축이다. 나무라는 재료를 주로 사용하고 있기 때문에 벽보다는 기둥 중심의 구조다. 특히나 정자는 주변의 경관을 즐기기 위한 공간이어서 개방감이 더욱 중요한 건축이다. 따라서 벽이 없고 모두 기둥으로 되어 있다. 기둥을 건축하면 땅에 접지하는 지점이 최소화된다는 장점이 있다. 그래서 땅의 모양을 바꾸지 않고 대신 기둥의 길이를 조절한다. 나무 기둥이 땅에 닿는 곳에는 주춧돌을 놓아서 기둥뿌리가 썩는 것을 방지함과 동시에 주춧돌은 자연과 땅이 만나는 중간 매개체 역할을 한다. 지금처럼 기둥이 땅을 뚫고 박히는 것이 아니라 땅에 살포시 내려앉았다고 보는 것이 더 맞을 것이다. 이처럼 정자는 그 기능부터가 자연과의 교류를 위해서 만들어진 것이었고, 건축적인 구법 역시 그에 걸맞게 자연을 존중하는 형식을 띠고 있다. 정자 건축은 전반적으로 도가의 무위자연의 영향을 받아서 자연을 거스르지 않고 순응하는 자세를 견지한 건축이라고 할 수 있다. 반면에 지금 우리가 사는 현대 사회는 필요에 의해서 자연을 정복하자는 서양식 사고방식에 근거해서 만들어진 사회다. 그런 사회는 "우리는 불도저를 가지고 있으니 땅의 모양을 바꿀 수 있다"라는 사회고, 건축은 그것에 맞춰서 발전해 왔다. 어찌 보면 둘은 너무나 다른 방식으로 자연을 대하고 있다. 우리가 살고 있는 21세기는 환경 문제가 대두되기 시작하면서 자연을 정복하자는 사고에 한계가 있음을 느끼기 시작하는 시대다. 물론 지금까지의 세계 경제는 자연을 소비하는 방식이 기초로 받치고 있다. 하지만 과연 이러한 삶의 방식으로 곧 90억 명이나 될 세계 인구를 먹여 살릴 수 있을지 의문이 든다. 과연 낙관주의자들의 예상처럼 새로운 기술이 개발돼서 지금의 에너지를 마구 소비하는 형식의 라이프 스타일을 유지할 수 있을지, 아니면 무위자연 같은 종류의 철학적 사조가 시대를 지배해서 라이프 스타일을 되돌려 놓을지 어느 것이 먼저일지는 시간을 두고 지켜봐야 할 문제다.

한국적이란?

특강을 하다 보면 종종 "어떻게 하면 한국적인 건축을 할 수 있는가"라는 질문을 접한다. 나는 일단 이 질문에 한국적인 것과 조선적인 것은 다르다는 말로 답변을 시작한다. 우리가 한국적 전통이라고 하는 것들은 주로 조선적인 것이 대부분이다. 그리고 부분적으로는 과대평가하기도 한다. 마치 건축에서 한옥이 완벽한 정답이고 도자기는 고려청자, 조선백자가 최고라는 식이다. 과거를 지나치게 폄하해도 안 되지만 미화해서도 안 된다. 있는 그대로 받아들이는 것이 중요하다. 더 나은 현재와 미래의 문화를 만들기 위해서 과거의 성공이 어떻게 이루어졌는지 들여다봐야 한다. 그렇다면 우리가 좋아하는 전통 건축이라는 것은 어떻게 만들어졌는가? 그 비결은 그 시대의 수요와 기술에 가장 맞는 건축을 하는 것이다. 한옥을 예로 들어 보자. 한옥이 훌륭한 것은 그 시대의 재료, 기술적 한계에서 만들어 낸 최선의 답이기 때문이다. 한옥은 당시 크레인이나 대형 트럭 없이 순수한 인부의 힘과 소달구지 같은 교통수단으로 만들어진 건축물이다. 소달구지에 옮겨 나를 만한 거리에 있는 돌이나 나무 재료를 사용했다. 나무 기둥 하나의 크기도 몇몇 사람이 힘을 합치면 운반할 정도의 규모다. 벽은 주변에서 구할 수 있는 흙과 지푸라기로 만들었다. 흙벽은 빗물에 씻겨 나가기 때문에 비를 피하기 위해서 처마를 만들었다. 사각형 지붕에서 처마가 가장 긴 쪽은 대각선으로 처마가 앞으로 나온 네 코너 부분이다. 처마가 길면 그림자도 깊다. 그림자가 깊으면 비에 젖은 나무 기둥이 햇볕에 마르는 것을 막아서 기둥이 썩고 건물이 무너질 수 있다. 이를 피하려고 처마 끝을 높이 들어서 기둥에 햇볕이 더 들게 했고, 그렇게 우리나라 처마의 곡선이 만들어졌다. 큰 나무를 구하기가 힘들었을 테니 대들보 같은 주요 부재[23]만 큰 나무를 쓰고, 지붕을 받치는 대부분의 공포[24]는 작은 나무를 엮어서 만든 것이다. 지붕은 비를 막기 위해서 당시로는 가장 첨단 기술인 불에 구운 기와로 사람이 던져서 올릴 만한 크기로 만들어 차곡차곡 쌓아 지붕을 덮었다. 모든 기와에 유약을 바르기에는 비용이 너무 많이 들어서 적당한 토기 형태로 만들었다. 그리고 햇볕을 받을 수 있게 방의 폭을 좁게 하여 채광과 통풍

위: 한옥의 처마
아래: 우리나라 전통 건축물의 나무 기둥과 주춧돌

을 좋게 하였다. 비가 많이 오는 몬순기후였기 때문에 주춧돌 위에 기둥을 세우고 땅에서 띄워서 지었다. 마당에는 추수하고 나서 타작 같은 일을 할 수 있게 중정을 두었다. 많은 사람이 들어갈 대형 목구조 건축은 경제적으로 불가능했으므로 대부분의 사람은 마당에서 결혼식 같은 행사를 치렀다. 이 과정에서 보이듯이 대단한 철학적인 사고 없이도 기술적이고 경제적인 이유에서 한옥 디자인의 발생을 설명할 수 있다. 그리고 그 시대의 한계와 적용 가능한 기술을 최대한 적용한 것이 시간이 지나면 전통이 되는 것을 알 수 있다.

그렇다면 우리가 사는 이 시대의 전통은 무엇일까? 경제적인 아파트나 다세대 주택 역시 이 시대의 수요와 한계에 맞는 치열한 생존의 디자인이기에 수백 년이 지나면 전통 건축이 될 수도 있다. 하지만 수백 년이 지나서 지금의 아파트나 다세대를 지어서는 안 되듯이 지금을 사는 우리도 한옥을 그대로 복제해서는 안 된다. 이 시대에 만들어질 전통은 전기세와 난방비를 최소화하기 위한 건물일 수도 있고, 공사비를 최소화한 것일 수도 있다. 하지만 어쩌면 조선 시대 때의 대다수 대중이 살던 초가집이 계승할 전통으로 대접을 못 받고 사대부의 한옥이 전통이 되듯이, 이 시대의 럭셔리한 회장 집이 후대에 전통으로 인정될 수도 있다. 그래서 유홍준 국립중앙박물관장은 예전에 조선일보 칼럼에서 호화 주택을 허용해야 한다고까지 말하지 않았던가.
하지만 어떠한 것이 되든 재료, 기술, 한계를 적절하게 적용한 것이 이 시대를 대표하는 전통이 될 것이다. 그리고 그것이 만들어지는 데는 무엇보다도 절대적인 재료가 필요하다. 그 재료는 다름 아닌 '시간'이다. 나는 강북의 북촌이나 강남의 뒷골목에 가면 한국적인 것이 만들어질 수 있다는 가능성을 본다. 주어진 건축물에 생존을 위해서 디자이너가 몸부림친 흔적이 거기에 남아 있기 때문이다. 건축가의 재능과 노력 위에 시간과 적절한 경제적 투자가 합쳐진다면 후대에 자랑스럽게 남겨 줄 한국적인 것들이 만들어질 것이다. 그리고 그것이 반드시 한 가지 형태일 것이라고는 생각하지 않는다. 왜냐하면 이 시대가 너무나 복잡하고 다양한 시대이기 때문이다. 그리고 한국은 그런 상황에 가장 빨리 적응하는 나라다. 조만간 세계 건축계에 기여할 무언가를 만들어 낼 것이라고 믿는다.

닫는 글

인류는 채집과 수렵의 생활을 버리고 농경 기술을 습득하게 되면서 본격적인 정착 생활을 시작했다. 한 장소에 오랫동안 살게 되면서 건축의 발전은 가속되었다. 사람이 모여 살게 되면서 물건을 사고파는 상업이 형성됐고, 상업의 발달은 도시화와 고밀화를 가속했다. 바빌론, 이집트, 로마 같은 제국이 형성되면서 이전에는 볼 수 없었던 강력한 중앙 집권하에 대규모 집단 노동이 가능해졌다. 이는 건축 기술과 건축물의 규모에 큰 변화를 가져오게 했다. 주변 국가를 약탈하면서 경제적 부가 제국의 수도로 집중되었고, 이는 이전에는 볼 수 없었던 규모와 완성도의 로마 같은 도시를 형성시켰다. 각각의 문화는 그 지역의 기후와 지형과 경제 시스템에 맞게 형형색색의 건축물을 발전시켰다. 다양한 건축물을 만드는 변수는 강수량과 기온과 건축 재료였다. 강수량은 지붕의 모양을 결정지었다. 건조 기후에서는 평지붕이 만들어졌고, 강수량이 많은 지역일수록 지붕의 기울기는 급하게 디자인되었다. 기온에 따라서 추운 지방은 작은 창문을 사용하고, 더운 지방일수록 큰 창문을 사용했다. 교통이 발달하지 않았기 때문에 건축 재료는 돌, 흙, 벽돌, 나무 중 주변에서 손쉽게 찾을 수 있는 것으로 결정됐다. 이들 세 가지 변수는 수십 가지의 다양한 건축 양식을 만들어 냈다. 마치 다른 지역에서 동식물들이 다른 모양으로 진화하듯이 건축은 각기 다른 기후대에서 다르게 진화 발전했다. 이렇게 서로 멀리 떨어져 있던 건축 문화가 교통수단의 발달로 전환기를 맞이하게 되었다.

우선 범선의 발달로 해로를 통한 동서양 간의 대량 무역이 가능해졌다. 다른 문화권 간의 대량 무역 교류 중 도자기는 중요한 매개체였다. 이를 통해서 극동아시아의 문화가 서양에 전파되었다. 중국 도자기에 그려진 정원을 보고 유럽의 정원 디자인이 바뀌기 시작했다. 일본 도자기를 포장했던 목판화 그림의 포장지는 고흐의 그림에 영향을 미쳤다. 다른 지역의 문화가 유입되면서 그 지역에 있는 문화와 융합되었고, 새로운 하이브리드 문화가 형성됐다. 모더니즘도 이렇게 시작되었다. 대표적인 문화적 하이브리드의 하나는 동로마 제국의 멸망 이후 동로마 제국의 학자들이 대거 이탈리아로 이동하면서 형성된 르네상스다. 중동 지역은 동서양 간의 무역 중계지로, 예로부터 수학이 발달하였다. 중국, 인도, 이집트, 그리스의 다양한 문명에 노출되었던 중동 출신의 학자들이 유럽으로 이동하면서 갈릴레오 같은 과학자가 배출되는 배경을 만들어 주었다. 건축에서도 다른 지역 문화 간의 융합으로 인해 중흥의 역사가 나타났다.

하지만 서로 다른 물감이 적당히 섞이면 아름다운 색을 만들지만, 너무 많이 섞이면 회색빛이 되는 법이다. 근대 이후 현대에 들어서는 비행기, 전화, TV, 인터넷의 발달로 전 세계의 문화는 다양성을 잃어 가고 있다. 불과 백 년 전만 하더라도 영국과 중국은 전혀 다른 건축물을 만들고 있었다. 하지만 지금은 런던에 지어지는 고층 건물이나 상하이에 지어지는 고층 건물이나 다 비슷한 모양이다. 새로운 창조의 모티브를 찾고자 했던 많은 건축가는 철학, 수학, 생물학 등의 타 분야와의 융합을 도모했다. 하지만 어설픈 철학과 인문학의 도입은 오히려 건축의 본질적인 가치를 훼손하는 부작용을 만들기도 했다. 그것이 해체주의 건축, 포스트모더니즘 건축이었다.

지금은 건축, 패션, 산업디자인 분야 할 것 없이 모두 컴퓨터 소프트웨어에 기반을 두고 작업한다. 반지를 디자인하는 디자이너와 동대문디자인플라자를 디자인한 자하 하디드 같은 건축가 모두 똑같이 '라이노'라는 소프트웨어를 사용한다. 같은 소프트웨어 명령어를 사용하는 두 디자이너의 결과물은 외관의 형태가 비슷해질 수밖에 없다. 과거에는 모든 디자인이 구축 방식에 의해서 결정되는 경우가 많았다. 옷감을 재단하는 기술에 의해서 옷의 형태가 나오고, 기둥과 벽을 구축하는 방식에 의해서 건물의 형태가 결정되었다. 하지만 지금은 새로운 컴퓨터 소프트웨어의 명령어에 의해서 디자인이 결정되고, 구축 방식은 그 형태를 만들기 위해서 존재할 뿐이다. 형태 만들기와 구축의 순서가 뒤바뀐 것이다. 이러한 작업 과정의 변화로 인해 서로 다른 분야끼리 차이를 보이던 다양했던 디자인 생태계가 파괴되고 있다. 우리가 사는 21세기 현대 사회는 생태 환경뿐 아니라 문화 환경 역시 다양성이 멸종되어 가는 위기 상황이다.

이 시대가 여러 가지 이유로 위기지만, 동시에 가장 편리하고 안전한 세상이기도 하다. 아마도 인류 역사상 가장 편안한 세상에 살고 있을 것이다. 자연의 지배를 받던 과거에는 자연재해는 물론이고 동물도 두려운 존재였다. 또한 개인 간의 싸움으로 인한 죽음에 대해서도 법적 울타리가 없어서 위험한 시대였다. 19세기 말 이전까지만 해도 전염병이 한 번 돌면 수십만 명이 죽어 나가는 위험이 도사리고 있었다. 그러니 우리가 사는 21세기는 인류 역사상 가장 평화로운 시대인 것이다. 그런데도 각종 TV 뉴스와 그것도 모자라 내 손의 휴대 전화에서 끊임없이 전 세계의 각종 테러와 전쟁, 경제 위기 뉴스가 쏟아져 나온다. 우리의 일상은 평화로운데, 전 세계의 문젯거리 소식만 쏟아 내는 뉴스 통에 매일 시끌시끌하다. 위기와 공포심으로 먹고사는 뉴스와 보험회사로 인해서 우리의 공간은 점점 망가지고 있다.

건축은 오래전 단순히 견디기 어려운 자연환경으로부터 인간을 보호하기 위한 동굴에서 시작해 뉴욕이나 서울 같은 복잡한 대도시까지 변해 왔다. 오랜 시간을 거쳐서 아주 복잡한 인공의 생태계가 만들어진 것이다. 이제 건축은 더 복잡해지고 이해하기 어려워진 것이 사실이다. 사람 간의 관계는 실타래처럼 복잡해졌고, 여기에 더 복잡해진 금융 규칙들과 각종 건축 설비와 법규들이 뒤섞여서 현대의 건축은 읽어 내기가 쉽지 않다. 이같이 우리의 주변 환경은 여러 가지 변화와 혼돈으로 가득하다. 그렇다고 미래를 비관적으로 보고 싶지는 않다. 석탄을 사용하던 시기에 런던의 공기 오염은 지금보다 더 심했지만, 석유와 내연 기관[25]이라는 발명품으로 극복했다. 지금의 혼란은 더 좋은 새로운 것이 태동할 과도기적 현상이라고 보고 싶다. 어른이 되기 전의 청소년

시기인지도 모른다. 우리가 이 질풍노도의 시기를 발전의 기회로 삼아 더 행복해지기 위해서는 우리 주변을 감싸고 있는 건축에 대한 이해가 더 필요하다. 주변 환경에 대한 무지는 두려움을 만들고, 두려움은 문제 해결에 아무런 도움이 되지 않기 때문이다.

내가 가르치는 건축 설계 스튜디오에서는 중간 평가나 수업 시간에는 그림, 모형과 함께 대화로 의사소통한다. 하지만 학기 말 채점을 할 때만은 학생들이 작품을 말로 설명하지 못하게 한다. 그 이유는 건축은 말이 아니기 때문이다. 건축물 앞에는 설명서가 없다. 대신 공간이 말을 한다. 음악이나 미술에서도 작가의 의도를 전달하기 위해서 긴 설명을 하는 말이나 글이 필요하다면 뭔가 문제가 있는 것이다. 음악, 미술, 건축 같은 창조의 분야에서 창작자는 읽고, 보고, 먹고, 느끼고, 만나고, 살면서 하는 모든 경험을 통해서 깨달은 바를 자신이 선택한 매체를 통해서 표현한다고 생각한다. 그렇게 함으로써 무릇 예술은 체험하는 이로 하여금 인생의 의미를 깨닫게 해 줘야 한다. 그리고 그것을 언어의 설명 없이 해야 한다고 믿는다. 그래야 시간과 공간을 초월할 수 있기 때문이다. 실제로 언어가 자리 잡기 전에 그려진 구석기 시대의 알타미라 동굴의 벽화는 지금도 우리에게 말을 한다. 그것이 진정 시간을 초월한 예술의 힘이라고 생각한다. 건축도 마찬가지다. 그런데 아이러니하게도 건축가인 내가 책을 썼다. 그 이유는 건축은 예술만은 아니기 때문이다.

과거에 건축은 과학이었다. 한 나라의 최첨단 기술을 과시하는 도구로서의 건축이 있었다. 건축은 어느 시대나 지구의 만유인력에 저항하는 인간의 의지를 보여 주는 과학적 도구이자 결과물이었다. 반면 의술은 과학이 아니라 미신에 가까웠다. 지금도 오지에서는 무당들이 병을 고친다. 건축과 의학 이 둘은 19세기에 운명이 바뀌었다. 의학은 과학을 택해서 지금의 MRI와 각종 첨단 시설을 이용한 기술 서비스가 되었다. 반면 건축은 예술을 택해서 지금껏 사회적 대접이라는 면에서 퇴보해 왔다. 건축이 예술이 되면서 질적으로 평가하기가 어려워졌기 때문이다. 백 년 전에 이루어진 의학과 건축의 선택 결과는 지금 의사와 건축가의 평균 연봉이 말해 주고 있다. 나는 건축이 예술이라는 관념이 깨졌으면 한다. 건축은 예술이기도 하고, 과학이기도 하고, 경제학, 정치학, 사회학이 종합된 그냥 '건축'이다.

이 책은 내가 그간 여러 지면에 실었던 글들을 기반으로 주제에 맞게 정리하고 새로 쓴 것이다. 부족한 나의 글을 읽고 이 책을 기획하시고 제안해 주신 을유문화사께 감사드린다. 특히 류현수 편집장님이 오랫동안 믿음을 가지고 기다려 주셨다. 그 믿음이 헛되지 않았으면 한다. 그리고 철저하게 원고를 봐 주시고 내용에 맞는 사진을 찾는 등 편집에 애써 주신 김경민 과장님과 멋진 표지와 본문 디자인을 해 주신 김경민 디자이너께도 고마움을 전한다. 글을 쓴다는 것은 건축 행위가 아니다. 하지만 건축가가 글을 쓰는 이유는 보편적인 의사소통의 도구인 글을 통해서 건축 전공자 밖의 사람들과 소통하기 위해서다. 왜냐하면 건축은 건축가 혼자 하는 것이 아니라 건축주, 사용자와 함께하는 일이기 때문이다. 하나의 제대로 된 건축물이 나오기 위해서는 여러 사람이 뜻을 모아야 한다. 우리가 보는 로마의 성 베드로 대성당은 좋거나 싫거나 당시에 살던 모든 사람의 삶이 응축돼서 만들어진 공간이다. 그러므로 제대로 된 건축을 하기 위해서는 서로가 건축을 어떻게 생각하는가에 대한 이해를 높여야 한다. 어떤 사람에게 건축은 세상을 바꾸는 도구고, 어떤 사람에게는 건축이 기술이고, 어떤 사람에게는 건축이 재테크일 뿐이다. 우리는 이런 차이를 쌍방향의 커뮤니케이션으로 풀어야 한다. 그래서 이 책은 건축가가 건축 비전공자에게 보내는 일종의 편지다. 이 편지를 읽고 다른 분야의 전문가들이 건축에 대한 답장을 해 주었으면 한다.

우리가 모두 건축가가 될 수는 없지만, 우리는 모두 일종의 건축주다. 사는 집을 고를 때, 데이트할 거리를 선택할 때, 개발 정책에 따라서 정치 후보자에게 표를 던질 때 등 여러 가지 형태로 건축주의 입장에 서게 된다. 훌륭한 건축은 결국 훌륭한 건축주로부터 시작되는 것이다. 훌륭한 건축주가 되는 첫걸음은 관심을 가지고 건축적으로 주변을 읽고 이해하는 것에서부터 시작된다. 여러분 모두가 이 나라의 건축을 더욱 발전시킬 훌륭한 건축주가 되기를 바라면서 이 책을 마무리하려 한다.

2015년 2월
햇볕 잘 드는 아침, 거실에서

전면 개정판 닫는 글

2014년 어느 날 홍대 앞에 있던 유현준건축사사무소에 을유문화
사의 류현수 편집장님이 찾아오셨다. 당시 경향신문에 실렸던 내
4편의 긴 칼럼과 몇 달간 매일경제신문에 매주 연재되던 'I♥건축'
칼럼을 보시고 책을 내자고 제안하기 위해서 방문한 것이다. 학창
시절에 일기 쓰는 방학 숙제도 하기 싫어했던 나에게 책을 내자
고 하시던 제안에 고사했다. 류 편집장님은 나의 글이 건축을 인
문학적으로 잘 설명해 준다면서 한 번 더 찾아오셨다. 나에게 인
문학은 문학, 사회학, 철학을 뜻하는 단어였다. 평생 디자인을 생
각한 내가 인문학이라니 가당치 않다고 생각했다. 나는 당시 부족
한 용돈을 벌기 위해서 칼럼을 쓰고 있었을 뿐이었다. 하지만 여
러 차례의 설득에 결국 용기를 내어서 나온 책이 『도시는 무엇으
로 사는가』다. 지금은 을유문화사를 떠나셨지만, 류 편집장님의
삼고초려 같은 끈질긴 설득이 없었다면 『도시는 무엇으로 사는
가』라는 책은 세상에 나오지 못했을 것이고, 이 책이 나오지 못했

다면 지금의 내 삶도 달랐을 것이다. 개정판을 통해서 다시 한번 감사의 인사를 드린다. 그리고 편집에 애써 주신 김경민 편집장님과 개정판을 디자인해 주신 함지은 디자이너님께도 고마움을 전한다. 김경민 편집장님은 지난 10년간 을유문화사에서 출판된 나의 책 여섯 권을 함께 만들어 주신 고마운 분이다. 항상 나의 빈 구멍을 채우기 위해서 최선을 다해 주시고 인내해 주셔서 감사하다. 그리고 항상 뒤에서 조용히 응원하고 든든하게 지원해 주시는 정상준 대표님께도 감사의 마음을 전한다.

2025년 10월
차분한 빗소리가 들리는 저녁, 거실에서

주

1 보이드 : void. 현관, 계단 등 주변 동선이 집중된 공간과 대규모 홀, 식당 등 내부 공간 구성에서 열려 있는 빈 공간을 뜻한다.

2 휴먼 스케일 : human scale. 인간의 체격을 기준으로 한 척도. 건축, 인테리어, 가구에서 적용하는 길이, 양, 체적의 기준을 인간의 자세, 동작, 감각에 입각해 적용한 것 또는 적용한 단위

3 PF : project financing의 약어. 돈을 빌려 줄 때 자금 조달의 기초를 프로젝트 추진하려는 사업주의 신용이나 물적 담보에 두지 않고, 프로젝트 자체의 경제성에 두는 금융 방법이다. 특정 프로젝트의 사업성(수익성)을 평가하여 돈을 빌려 주고, 사업이 진행되면서 얻어지는 수익금으로 자금을 되돌려 받는다. 주로 사회 경제적 재산성을 가지고 있는 부동산 개발 관련 사업에서 PF대출이 이뤄진다.

4 테라스 : terrace. 실내에서 직접 밖으로 나갈 수 있도록 방의 앞면으로 가로나 정원에 뻗쳐 나온 곳으로, 건물 앞면이나 후면에 마루처럼 덧대어 늘여 놓아 앉아서 쉴 수 있게 만든 공간

5 Ss : Space speed의 약어. 이벤트 밀도의 e/c와 더불어서 공간의 속도를 측정하는 단위다.

6 콘텍스트 : context. 건축에서는 통일감을 통해서 만들어진 어떤 가치를 지칭한다. 따라서 콘텍스트가 있다고 하면 긍정적인 의미가 담겨 있다고 볼 수 있다.

7 커튼월 : curtain wall. 커튼처럼 건물의 외벽이 유리창으로만 된 건축 입면

8 각각 건물의 형태는 경제적인 원리로 비슷하게 나오는 : 제한된 땅에 최대한 법적으로 허용하는 면적을 만들고 가장 저렴하게 지을 형태를 찾다 보면 꽉 찬 상자 모양의 건물이 나오는데, 그것을 뜻한다.

9 반달리즘 : 문화재나 예술품 또는 공공장소에 낙서하거나 훼손하는 행위

10 플로터 : plotter. 출력 결과를 종이나 필름의 평면에 표나 그림으로 나타내는 출력 장치. 주로 대형 인쇄에 사용한다.

11 중정형 : 가운데에 정원이 있고 주변으로 방이 위치한 형식의 평면 구성

12 보 : 기둥과 기둥을 연결하는 부재로, 보통 지붕 등 위로부터 오는 무게를 받치는 역할을 한다.

13 매스 : mass. 벽체의 솔리드solid(비어 있는 것을 뜻하는 보이드의 반대말로, 안이 꽉 찬 '덩어리'라고 보면 된다. 고체만이 아닌 액체 상태의 물질도 포함한다. 물도 솔리드다. 예를 들어 항아리의 경우 비어 있는 속은 보이드고, 흙으로 만들어진 부분은 솔리드다)한 존재 또는 실체로서의 존재감을 나타내기 위한 기본 요소

14 필로티 : pilotis. 근대 건축에서 건물 상층을 지탱하는 독립 기둥으로, 벽이 없는 1층의 주열(열을 지어 세운 기둥)을 말한다.

15 현상 설계 : 경쟁을 통해서 설계안案을 결정하기 위해 설계안을 모집하는 것. 또는 그렇게 하여 얻은 설계안

16 물갈기 : 칠면 혹은 곱게 다듬은 돌면을 물 묻힌 연마지 또는 숫돌 등으로 곱게 갈아 마무리하는 것

17 인방보 : 창, 문 등 개구부 바로 위의 벽을 받치기 위해 걸쳐진 콘크리트, 돌, 나무 혹은 스틸의 수평 부재

18 쓰리베이 : 3-BAY. 아파트 평면을 구성할 때 전면을 세 개의 공간으로 구획한 것으로 흔히 방, 거실-부엌, 방으로 나누어지는 구성을 뜻한다.

19 다이어그램 : diagram. 건물의 설계 취지, 배치, 구성, 시스템 등을 알기 쉽게 설명하기 위해 간략화한 그림

20 아르누보 : Art Nouveau. '새로운 예술'을 뜻한다. 19세기 말에서 20세기 초에 걸쳐서 유럽 및 미국, 남미에 이르기까지 국제적으로 유행한 장식 양식이다. 기존의 예술을 거부하고 새롭고 통일적인 양식을 추구했는데, 특히 초기에 자연 형태에서 모티프를 빌려 새로운 표현을 얻고자 했기 때문에 덩굴풀이나 담쟁이, 섬세한 꽃무늬 등의 반복적인 패턴이 대표적이다.

21 텔레커뮤니케이션 : telecommunication. 먼 거리의 통신 체계, 즉 원격 통신 체계를 의미한다.

22 캔틸레버 : 모자의 차양같이 한쪽만 지지가 되고 한쪽 끝은 돌출된 구조물 형식의 하나로, 외팔보라고도 한다. 발코니나 처마 등의 돌출부에 구조적으로 채택된다.

23 부재 : 구조물의 뼈대를 이루는 데 중요한 요소가 되는 여러 가지 재료

24 공포 : 처마 끝의 무게를 받치기 위해 기둥머리에 짜 맞추어 댄 나무쪽

25 내연 기관 : 연료의 연소가 기관의 내부에서 이루어져 열에너지를 기계적 에너지로 바꾸는 기관

도판 출처

30 위 ⓒ WPY82

36 위 ⓒ Korail2012

　　아래 ⓒ Us_Round

42　Norbert Nagel/Wikimedia Commons.

43 ⓒ 김아타

45 위 ⓒ Yali H.H.

　　아래 ⓒ Stephanie St John

50 첫 번째, 두 번째 ⓒ unispace

　　세 번째 대한민국 공유마당, 저작권: 한국 공공저작물

　　(Korea Open Government License Type I)

　　네 번째 ⓒ law21net

59 왼쪽 위 ⓒ Keith Harcus

60　AI 생성 이미지(Le Corbusier의 Ville Radieuse 모형을 참고해 재구성)

64 위아래, 222, 261, 289 위, 381 ⓒ 유현준

66, 226 유현준앤파트너스건축사사무소

68 위 ⓒ Rutger Blom

　　아래 ⓒ Francisco Aragão

78　제레미 벤담 작품집 4권, 172~173쪽(The works of Jeremy Bentham
　　vol. IV, 172-3)

81 위　ⓒ blassanslignieres

128　ⓒ Yoshi/Wikimedia Commons.

147　ⓒ Jake R.

160　ⓒ Kevin Smay

167 아래　ⓒ AI 생성 이미지(사진을 참조한 AI 기반 일러스트)

181 위　ⓒ pixelhut

　　아래　일러스트 김지현

199 위　ⓒ 카밀

201 위　ⓒ Robert Koehler

214　ⓒ Dietmar Rabich/Wikimedia Commons/"London, Elizabeth Tower
　　— 2016 — 4807"/CC BY-SA 4.0

234　ⓒ 네이버

276　ⓒ Richard Collier

278　ⓒ Smuconlaw/Wikimedia Commons.

291 아래　ⓒ Myrabella/Wikimedia Commons.

307　ⓒ AI 생성 이미지(사진을 참조한 AI 기반 일러스트)

328 아래　ⓒ B. Tse photography

329　ⓒ Mount Fuji Man

333　ⓒ 성원이

352 왼쪽　ⓒ AI 생성 이미지(사진을 참조한 AI 기반 일러스트)

364 위　ⓒ Doctor Casino

365　ⓒ 'O Tedesc

368　ⓒ Arnout Fonck

369 위　ⓒ northerncontinent

379　ⓒ Anttinen

387　ⓒ AI 생성 이미지(사진을 참조한 AI 기반 일러스트)

392 아래　ⓒ verweiledoch

유현준 일러스트

48, 52, 73, 85, 123, 131, 136, 155, 159, 173, 177, 199, 217, 243, 246, 272, 275,
294, 309, 319, 346, 349, 360, 364, 369

구매 도판

게티이미지코리아 89 위, 154

alamy 94, 287 오른쪽, 372

shutterstock 30 아래, 59 왼쪽 아래, 70 위아래, 81 아래, 89 아래, 97, 103, 111, 115, 118, 122, 123 위, 134, 135, 140, 167 위, 168, 177 아래, 178, 184, 185, 191, 201 아래, 220, 244 위아래, 250, 266, 285 위아래, 287 왼쪽, 289 아래, 291 위, 313, 319 위, 325, 328 위·가운데, 330, 337 위아래, 352 오른쪽, 358, 367, 375, 392 위